狄邦教育集团 著

科学研究原理

中文版

Principles of Scientific Research

Preface | 前言

每一门学科都在用自己的语言和方式来认知和阐释我们的世界。

科学亦不例外。科学家以谦卑的姿态、超凡的想象力不断提出问题，大胆地探索，谨慎地求证，对我们所处的宇宙提出解释。这是一项系统性的工程，囿于人类的认知能力，我们无法完全认知并阐释真理，我们只能不断探索，以期不断接近。因此，科学的发展史可以称得上是一部人类对宇宙的认识偏差的纠正史。

如同爱因斯坦所说："人类最美妙的体验就是神秘性。它是真正的艺术和科学的起源。"

科学并非只是科学家的专利——尤其是在这个信息爆炸的时代，每个人都需要"像科学家一样思考"，提问，探究，求证，并以开放的心态做出谨慎的回答。

这也是一个打破传统、面向未来的时代，未知世界提出的挑战，比以往任何一个时期都更为严峻。面对着科学工程技术类工作以超过其他行业70%的速度在不断增长的现状，我们必须意识到：一方面，对科学真理的解释可能会随着时间的迁移而改变；另一方面，现实生活中涌现的各种问题，大部分需要应用多种学科的知识来共同解决。这就更加需要学习者突破知识的局限和学科的边界，成为一个具有反思精神的世界公民，有能力参与和科学相关的事务。

作为教育的科学，其核心是帮助人们获得一种理解和适应的世界观，同时获得一套基于逻辑理性的方法论；让他们保持好奇心与想象力，不断地探索"为什么"，而非简单地回答"是什么"。

《科学研究原理》一书正是在这样的背景下诞生的。这本由来自美国、英国、新西兰几位科学家共同完成的合著，旨在为所有想要在科学领域和现实生活中成功进行研究的年轻研究者们，提供从历史溯源、研究哲学、模型建立到论文撰写、成果展示、研究交流等全方位的方法论指导。

这本书也是狄邦教育所编的STEAM探究课程的理论基础。今天，许多国家都将培养具有STEAM素养的人才，提升到国家教育战略部署的高度，并称之为全球竞争力的关键。然而，STEAM作为一种“后设学科”，其教育内涵在现实的各种演绎版本中，有时却显得纷繁芜杂，面目模糊。由狄邦教育研发的STEAM研究课程紧扣美国下一代科学标准（NGSS-Next Generation Science Standard），以科学探究和工程实践（科学问题与工程问题虽不相同，却遵循着同一方法脉络）为纲，从解决现实生活中的真实问题出发，通过项目制学习贯穿各个学科的知识点，培养学习者的设计思维、数学思维和科学探究思维。

有这样一句犹太谚语：“人需要在口袋里放两张纸条。在一张纸条上写：我只是这宇宙中的一粒尘埃；在另一张纸条上写：这个宇宙为我而造。”对于宇宙和真理的探索没有穷尽，我们希望这本书能够成为所有爱好科学的年轻研究者的一个起点。

最后，感谢下列作者和译者对本书的贡献：

作者：

Katherine Burright

Amy Gorin

Michael Harvey 博士

Jamie Vunivesilevu

Aleisha Ward 博士

A.Derrick Williams

译者：

赵洁怡　张晓哲

校译：

秦菁菁

张博文

狄邦教育创始人及CEO

Contents | 目录

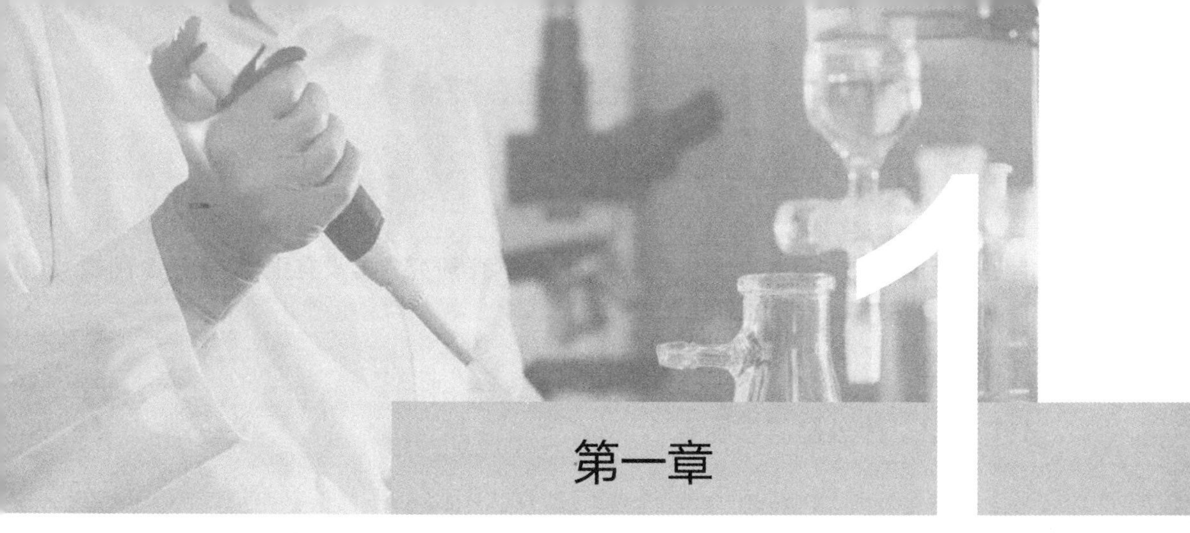

引言

1 科学方法

在中学科学课上，你可能学会了把科学方法当作科学探究的一种简单的循序渐进的过程。虽然这种方法在许多方面很管用，但它很容易被误认为是做科研的诀窍：提出问题，进行观察，问些问题，添加假设，做个实验，然后很快得出结论。如果把科学当作烘焙曲奇，这样做倒是行得通，但是科学是复杂的，不能归结为一种单一的方法。

虽然这种对科学方法的线性的、步骤化的描述太过简单化，但是它抓住了科学的核心原则：以证据检验想法。然而，过于简单化的科学方法，并不能体现出在现实世界做科研是怎么回事。

在现实世界中，科学家以不同的顺序从事许多不同的活动，科研活动常常需要多次重复同样的操作，用以解释新的信息和想法，它们也依赖于科学界内部的交流、互动。此外，科学过程的不同环节可能由不同的人在不同时间承担。这个过程激动人心、充满变数、不可预见，并且需要创造性思维。最后，科学的结论可能基于新的证据一直处在变化之中。因此，科学研究常常没有止境：上一个问题刚被解决，新的问题又出现了。

1.1 那么，什么是科学呢?

闭上眼睛，想象“科学”这个词，你的脑海里可能会出现教科书、做实验穿的白大褂、显微镜、雨林里的生物学家、爱因斯坦在黑板上书写公式、实验室里沸腾的烧杯，等等。诚然，这些想象都是直观的科学的一小部分，但无论哪一个都不能完整地代表科学，因为科学有许多方面。

科学的动力是发现。这个理念就是：在每个全新的一天，我们都能产生新的想法，或者观察到前人未曾发现的东西。大量的知识有待我们去发现，宇宙中有太多我们尚未感知到的问题，更遑论找到答案。

那么，什么是科学？这个问题乍看简单，实则复杂。关键在于，“科学”这个术语涵盖了非常广泛的活动。

大量的原则和理念都告诉我们哪些活动属于科学的范畴，然而这些林林总总的活动并不能诠释科学的全部内涵，也无法包罗科学的方方面面。有些活动在科学研究中占据重要地位，比如收集证据，而有些活动就没那么重要。

下面这份活动清单是帮助我们理解科学的普遍特征的指南。

- 科学建立在一个根本假设之上：世界有独立的外在的真实状态，我们能够通过感官体验它，通过推理检验它。这包括我们周围世界的构成部分，比如原子、植物、生态系统、人、社会、星系以及作用于这些事物上的力。
- 科学研究的目的是认识世界。
- 在科学中，回答一个问题会引发更多深入、具体的问题，引导我们进行深入研究。同理，用作为成果的理念来解释之前的矛盾常常会引出新的研究课题。我们对一个理念理解得越深入，我们反而会感到越无知。
- 科学是科学家综合运用各种方法所形成的过程。不存在单一的“科学方法”。科学家用各种不同的方法获得对世界的理解和认知；然而，他们在什么使这些方法科学有效这一点上却有共同的认识。

• 科学是创造力、想象力与具体思考和理念应用的结合。科学包含始料未及的、惊人的、偶然的发现。

• 科学发现有时有赖于直觉、推测和好奇心。

• 科学家使用一种共同的语言和推理过程，包含使用模型的归纳和演绎逻辑。

• 科学家对一切宇宙观持怀疑态度。这意味着对于一种观念，他们并非不相信，而是要在有足够的证据时再下最后的结论。

• 在科学研究中，证据是最为关键的。证据通过观察或实验获得。人类通过感官搜集证据，而技术的应用能帮助我们获取无法感知的信息。随着所获数据精确度的提升，我们不断取得新的发现。所有的科学学科都通过观察收集证据。变量控制实验也是获取证据的一种方式。

• 收集到的证据可以发展成理论、形成定律或用来提出假设。这些理论和假设再形成可试验和可以被检验的预测。没有科学理论是一劳永逸“被证明”的。为什么呢？理由是，科学总在寻找新的证据，这些证据可能会暴露出我们现有理解的局限性。我们今天接受的思想可能会因为明天发现的新证据而遭到摒弃或修正。

• 我们创造出基于理论的模型来解释可能难以观察的过程。我们通过模型提出预测，再由实验或观察结果进行验证。只有可试验的模型才属于科学范畴。易测性（testability）是指：一个模型如果有效，必须能产生我们通过演绎推理预测的一系列特定的观察结果；如果观察结果与模型矛盾，那么你就能判定模型是无效的。

• 我们会对比通过模型预测的数据和来自于实验和观察的数据，根据两者的关联调整或重设模型。

• 通过实验得到的结果、通过模型预测得到的数据和观察所得的结果，都可以为论点提供进一步的证据。

• 当仅仅通过现实中的实验无法解释所获得的实验数据时，模型研究可以帮助我们获得新的理解。计算机能帮助复杂的系统处理大量数据，我们也可以建立许多不同的模型以预测将来的情况，对基于不同模型得到的预测结果进行比较，从而得到最精准的模型。模型通过分析过去的数据预知现在。如果这些模型有预测价值，它们的准确性就很高。

• 科学凝聚了人类的努力。从事科学研究的人形形色色，左右着科学的发展方向。虽然存在这种多样性，科学是探究的团体，有着共同的原则、方法、理解和过程。

科学是个重复的过程，我们基于对世界的认知建立有预测价值的理论，同时也因为这些理论不断增进对世界的了解。这往往意味着持续的调查研究和不断深入的理解。我们可以通过物质是由什么构成的这一问题来说明。在 19 世纪中叶，英国的化学家约翰·道尔顿（John Dalton）对物质的本质产生好奇，指出事物是由更小的微粒——原子构成的。19 世纪晚期，另一位英国化学家汤普森（J.J. Thompson）提出那些小颗粒有正负之分。随后，新西兰物理学家欧内斯特·卢瑟福（Ernest Rutherford）通过实验详细说明了这一点，他指出，一个原子的大部分团块集中在中央，他称之为原子核。然后，在 20 世纪早期，英国物理学家詹姆斯·查德威克（James Chadwick）又在大量前人工作的基础上提出了对原子更为详细的理解，引入了原子核包含中子、带正电的质子，并有带负电的电子绕轨道运行这一概念。再后来，到了 20 世纪 30 年代，丹麦物理学家尼尔斯·玻尔（Niels Bohr）和他的德国实习生埃尔温·薛定谔（Erwin Schrodinger）以及其他合作者，在此基础上破解了原子的量子本质。研究并没有止步于此。物理学家和化学家们还在继续加深和拓宽我们对原子的认知：它们是如何运转的，它们为何拥有这些性质。

科学研究过程中的任何一点都会为下一步带来无数可能性，进而可能带来一个出人意料的新发现。例如，探究光的本质的实验得出的可能不是与此相关的结论，而是意外地观察到了光的特殊性质。那个性质也许会激发出关于物质的问题——它或许会把研究带到一个全新的方向：量子物理。

乍一看，这个过程好像令人迷惑。一个单一的研究课题可能牵涉到以不同顺序在不同时间点工作的方方面面的专家。科学研究比传统上所理解的更行云流水、更灵活多变、更无法预知。

1.2 科学的语言

“理论”“事实”“观察”“定律”和“假设”这些术语是科学家们经常使用的概念，也被世人普遍使用；但是在科学上，它们有着特定的含义。

在科学上，事实是客观的、可检验的观察结果，也就是说，从第一手来源主动获取的事实可以在那里重复观察到。观察通常涉及感官，尤其是视觉感官。观察也包括通过科学仪表积累数据。

理论（theory）是对宇宙运行方式的综合、全面的解释。理论包括事实、定律和可以被证伪的假设。可证伪性表明这一假设能被证明是错误的。我们可以根据理论进行假设，通过实验或观察进行检测，根据结果证明或驳斥假设，或进行相应的修改。对土星光环的认识就是个很好的例子。对 17 世纪初的天文学家来说，土星的问题意义重大。他们利用早期的望远镜观察，发现这颗行星呈现出不规则的奇怪形状，而且随着时间的流逝而改变。对于这一现象，天文学家提出了各种各样的理论——著名的意大利天文学家伽利略说：

> “我发现了又一个非常怪异的奇迹，我想让殿下知道……但在我的著作问世前，请保密，……土星不是单独一颗星，而是由三颗星组成的，它们几乎相互挨着，相互位置不变，沿着黄道带排成一排，中间的那颗星比两侧的大三倍，它们的位置是这样的：o O o。”

基于当时的望远镜观测，这个理论貌似很合理，观测结果也相符，但是荷兰天文学家克里斯蒂安·惠更斯（Christiaan Huygens）最终破解了这个谜。他在通过望远镜观察土星时，得出了对土星看上去有波动的形状的解释。1656 年 3 月，惠更斯有了重大的发现，他出版了一本小册子，报告他一年前在土星附近发现了一颗卫星。当时，土星是我们所知的太阳系中离地球最远的行星。然而，当惠更斯发表他对土星卫星的发现（命名为土卫六）时，他并不确定自己的土星光环理论是否正确。他同样使用易位构词（anagram）的方式发表了他的理论，这样他就能在证明理论的正确性后再将其公诸于世。

不同学科、不同理论之间往往含有共通的根本假设。有时一个新理论的诞生会推翻之前的根本假设，进而影响其他理论的成立。这被称为范式转移（paradigm shift）。范式（paradigm）就是解释宇宙运行的公认的模型。当新理论带来了根本理解上的变化，改变了我们看待宇宙的方式，范式转移就发生了。15世纪波兰天文学家尼古拉·哥白尼（Nicolaus Copernicus）提出的太阳系模型就是一个范式转移的案例，它改变了我们对于人类在宇宙中所处位置的认识。奥卡姆剃刀定律（Occam's razor）常被用作理论发展的指南，这点在第十章我们会展开论述。根据这一定律，当两种理论解释都同样与观察结果吻合时，我们更倾向于采纳较为简单的理论。举个简单的例子来说明：一块蛋糕不见了，同时我们观察到一些证据——有两兄弟乔尼和提米，一个打碎的盘子，一路撒到乔尼门口的蛋糕屑，而乔尼正在肚子痛。我们可能据此得出两种假设：一是乔尼偷了蛋糕；二是这些证据都是被策划好的。可能是他的兄弟提米打翻了蛋糕，打碎了桌上的盘子，狗吃了蛋糕，并把蛋糕屑弄得地板上到处都是，乔尼是因为喝多了可乐才肚子痛。两种解释都说得通，但哪一种符合奥卡姆剃刀定律？

定律（laws）是基于对物质世界运行的常规模式的观察而对宇宙进行的描述。它们通常以数学公式的形式出现，因此它们可以用于计算实验结果并且作出预测。跟理论和假设一样，定律不能被证“对”，只能被证误。科学定律有例外，而且和理论一样，可能因为新证据的出现而被推翻或修正。定律只用于描述，而非解释。例如，库仑定律告诉我们两点电荷之间的相互作用力与它们之间距离的平方成反比，这就可以让我们计算两点电荷在任何距离间的力。然而，这条定律并未解释为何这两点电荷相互作用。

科学家提出假设（hypotheses），然后进行检验。假设是针对一系列观察所提出的解释。这些解释有合理性，并非盲目的猜测。科学家提出的新假设往往基于前人的观察或实验、已有的科学知识、初步的观察和演绎逻辑。例如，科学家发现在某些菌类附近的区域，细菌不能生长。基于这些观察和他们对细菌的认识，科学家因此假设这些菌类会产生一种能杀死细菌的化学物质。

相关关系（correlation）和因果关系（causation）是科学中的两个重要的概念。相关关系是变量间的统计关系或依存关系，这也被称为原因和结果。我们用这样一个例子解释因果关系和相关关系：肺癌与你后裤兜里的打火机相关联（因为你很有可能是烟民），但是你后裤兜里有打火机并不会导致你得肺癌。然而，吸烟会增加患肺癌的风险吗？相关可正可负，相关系数这个值可以计算，它的范围是 +1 到 −1。数字越大，两个变量之间的相关性越强。这可能揭示了因果关系：自变量的变化引起因变量的相应变化。然而在科学研究中，这并不足够，我们还需要一个合理的解释把两者联系起来，并通过实验测试，证实一个变量的改变确实会引起另一个变量的变化。

理想状况是，当所有的变量（除了你研究的那一个）都是受控的，两个变量间的关系就可以研究了。然而现实中我们很难达到这样的理想状态。在环境复杂不可控的情况下，随机取样和案例对照研究等统计技术的使用可以帮助科学家进行因果关系的理论研究。

1.3 客观性在科学中的重要性

事实驱动（facts）科学发展，它们有两种形式：定性和定量的。我们可以通过观察或实验（使用技术或直接测量）得到事实。科学家分析事实、寻找模式和趋势并由此发现变量间的关系，得出说明变量间因果关系的假设。这些联系往往不容易被察觉，因此，在科学研究，尤其是生物科学研究中，给事实分类也是很重要的方面。

大量的事实叫做数据（data）。为了让数据更准确、更客观地反映宇宙规律，科学家必须通过重复测量和观察收集大量数据。数据可以用图表呈现，这能让人更直观地看出变量间的关系。

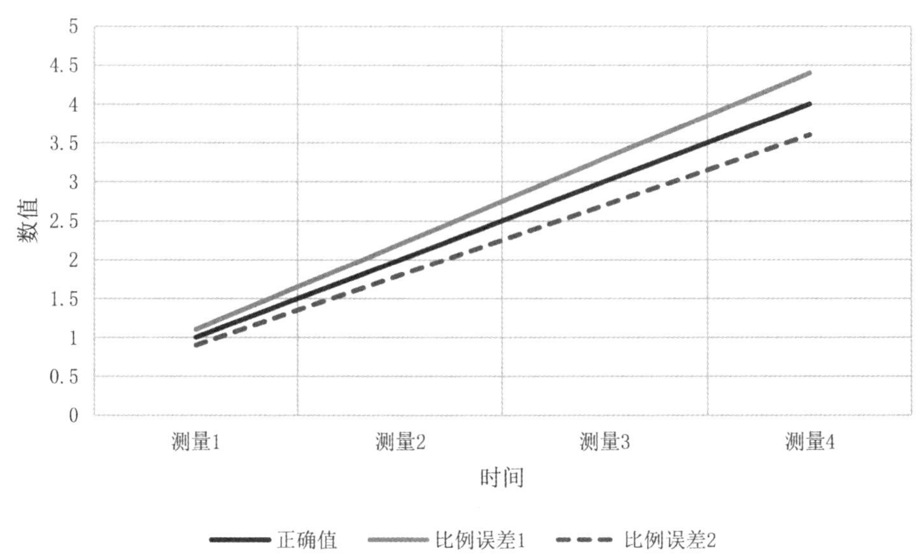

图 1.1　图表是呈现数据的最直观的形式之一

我们期待与假设一致的结果，而实际数据却可能与之不符。观察结果往往会受到随机误差和系统误差的影响。线性拟合等技术能够让科学家尽可能增强数据的客观准确性。科学家需要衡量极端数值（即图标中远离拟合线的点）是否有意义。

科学家需要明晰诸如准确性（accuracy）和精确性（precision）等术语，还需要意识到数据中位数（居于一连串值的正中间的值）和数据平均数（一个均值：通过把一串数值相加，再除以个数所得）的差异及其各自如何受极端值的影响。在科学研究中，精确性衡量的是不同实验值总体上的接近程度，而准确性衡量的是实验值和实际值的接近程度。

科学家还需要意识到认知偏差（cognitive bias）也会影响他们的结论和他们对研究的推进。认知偏差是推理、评估、记忆或其他认知过程中的误差，经常是由坚持自己的想法、忽视并抵制相反的信息、只接受与个人想法一致的信息导致的。一旦这些做法渗透进科学研究过程就会引发这些偏差。因此，你需要警惕，不要屈服于认知偏差。

在科学中，我们永远做不到对结果绝对确定，但我们能无限接近——这个相关的术语就是置信度（confidence level）。一个数值有与之相关的置信度，可以说，它确定了数值的置信区间。计算机的应用使大量数据的收集成为可能。现在的科学研究经常会涉及通过分析这些数据集来寻找趋势和模式。这通常驱使科学家们设计软件。在大多数情况下，数据和编程并不会和研究结果一起发表，但是可以提供给其他科学家使用。

1.4 科学是人类的努力

科学需要对与其他科学家之间的合作和竞争做出谨慎的平衡。就竞争而言，科学家为获得科研发现优先权而竞争：为了让自己的发现先行得到认可。这种“优先规则”激励科学家们与科学界分享他们发现的知识，也确保不同的研究者和研究团队之间必须相互竞争。科学研究的重要驱动力之一正是科学家由于他的发现而在同行中享有的威望。

竞争看上去是有益的，因为它加速了科学发现的传播，激励了科学家。我们来看一个激烈的科学竞争驱动科学发展的经典例子：在 20 世纪 50 年代早期，美国生物学家詹姆斯·沃森（James Watson）和英国物理学家弗朗西斯·克里克（Francis Crick）与美国化学家莱纳斯·鲍林（Linus Pauling）互相竞争，促进了 DNA 的双螺旋结构的发现。

而且科学竞争可以矫正确认偏误（confirmation bias）：人们总是倾向于偏袒支持自己观点的证据。虽然科学家不愿证明他们自己的想法不成立，他们的对手却不会不愿意。这样，在理论上，竞争会有助于挑战旧想法，推动科学前进。

然而，竞争可能会造成效率低下，因为它会导致无效重复和过度保密——因为科学家担心研究结果被竞争对手抢先发布，这就会妨碍科学进步。这又表明竞争之于科学并非是必要的。

事实上，历史反复昭示科学发现不需要竞争。在没有竞争的情况下做出科学发现是司空见惯的，还经常带来醍醐灌顶的顿悟和出人意料的发现。甚至连此前提及的科学竞争的经典例子可能都有点误导。竞争可能为沃森在他的研究中阐明DNA的螺旋状结构提供了额外的激励，但是，出于力争第一的考虑却让鲍林发表了一个三股螺旋结构的遗传物质模型，后来被证实是错误的。如果沃森和鲍林采取合作就可以更有效地防止鲍林产生认知偏误。

排他形式的竞争常常意味着其他科学家的贡献被弱化了。在沃森和克里克的例子中，他们的发现借鉴了X射线晶体学家罗莎琳德·富兰克林（Rosalind Franklin）拍摄的DNA衍射图像。但是，在她不知情，未经她允许的情况下，图像就被拿去给沃森和克里克看，这严重违背了学术道德。因为富兰克林是女性，她未获重视，没有被看作这一科学发现的完全贡献者，没有给她记一功或邀请她在他俩开创性的论文中共同署名。后来，历史学家下结论说，富兰克林本可以因她的重要发现而被授予诺贝尔化学奖。不幸的是，她在38岁时去世了，而诺贝尔奖是不颁给已逝者的。一些科学家因为性别、种族或其他因素而被排斥，不受认可，而这种认可恰是其科学研究进展的保障。如果罗莎琳德·富兰克林能够作为DNA双螺旋结构的发现者而获得认可，谁能预测在她短暂的一生中她还会取得其他什么成就？

与竞争相反，许多例子彰显了合作的益处。科学发展的历史不断昭示我们，重要的科学发现来自于不受约束的探索、科学家个人为了澄清问题而全力以赴的奉献和培护相互合作的研究环境。

合作发生在科学的共同框架下，不受与宗教、政治、国籍和性别相关的偏见的干扰。科学是全球的，是信息的自由交换。因为科学家也是普通人，他们会受偏见影响，但是，科学实践和方法的目标是使科学研究不受偏见影响。

除了分享想法和数据，科学家们还在大大小小的团队中进行学科内和跨学科研究，融个人才干于大团队中的合作，能够加快科学研究进程。举个例子：某项单一的药品研究项目可能涵盖了由有机化学家、晶体学家、分子生物学家和行为药理学家共同完成的实验。

只有在极少数的情况下，科学家们是孤立地完成工作的。例如，格雷戈尔·孟德尔是摩拉维亚一个教堂的修士，习惯了孤独。他在几乎没有科学交流的情况下提出了遗传的基本原理。然而，即便如此，为了对科学进程产生影响，这项研究必须最终得到来自科学界的验证。在孟德尔的例子中，科学共同体在他发表论文后的参与是重要的，因为这可以让其他科学家独立地对他的观察结果提出批评、探求新证据并深化他的想法。这个过程看起来好像有点混乱和冷漠，但它对于保持学术诚实是至关重要的。

分析其他科学家发表的结果是科学研究的重要方面。这牵涉到同行评审（peer review）的过程。同行评审之于科学就相当于你自行车头盔上的质量保证贴纸。在科学领域，同行评审过程是这样的：一组科学家完成了一项研究并撰写了论文，然后投稿给期刊。期刊编辑把文章发给这个领域的其他一些科学家，即同行，请他们提供对这项研究的反馈——是否达到了发表的标准。如果未达到，作者们会修改文章，再次提交，要求再次评审。只有那些明确达到科学标准的（例如，承认并拓展了该领域其他人的研究；依据清楚的逻辑推理和精心设计的方法；用证据支持主张）论文才会被发表出来。

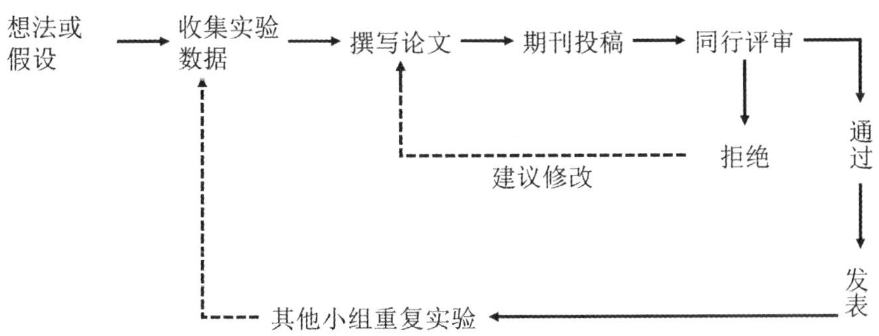

图 1.2 同行评审过程

对论文进行同行评审为科学交流提供了可信赖的形式。即使你对于从事某项研究的科学家或其领域并不熟悉，你都可以相信通过同行评审的文章达到了特定的科学研究质量标准。因为科学知识是建立在已有知识和他人研究基础之上的，这份信任特别重要。尽管同行评审过的研究并非总是正确，但它无疑符合科学的标准。

学术道德也在科学研究中占有一席之地，因为科学研究的结果会在其专业领域内产生影响，我们将在第九章中进行探讨。学术道德是科学研究的一个重要部分，因为它们有助于保证研究结果的可靠和研究主体（在实验中作为研究对象的人与动物）的安全。科学研究中的学术道德保护包含进行研究设计、步骤、数据分析、解释和报告的方法和过程的标准，以及以人类和动物作为研究对象的选题和调查的标准。重复实验、合作研究和同行评审的科学方法都有助于使道德破坏最小化，并在道德破坏发生时识别它们。

忠实地陈述数据对于科学的有效性和完整性是最重要的。通过夸大结果、伪造数字、选择性地报告数据或带着偏见解释证据，你不可能得出真正合理的结果和结论。因此，科学家们希望其他科学家诚实正直，严肃对待任何有悖于他们预期的结果。这种科学学术诚信是通过引用合适的前人研究成果和鸣谢所有支持而维持下来的。科学学术论文必须列出参考文献，感谢为当前研究项目提供了可借鉴的想法、方法和研究成果的其他科学家。这个参考文献机制不仅给予了科学家们应得的致谢，还把现在的研究和早期的研究联系起来，有助于其他科学家更好地评估这项新研究，并明晰新研究与该领域中之前的研究的一致程度。通过提供参考文献，作者给其他科学家提供了一个机会：核对作者的想法是否受到证据的支持、他的假设是否合理以及所描述的方法是否运用得当。科学研究中的同行评审系统和一般怀疑论也有助于保持这种诚信。

有关学术诚信的一个有名的事例是英国人安德鲁·韦克菲尔德（Andrew Wakefield），事发前他是一名医生。1998 年，韦克菲尔德和他的合著者们联名发表了一项研究，声称麻疹 - 风疹 - 腮腺炎三联疫苗（MMR）可能导致儿童患上自闭症。此后，因为科学家不能重复他的发现，大多数合著者从该研究中撤回署名；2010 年，该论文被正式撤销。

然而，这篇论文足以让许多父母不敢使用疫苗。根据 CNN 的报道，在英国，截至 2004 年，儿童接种该疫苗的比例下降到 80%，此后麻疹病例很快攀升。在美国，依据疾病控制中心的说法，“在 2008 年报告的麻疹病例是自 1997 年以来最多的”。

在 1998 年的论文中，韦克菲尔德没有透露他的财务关系和利益冲突。事实上他曾经收受过想起诉疫苗生产商的一家法律公司的钱财，这成了他的合著者最终声明从研究中撤回署名的理由。除此之外，在他的研究中，12 名儿童这么小的样本范围中，就有 5 人在接种前有发育迟缓的症状。可见，一项拙劣、不诚实的研究，就足以造成疫苗和自闭症之间无中生有的联系并引发全球性恐慌。

韦克菲尔德的事例也表明科学的推进需要资金的扶持。为了避免利益冲突，进行科学研究时，我们需要考量资助的来源。当私人资助的获利动机过度影响科学家的研究结果和结论时，利益冲突就会产生。这种关系阐明了为何科学家会以某种产生利益冲突的特定方式来解释结果。

利益冲突的例子还有不少：

• 1996 年关于尼古丁对认知表现的影响的研究表明：承认受到烟草行业资助的科学家，更倾向于发表尼古丁或吸烟会改善认知表现的发现。

• 2008 年通过审查使用手机对健康影响的实验研究发现：由行业独家资助的研究很少发表具有统计学意义的报告。

• 两家对立的商业赞助商赞助发表的研究中可能得出截然相反的发现。杜克大学 2008 年由糖业协会赞助的关于老鼠的研究，发现了食用人造甜味剂的害处，而生产商强生集团的子公司麦克尼尔营养品有限责任公司所赞助的专家团队则驳斥了这项研究。

科学家们经常花费大量时间申请研究经费，为了避免利益冲突，他们需要充分诠释研究的价值。

科学的发展历史表明科学与人类息息相关。科学能解决问题，也能制造问题：科学被用来解决疾病问题，但是也给世人带来了核威胁。免疫学研究、净水和微生物研究使疾病导致的死亡率下降了，但同时也引发了人口增长和与之相关的发展资源的短缺。这就是为何道德规范和风险分析都是科学方法的一部分。

1.5 科学交流

当公众需要对与科学有关的信息和事项做出选择时，对科学的理解尤为重要。不理解科学，公众就无法做到知情决策。科学家可以帮助公众理解科学，这样公众在生活中就可以遵循科学过程，做出最佳选择。

科学家是专家，因此，他们掌握的科学知识和对科学的理解可以用来解释各种各样的科学问题，例如关于空气和水的安全问题。对科学的理解还包括对科学研究过程的理解，这可以让公众明晰科学家的主张的可信度。

对科学的理解还可以用于质疑或批评错误的推理。科学的方法可以修正政治和社会议题中的认知偏误。例如，稻草人谬误（straw man fallacy）有时被用来质疑科学理论或主张。而稻草人谬误是一种错误认识，即通过歪曲理解论敌的观点，将之过分简化以便能够更容易地攻击论敌。

这个谬误用于关于转基因生物的辩论中，转基因生物的反对者可能会问："自然界已经为我们提供了这种食物资源。你们觉得把这些变异强加给它好吗？"

在这个稻草人谬误的基本例子中，这个问题利用了变异是不好的这一普遍的误解。关于变异，没有什么一定是不好的，例如，千百年来人类通过杂交实现动植物品种的变异。因此，所有转基因生物都是不好的这个立场是对转基因生物背后的科学基础的误解，它把变异当作了稻草人。

然而，在公众场合讨论科学时，这种方法尤其会在无意中被使用。主要理由之一是科学常常让公众难以理解。在尝试理解科学概念时，公众可能会得出错误结论。这意味着：他们在科学问题上的立场基于他们一开始就产生的误解，在这一点上科学家正可以通过清楚的解释和指出所有谬误的方式提供帮助。

当诸如稻草人谬误这样的谬误没有被纠正，或者科学及其制约与平衡的流程没有被恰当履行时，就会导致伪科学产生。伪科学（pseudoscience）是披着科学外衣的观点或假设，没有这层外衣，它就不能自称权威。它最大的弱点往往是未经过受严格控制且逻辑清楚的实验的测试和检验，而这些实验奠定了科学的基础。

科学和伪科学没法用某种单一方法区分，但是当我们对照着完整的科学标准进行比较时，两者就会区分开来，表现出某些明显的差异。

就让我们来比较一下占星术和天文学。

表 1.1　天文学与占星术的对比

天文学	占星术
天文学研究的主要目标是获得对宇宙更完整、更统一的认识。	占星术利用关于天体相对位置和运动的一套规则对地球上的事件和人类的人格特质做出预测和解释。
天文学涉及探索，推动认知不断发展。	曾经尝试过涉及占星术的科学研究，但尚未能建立起正确的天文理念就已中断。到目前为止，还没有占星术对科学新发现产生贡献的案例记载。
天文学家寻找与现存理论不一致的结果。	占星师并不严密检验他们所接受的天文学理念。该领域最低的研究水平表明，他们几乎不会努力去公正地检验他们的观点，甚至会无视与之矛盾的证据。
与当前科学理论不一致的数据一旦被证实是有效的，会引发进一步的探索。	与确定的信条不一致的数据不会被考虑，甚至会被主动消除。
天文学研究是这样一个过程：每个想法必须通过观察和实验被检验，可能随时被质疑或抵制。	占星术的有些预言非常笼统，以致于任何结果都能被解释为适合预言，从这个角度来看，占星术是不能被检验的。然而，有些人用占星术做具体的预言，这就能根据宇宙中的具体情况进行核实。例如，占星术认为星座对人的同情心方面有影响。因为这些特质在医学和老年护理方面很重要，我们可能会预料，如果占星术真能解释人们的个性，护理从业者有更大的可能属于占星师认为“适合”护理业的星座。像这样具体的预测，占星术的观点又是可以被检验的。
天文学的理念和概念凭借自身建立在证据基础上的价值立足。	占星师可以干一辈子而不用在会议上展示研发成果或发表论文。若占星师真的想发表文章，这些文章往往也不需要经过同行评审或科学界评判即可发表。

（续表）

天文学	占星术
天文学中的解释必须用清楚、不模棱两可的术语。	占星术的解释往往是含糊和模棱两可的，经常在不正确的语境中嵌入科学术语。

从这些差异可以看出来，占星术并非科学。虽然占星师寻求解释宇宙之道，但这些解释是否正确，并没有批判性的分析。在科学领域，科学家根据来自于观察和实验的证据评估他们的假设和理论，当证据与它们矛盾时，他们就摒弃或修正它们。

与科学交流有关的另一个话题是科学语言的使用。词语的科学含义可能与其日常含义不同。所以当科学家在与公众讨论科学理念时，应该考虑到这一点。"理论"（theory）一词就是这种差异的很好示例。这个词的普遍用法是指代一种推断。在科学中，它特指一种科学观念：如果某个预测可以通过观察或实验加以检验，那么这个预测能被允许作出。再举一个说明科学语言和日常用语差异的简短例子。化学物质是有着固定化学成分的一类物质。氢气、餐桌上的糖和蒸馏乙醇都是化学物质。一切物质都是由化学物质构成的。例如，水果包含数十种不同的化学物质，包括水、亚油酸、硫胺素和果糖等。然而对于公众来说，"化学物质"通常被认作是人造或有害的东西。实际上，有害物质显然是化学物质，但化学物质本身并不一定是有害的。

1.6 科学的局限

在以往的 400 多年里，科学知识让我们得以消除疾病、养活成千上万的人口并通过机械化的交通工具使世界"变小"。科学还令我们得以预测地震后哪些地方会受到海啸侵袭，以及怎样保护庄稼免受病虫危害。这些成就让我们误以为科学无所不能，但事实并非如此。科学有着明确的边界。

科学永远无法回答某些问题，例如，安乐死是否错误这个道德问题。这样的问题是我们社会要考虑的重要议题，但是科学永远回答不了。科学能帮助我们了解不治之症，以及那些能帮助我们形成观点并做出决策的知识。然而，最终我们个人必须做出道德判断。科学能够帮助我们描述宇宙，但是它不能就宇宙中的对与错做出判断。

科学能告诉你，在音乐中高音 C 的频率是 261.1 赫兹，也能解释我们的耳朵如何把这种频率的信息传导给我们的大脑，但是科学不能告诉我们莫扎特的交响乐、莎士比亚的戏剧表演或凡·高的绘画是否美妙。每个人必须基于对艺术的主观感知做出自己的判断。

虽然科学家常常关注他们研究成果的应用，但是科学本身并不能提供如何处理科学知识的信息。例如，科学能告诉你如何使原子核发生裂变，但它并未详细说明你是否应该利用那些知识制造核武器或生产核电。对于几乎所有的重要科学进步，我们都能设想知识的多种应用途径，有对人有利的，也有不利的。重申一下，科学帮助我们描述宇宙，然后我们作为个人和社会决定如何应用那些知识。

2 科学简史

科学起源于何时？根据亚里士多德（Aristotle）的说法，公元前 6 世纪爱奥尼亚的哲学家泰勒斯（Thales）、阿那克西曼德（Anaximander）和阿纳克西米尼（Anaximenes）是最早探究宇宙现象的。但是正如我们所知，科学的要求不仅局限于此。理论与实验、观察相结合对于我们定义科学很重要。我们将基于对科学的现代解释，画出从最早的实验到现在的科学演变的时间轴。

在有实验记录之前，苏格拉底（Socrates）之前的哲学家们已经基于实验寻找证据和进行解释。最早被记录下来的实验之一是泰勒斯对日食的预测。泰勒斯准确预测到了发生在公元前 585 年 5 月 28 日的日食。因为天文学家可以计算历史上日食发生的日期，美国生化学家兼科幻小说作家艾萨克·阿西莫夫（Isaac

Asimov）把这个预测描述成“科学的诞生”。

然而，我们无法从这个早期的实验中获知对日食的观察和泰勒斯可能有的理论两者间的关系，因为没有关于这种关系的明确的观察报告或陈述。如果实验对科学至关重要，我们找不到泰勒斯曾做过实验或曾通过观察日食做出预测的证据。

希腊人采用基于观察的推断加上逻辑推理来形成对宇宙的科学解释。这样的逻辑推理有三种形式（在第二章会进一步探讨）。第一种是溯因推理（abductive reasoning），它寻求理论来解释观察结果。溯因推理从一些不充分的经历开始，最终找到最简单最可能的解释。它利用可以得到的最精确的数据提出并测试假设。它经常在观察了一个没有清楚解释的现象后作出预言。例如，当科学家观察到试管中的样本变成紫色的时候，她会想要么样本中有高锰酸钾，要么她的同事又在跟她开玩笑了，这就是溯因推理。

希腊人采用的第二种逻辑推理形式是演绎推理（deductive reasoning）。它以一个假设开始，根据判断结果得出具体的、合乎逻辑的结论。现代科学家们用这种推理形式来形成假设和理论。演绎推理使普遍的理论能应用于具体观察。在演绎推理中，我们持有一个理论，并基于这个理论对将要做的观察进行预测。换句话说，如果理论正确，我们能预测我们的观察结果。我们从一般理论出发，再发展到具体观察。

演绎推理通常有明确的步骤。首先有个大前提，然后是次要的小前提，最后是结论。演绎推理的常见形式之一是三段论（syllogism），即通过两条论述得出逻辑结论。三段论用在演绎推理中来检验观点的正确与否。在演绎推理中，如果一条原则通常对某一群集成立，那么它对于该群集中的所有事物也都成立。

下面这个例子示范了正确的三段论：“所有乌托邦书店的图书都以七五折出售。这些书是乌托邦书店的。因此，你是以七五折买下这些书的。”如果我们做个韦恩图，第一个前提——大前提或者主要前提，是个大圆。特别的或“次要”前提是个与第一个圆完全重叠的圆。当你从两个圆中拿出一个样本，它们彼此有共同之处：对第一个前提成立的也适用于第二个，每本乌托邦书店出售的书都是七五折。因此，你选的任何书都是七五折。因此，中间的条款涵盖了第一条和最后一条，三条论述间有真正的联系。

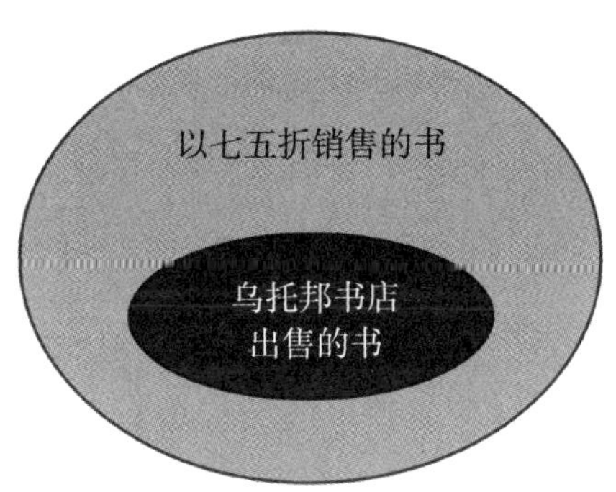

图 1.3　乌托邦书店韦恩图

如果两个前提成立，演绎推理的推论也成立。然而，如果前提之一不成立，有可能得出看上去符合逻辑实则不然的错误结论。例如，思考这些前提："所有鸟会飞" 和 "蝙蝠会飞"。你不能说 "蝙蝠是鸟" 或 "有些鸟是蝙蝠"。这两个命题之间没有联系，虽然分开来看各自都是成立的。一个在逻辑上普遍出现的错误叫做 "谬误"，这个特别的谬误叫做 "中项不周延（undistributed middle）"。如果我们画个韦恩图，里面有一个叫做 "飞行物" 的圆，包含分别代表鸟和蝙蝠的两个圆，这两个圆不重叠（图 1.4）。

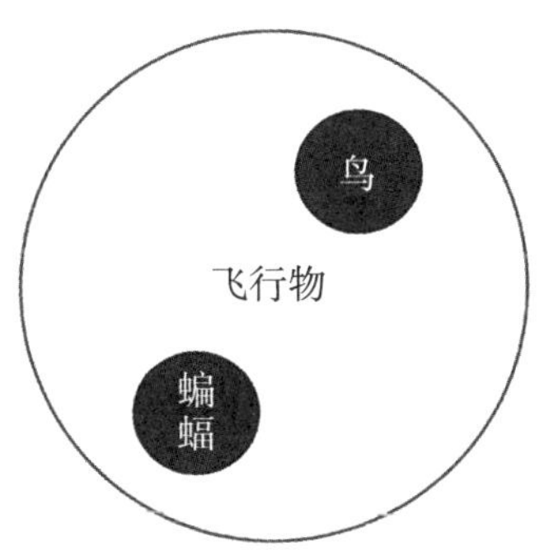

图 1.4　飞行物韦恩图

最后一种形式，也是希腊人在科学上的主要突破是：归纳推理（inductive

reasoning)。它与演绎推理相反。归纳推理通过具体观察归纳到广义概括，从根本上说，先观察，然后从观察得出结论。

在归纳推理中，我们从具体实例推导出一般原理。我们进行许多观察，辨别一种模式，概括并推导出一个理论。在科学范畴，来自观察的归纳推理和来自理论的演绎推理之间不断地相互作用，直到我们越来越接近“真理”。我们只能接近真理，却不能完全确定。一个经典的例子就是我们每天看到太阳升起这个事实，我们因此可以推断每天太阳都会升起。

有了这种更高级的推理方式，你可能期待希腊人对自然现象进行精确的观察，然后采取行动检验假设。希腊历史学家希罗多德(Herodotus)记载了吕底亚国王克罗伊斯(Croesus)曾对假设进行彻底检验，开创了确定哪一位希腊哲人说了真理的流程。他派信使去问每一位哲人在一百天内打算做什么。这表明希腊人至少理解了科学实验的概念框架。

希腊人喜欢静坐冥思解释世界的理论。相较描述过程，希腊科学对创造能解释一切的理论更感兴趣。他们擅长测量，但是他们常常凭一些事实得出包罗万象的理论。然而，这些有自我意识的思考分析是迈向现代科学的第二步。

现代科学进程的下一个主要成就的贡献者是阿拉伯学者穆哈默德·本·哈桑·本·海什木·巴士拉(Abu Ali al-Hassan Ibn al-Hy-atham al-Basr, 965—1040)。现代科学的两个特征是理论和实验法的发展。实验被设计出来用于检验作为理论基础的假设。

在他的光学工作中，海什木利用各种形式的光精心设计实验来检验假设。他用直线代表光线，用平面代替光源，直线从这个平面上的点向所有方向发射，这种抽象概念称为射线。这种抽象的简化是他的希腊前辈所熟知的，因此，他的主要成就实际上在于研究抽象的数学概念和实验之间的功能关系。而且，他提出了光的折射的概念：即光在密度较大的介质中传播速度变慢，产生弯折。他进一步发展了这个理念并说：

"光折射的时候……总能走最简单、耗时最短的路径。"

海什木最先使用系统的实验法研究物理现象，同是也最先以数学公式的形式描述物理现象，这形成了他的方法论。例如，他的折射理论将介质的透明属性和弯折射线的偏离角度联系起来。海什木专注于经验观察法的改良，从而形成他自己的研究方法：以实验法作为证明基本假设的另一种模式。

接下来是现代科学飞跃发展的代表人物罗杰·培根（Roger Bacon，1220—1292），英国方济会哲学家和教育改革家。从1247年到1257年，培根全身心致力于发展包括光学和炼金术在内的新的学科分支，并深入研究天文学和数学。培根对他同时代人道听途说的主张和理性推演表示怀疑，相信通过观察来证实更加可靠。由于培根对实验科学所展现的巨大热情，他常常被看作现代科学的早期倡导者。

然而，对培根的历史研究显示对他作为实验者的刻画被夸大了。培根对现代科学的主要贡献不在于知识总量的增加，而是他对于实验研究方法的坚持。他确实有个炼金术实验室，并用透镜和镜子做了一些系统的观察，特别是围绕光的本质和彩虹进行了观察。他有条理地计划和诠释这些实验。然而，那些被归功于他的实验，大部分从未真正进行，他只描述了方法。但是，即使他的实践看似被夸大了，他代表的通过观察或经历而非理论或纯粹的逻辑去证实想法的方法，是历史上实验科学的一大进步。

在1620年，另一位培根，英国的政治家弗朗西斯·培根（Francis Bacon）爵士，发展了供哲学家衡量知识正确性的方法，这一方法成为现代科学研究过程中的重要部分。早期思想家认为，人们在诠释感官体验时常常出错，虽然培根同意他们的观点，但他同时意识到人们的感官体验提供了可能是最好的认识宇宙的方式。他认为因为人们可能会错误地诠释他们感受到的任何体验，他们必须在接受一切之前抱怀疑态度。

这就引入了假设（hypothesis）这一理念，换言之，关于宇宙的潜在真理，培根创造了一种方法，科学家们以此建立实验检验物质世界，并试图证明他们的假设是错误的。举例来说，为了检验疾病不是内部引起的这一想法，他指挥研究人员把健康人置于诸如或温暖或寒冷或和其他病人接触等外部条件中，来判断这些外部条件是否会导致疾病。培根知道许多不同的病因可能被带有内部或外部偏见的人忽略，他坚持在获知真理之前要反复进行这些实验。这就引入了实验设计的可重复性概念。

下一位在现代科学进程中取得历史性成就的是来自于法国的哲学家、数学家和科学家勒内·笛卡尔（Rene Descartes）（1596—1650），他把理性主义（rationalism）引入了现代科学。理性主义的理论表明理性推理而非体验才是确定知识的基础。

在《谈谈正确引导理性在各门科学上寻找真理的方法》（一般以《谈谈方法》著称）一书中，笛卡尔谈到了从事科学研究的框架，里面引出了怀疑论的概念：对于宇宙的唯一理性的回应就是在完全证明之前，一切都应该被怀疑。

他在科学发展方面的四个主要理念是：

（1）在所有怀疑的理由都消除后才能接受观察或解释的事实。

（2）问题应该被细分成尽可能多的部分并必须提供一个充分的解决方案。

（3）想法应该有序，从最简单的开始，慢慢上升，逐渐发展到更复杂的知识。

（4）证据尽量完整，评论尽量综合，无所缺漏。

笛卡尔提倡的怀疑论并不合理，但现代科学从他的方法得到的启发就是：科学不能教条，而应该批判性地对待事物，并乐于承认能挑战科学主张的合理证据。

笛卡尔还把科学看作人类的事业，认为对科学的探索基于观察和实验。今天，我们还是以此为基础。他认为探求真理源于检验假设并通过实验和观察反例来消除谬误，这一观点也沿用至今。当然，与培根一致，他同样认为科学通过消除错误来追求真理。

同时，笛卡尔更擅长运用他和培根共同倡导的实验方法。他对经验主义的科学做出了真正贡献，例如在光学和眼球的生理学方面；而培根没有做出这样的贡献。

笛卡尔对适合科学的方法的反思是独创的、有影响的。它们达到了如下要求：现代科学寻求思想的清晰；科学家们的判断应该适度而非教条；当科学家们探索真理时，他们应该由浅入深，系统地进行，使用适合研究对象的方式，并且一门科学学科应该从任何角度都无异于其他学科。

苏格兰哲学家、历史学家戴维·休谟（David Hume，1711—1776）进一步发展了笛卡尔的怀疑论理念。休谟对我们理解科学变化如何发生和科学知识之局限的贡献来自于他的两篇哲学文章：《论人性》（1738）和《人类理解研究》（1748）。休谟质疑了因果关系的重要性，他写道：

> “把一样东西展现给一个有着强烈的天赋理性和能力的人。如果那东西对他来说是全新的，即使通过对它明显的性质作最准确的检查，他也不能发现它的任何因果关系。”

他认为，因和果的联系是通过观察和实验得到的，不能够通过演绎推理显示。

休谟抛弃了基于演绎推理的知识来理解宇宙的方法，把亚里士多德对科学知识和观点的区别重塑成“观念的连结”（relation of ideas）与“实际的真相”（matters of fact）之间的区别。“观念的连结”不需要经验就可以发现，并可以通过演绎或直觉确定地显示。那么，这些关系在任何宇宙中都是成立的，它们不能提供任何关于宇宙的新信息。休谟把这种推理方法与来自宇宙的、通过观察或实验得到的知识的“实际的真相”相对比。类似陈述的例子还有“水是透明的”。和“观念的连结”不同，“实际的真相”并不一定在一切可能的世界成立，而且不能通过演绎推理建立。“实际的真相”并不能确定地被感知。休谟的新类别知识表明因为科学依赖源于“实际的真相”的知识，科学知识永远达不到亚里士多德认为的确定，而只能达到笛卡尔期待的适度。

在捍卫科学中归纳推理方法的同时，休谟还通过展示归纳推理得出的结论不能被理性地证明，暴露出这一方法的局限性。正如上文讨论的那样，休谟认为因果知识只在某个特定的时间点、因为某个特定的经历、作为某个特定的现象出现，让我们得以使用归纳推理推断有关因果的结论。

为了阐明我们对归纳的依赖，休谟考虑了下列两个说法：

（1）过去，太阳从东方升起。

（2）因此，将来太阳将从东方升起。

但是这个观点本身依赖于归纳思考——这就构成了循环论证。它推断同样的结果将总是出于同样的原因，因此归纳推理有局限。科学不能证明任何东西，因为它依赖归纳逻辑——它只能提供解释。笛卡尔那样的理性主义者，视产生知识的推理为核心要素，然而，休谟的结论对此提出了根本的挑战，在今天看来，它向科学中的现代理念迈进了一步。

现代科学进程接下来的进步发生在二十世纪开端，那是一个被视作理性和科学合理性的时代，尽管全球刚爆发战火。第一次世界大战结束后不久，一群由数学家、科学家和哲学家组成的知识分子在德国哲学家和物理学家莫里茨·石里克（Moritz Schlick）领导下，在维也纳会面。这些以逻辑实证主义者著称的研究者提倡统一的科学这个理念，断言所有真正的知识等同于科学知识。因为他们都接受科学方法论的引导，强调实验证据和科学方法的使用。逻辑实证主义者最重要的特征之一就是提倡验证原则（principle of verification）。该原则认为，为了有意义，一个论述需要经验性验证——虽然讽刺的是，这个论述本身不可验证。

奥地利 - 英国哲学家和教授卡尔·雷蒙德·波普尔（Karl Raimind Popper，1902—1994）爵士进一步发展了只有经实验验证过的论述才有意义这一观点。他被普遍认为是二十世纪最伟大的科学哲学家之一。令他闻名于世的是他在科学方法中抵制经典归纳推理而赞成经验证伪。

科学家们从理论开始，使用演绎推理的常规方法得出具体结论，并由此做出预测。如果理论正确，预测就正确。波普尔表明我们不能证明一个理论是正确的，但是我们肯定能证明一个预测是错误的。如科学家检验他的一个预测并发现它不正确，然后他就得出结论：理论不正确。如果理论正确，预测就成立。

在任何时刻，现行（被接受）的理论都有可能随着新假设被提出、被验证，而被驳斥或被证明是错误的。教育家们除了教授现行的理论，还会选择教些“被显示是错误的”理论。对此普遍持有的观点是当我们消除了错误理论，我们就更接近真理。换句话说，和现行理论伴行的还有许多被抛弃的理论或假设。然而，认为被抛弃的假设是“错误的”而“被接受”的理论是“正确的”这种想法是错误的。

不同理论对于观察可能同等重要。例如，在中世纪人们普遍接受地球是宇宙的中心。然后，伽利略通过望远镜观察提供的证据表明，地球中心说的假设是错误的，太阳才是中心。后来，爱因斯坦提出了广义相对论。广义相对论的一个基本特征是无论你在宇宙何处，宇宙的自然法则是一样的。因此，根据这个理论，宇宙不是只有一个中心！基于这个推理，地球是宇宙中心的假设被证明不再是错误的。当然，它也没有证据支撑。因此，地球是宇宙中心的理念在中世纪被看作是正确的，在科学的变革时期“被证明是错误的”，现在多亏了爱因斯坦，它被证明不再是错误的。

所谓的现代科学进程的最后发展阶段的进步来自美国物理学家、历史学家及科学哲学家托马斯·塞缪尔·库恩（Thomas Samuel Kuhn，1922—1996），在他饱受争议的《科学革命的结构》（1962）一书中，他引入了范式转移这一术语。

托马斯·库恩是这样定义范式的：

> “一段时期内为科研群体提供模型问题和解决方案的被广泛认可的科学成就。”

从这个定义看来，范式描述了观察和分析的对象。范式还确定了在科学领域，应该问什么样的问题，什么样的问题需要寻求答案。此外，范式还决定了这些问题的结构以及应该怎样诠释科学研究结果。

总之，范式是全面的理解模型，它为科学家提供了如何看待该领域的问题以及怎么解决它们的观点和规则。正如托马斯·库恩所说：

> “范式之所以获得了它们的地位，是因为它们比它们的竞争对手能更

成功地解决一些问题，而这些问题又为实践者团体认识到是最为重要的。”

库恩挑战了时人对科学的理解：科学是新理念积累的持续进化。库恩认为这个模式是错误的。他认为，科学的最大进步来自于新知识的偶尔爆发，每次革新都是受新的思维方式的激发，革新如此巨大，它们必须被称作新范式。他称之为范式转移。

科学进程中的巨大飞跃来自于革命性的突破，库恩的这一假设在进化生物学中有对等的理论。我们可以在进化生物学家斯蒂芬·古尔德（Stephen Gould）对他的间断平衡论（punctuated equilibrium）的描述中看到：

> “间断平衡论……是个进化生物学理论，它提出：大多数物种在它们的生态史上几乎不会展现出进化变化，还是处于被称为停滞的延伸状态。理论提出，当一个显著的进化变化发生时，通常局限于少见的分支物种形成的地质历史时期的突发性事件。
>
> 间断平衡论一般与渐变论相对，后者认为进化一般一致地发生，是整个世系持续的渐进改变（叫做进化）。这种观点认为进化一般是平稳持续的。”

一旦一个新的范式理论建立起来了，在这个理论体系下工作的科学家们可以开始进行正常的科学研究：即解决具体问题、收集数据和计算。

但是在科学发展史上，科学家时常观察到无法通过当时的范式理论轻易解释的异常现象。光有意外发现还不足以推翻目前受到认可的理论。然而，随着无法解释的结果越来越多，这最终导致了“危机”。

例如，在18世纪，实验表明金属在燃烧时质量增加，这与当时的燃素说矛盾。该理论认为，燃烧的物质含有燃素——一种燃烧时释放的物质。随着时间的推移，燃素说被拉瓦锡（Lavoisier）的理论所取代，后者认为燃烧离不开氧气。

科学研究不断进步，因为后来者的理论通常好于前人的，它们更精确，能带来更多预测并提供进一步的研究机会。

因此，从古代的爱奥尼亚人对日食的观察到范式转移和量子理论的发展，科学持续调整、演变，成为人类塑造和理解世界的最有力的工具之一。

3 为何要做科学家?

你可能会问自己，科学的重要性体现在哪里？科学时时刻刻在影响我们所有人。从我们醒来的那一刻起，从白天到晚上，手机、因特网、治疗你膝盖擦伤的抗生素、水龙头里的净水，还有你忙完一整天后给你照明的街灯，这都是科学的力量带给你的。科学带来的认知和技术创造了现代世界。

为了清楚地举例说明科学怎样深深地融入我们的现代生活，你可以试着想象没有科学进步的一天。现在开始，设想一个没有现代科学对医学的重要贡献的世界：

> 半个世纪前，一旦被诊断出患有脊髓灰质炎，几乎意味着必须要在铁肺中度过很长时间。脊髓灰质炎使肺周围的肌肉瘫痪，使病人不能自主呼吸，迟早会导致死亡。患者要在一个机器里待上许多星期，借助机器呼吸直到恢复健康，然而，多亏在20世纪60年代早期发现了脊髓灰质炎疫苗，再加上后续取得的科学突破，使疫苗能大规模生产，情况得以完全改观——脊髓灰质炎几乎被从地球上根除。

脊髓灰质炎只是科学帮助治疗、预防或治愈的许多种疾病之一。没有科学，我们不知道怎样制造核磁共振机器、怎样制作隐形眼镜、怎样通过如洗手那样简单的手段防止微生物传播来阻断疾病传播，以及怎样预防天花和霍乱。在许多方面，科学给我们提供了与疾病作斗争的能力，使我们能保持健康。

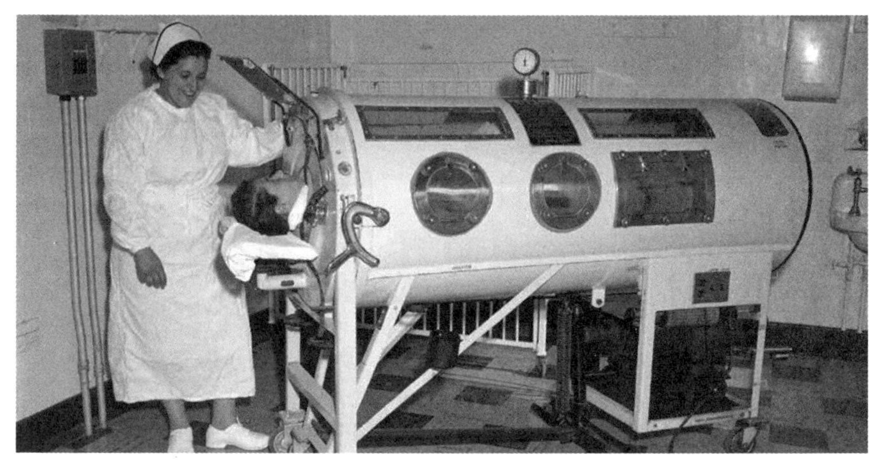

图 1.5 在铁肺中的病人

让我们看看为何科学如此重要，以及为何成为科学研究者是我们可以拥有的最重要职业之一。

我们的世界一直在改变和发展。有些变化是好的，例如计算机的出现，它变革了我们储存、处理和获得数据的方式。另一方面，科技发展也带来负面的变化，例如，人类对地球资源需求巨大，给环境造成了压力。现在我们需要为我们所做的一切寻找新的解决方案，从安全、清洁的能源，食品生产到垃圾处理和净水供应。

科学可以让你为大量激动人心的重要机遇做好准备：

- 开发清洁和环境友好的能源
- 发展新的运输方式
- 帮助全社会更高效地生活
- 与农民一起改良粮食生产方式
- 保护生态系统的生物多样性并通过减少温室气体排放抗衡气候变化的影响
- 寻找净水供应的替代方式
- 发现治疗耐药性疾病的新药物和疫苗

另一个把科学作为职业生涯的理由就是科学是美丽的。正如法国物理学家亨利·庞加莱（Henri Poincaré）所说：

“科学家研究自然，并非因为自然有用，而是他们喜欢自然，因为自然是美丽的，如果自然不是美丽的，就不值得科学家去研究。如果自然不值得研究，人生也就失去了价值。”

科学值得作为职业生涯的另一个理由是，科学并不只意味着白大褂和实验室工作（必须承认，实验室工作是许多科学家生活的重要组成部分）。如果做研究不适合你，还有许多其他职业途径可以把你带出实验室。例如：

• 科学交流者：如果你发现讨论科学和科学写作比所有那些实验室的实验有趣得多，你可以考虑成为一个科学交流者。

• 专利律师：如果你还对法律感兴趣，那么代表有科学专利的申请者，帮助他们的创新获得专利保护可能很有趣。

• 公共政策制定者：如果你对政治活动也有兴趣，你可以以科学家身份参与地方或国家的不同领域的政策制订，例如药品许可、自然健康产品的管理、公众健康风险评估和环境保护。

• 技术转让咨询师：把实验室发现转化成商业产品或进行工业应用。

随着时间的推移，人类在改变，科学作为人类的追求也在变。例如，在战争时代，社会为科学家提供资金，科学研究服务于战时应用，因此科学朝着那个方向进步，解开了诸如抛物运动、雷达和声呐之谜。在其他时代，经济引领科学前进。例如，医疗和医药公司越来越多地把资金投向生物技术研究，在基因药物方面取得了突破。而且，受资助的非政府组织可能投资于承担社会责任的项目，鼓励进行诸如革新栖息地等领域的研究。科学不是静止的，它在演变，而它的变化也反映了它所扎根的人类社会的转变。

科学研究回应它所在的社会的需要和利益。一个符合社会需要的研究课题比一个没有什么影响力和前景的模糊问题更容易成为资助对象。例如，最近科学界在 H1N1 流感病毒传染病研究上投入大量努力。这项研究针对 H1N1，但是也增进了我们在总体上对病毒性传染病的了解，例如对免疫系统和免疫系统如何与病毒、药物和二次感染相互作用的了解。

我们已经看到科学和现代生活交织在一起：从咖啡中的巴氏消毒牛奶这类日常用品，到那些改变世界的发现比如疫苗。没有科学研究，我们甚至无法掌握关于我们生活的物理环境的基本知识。这些知识给我们的个人生活和社会决策提供信息。科学知识还形成了通过技术实现社会进步的基础。从一个简单的电灯泡到计算机网络，到转基因大豆，所有这些都是基于科学知识的技术所带来的。

在本章中，我们已经看到科学研究所发现的知识对生活的影响，已经到了看上去无所不在的程度。在下一章，你将会学习成为科学研究者的技巧，并开始理解科学——它将改变你看待世界的方式。

第二章

科学研究

1 引言

为何总会有人被科学研究所吸引?

科学研究源于我们内心对周围的世界如何运行的好奇,是一种获得和创造新知识、找出现实世界问题的解决方案并运用新技术以驱动社会进步、改善生活质量的方式。

想想科学研究是如何全方位地影响和改善我们生活的。

以互联网为例,它是大多数人每天用来与亲友交流、寻找信息、工作和学习或许还有购物的工具。这是与30年前完全不同的场景。那时人们通过打电话或会面进行交流,从书上或利用图书馆寻找信息,在购物中心购物。计算机和互联网技术的发展始于20世纪60年代的基础科学研究,过去50年来对该研究和创新的应用把人类活动转向计算机和网络。

各种疫苗的出现,几乎消除了曾经在一些发达地区肆虐的极为危险的疾病;核磁共振和X光技术能帮助专家评估断裂的骨头或诊断其他肉眼看不到的病变;

气象研究使我们能预知有潜在危险的天气，让我们早作准备并采取适当措施确保安全，避免生命财产损失。

科学研究不仅影响了人们的日常生活，还帮助人们更深入地认识、理解周围的世界，塑造他们的世界观。科研带来的先进技术和商业机会提供了繁荣致富的新机会，也影响了国家和国际层面的政策决策。

科学研究对社会的影响无穷无尽，每个人都能从科学素养高的社会中获益。例如，在进行政策决策时，了解研究过程和某些决定的产生方式能够让人意识到以往错误的主张和架构不合理的研究，从而更为合理地知情决策。

想要提高科学素养，第一步就是要理解什么使研究变得科学，并了解达到某些目标需要使用的不同科学方法。本章将探讨：科学研究的主要概念和目标；自然科学家和社会科学家所使用的不同研究方法；研究哲学塑造研究项目的不同手段；在研究项目的开端如何提出一个强有力的研究问题。

2 科学研究的类型

科学有两个主要探究分支：自然科学和社会科学。

自然科学研究自然发生的现象，如光、物质、地球、动物和人体。它可以分为两个子范畴：生命科学（生物）和物质科学（数学，物理学，化学和其他学科）

社会科学则研究人类行为——包括个人层面和集体层面，涵盖社会学、政治学、人类学和心理学等领域。

作为一个青年研究者，你的专业选择将决定你要做的研究类型和你需要掌握的具体技能。此外，你还需要发展一些其他技能，如：

- 拆解、整合并解决复杂问题的能力
- 发现、应用和批判性地评估信息和知识的能力

- 对所感兴趣的领域宽广深入的认知
- 对不同研究领域和学术领域主要科学概念和理论的整体认知
- 项目管理能力

成为科学家是一条有价值的职业道路。它可以提供造福社会、创造新的知识形式、推进学科边界和开发针对现实问题的创新解决方案的机会。

2016 年，全世界人均寿命是 72 岁（世界卫生组织网站数据）。而在 19 世纪，人的平均寿命仅三十余岁。为什么会这样呢？因为随着生物学、健康学和临床病理学的进步，曾经普遍发生的疾病现在极少发生，曾经的不治之症也被现代医学轻易治愈。

3 科学研究的目标

从广义上说，科学研究有三个主要目标：描述、预测和解释。在这三个大目标之下还有许多小目标（如比较、分类和控制）。

描述（description）：定义和分类不同现象。描述常常是系统和精确的。它们可用来产生普遍法则（universal laws）和概论（generalizations）。科学家主要对与自己的研究相关的描述感兴趣，尽管许多重要的突破是由那些兴趣不同的科学家把不同学科中的概念和观察进行不同寻常的联系而做出的。

预测（prediction）：描述常常为预测提供基础。预测是建立假设的前提，因为它们预测一个变量和另一个变量关联后的性能。换言之，当一个变量能用于预测另一个变量，那么前者肯定先发生。

解释（explanation）/ 理解（understanding）：这无疑是科学研究最重要的目标，因为它寻求解释或确定某个现象的起因。为了确定研究中的因果关系，有三个前提：

• 共变关系——需要确定两个或两个以上变量以某种方式相互关联，以及这种关联是否只是碰巧发生。

• 正确的时间顺序——对于预测，要想让1引起2，前提是1必须发生在2之前。

• 消除——所有其他可能因素必须被消除。这是确定因果关系中最困难的。

表 2.1　科学研究中各环节的目标

研究目标	
分类	确定事物或观测结果的关联方式，以此为依据把它们分成小组或门类
描述	利用数据来描述现象
解释	用事实或数据解释某个现象如何会发生或为什么会发生
评估	关于事件或物体性质的判断
比较	观察多个现象并洞悉它们的差异和相似点，如历史事件间的差异或物种间的行为差异
关联	理解两个不同现象如何相互影响
预测	利用已知现象间相互关系来预测将来的行为或事件
控制	取一个你洞悉的事件或现象并确立控制或支配它的方式

4 科学概念

科学研究的基础由以下四个主要的概念组成：事实、假设、法则（或原理）和理论。每个概念都将自始至终定义、塑造和引导你的研究。

如何理解这些概念呢？

事实（fact）是普遍认为成立的一个简单的观察结果。例如，我们知道天空是蓝色的，地球绕太阳一周需要一年时间。尽管这些事实现在看来是正确的，但是在科学中我们认为它们并非确凿不变，今天的事实很可能明天就会产生变化。

假设（hypothesis）是基于我们所知道的事实和观察结果的可以被检验的说法。有些人会称之为“有根据的猜测”。它对现象进行有限的解释并提供进一步探究的基础。假设能否成立，在于它最终被证明是正确的还是错误的；此外，它还需要能够被反复验证。

法则（law）或原理（principle）是在某个条件下，对一个现象发生的变化的描述。它通常以重复的实验或观察为基础。多普勒效应（the Doppler effect）和牛顿（Newton）的万有引力定律（the law of gravity）只是青年科学家在职业生涯的某个点会碰到的众多科学法则中的两个。

理论（theory）不仅仅是对一个现象的描述或陈述，深入钻研，我们会洞察为何那个现象会发生。它是个受证据支撑的理念，是前人研究的结果。理论常常被用作假设的基础，帮助研究者塑造他们的研究并解释他们收集的数据。随着时间的推移，随着更多的证据被发现，更多的研究被完成，理论可能被修改和完善。理论也可能被证明是错误的，或成为同一领域科学家们辩论的主题，他们分别持相反理论来解释同一现象。在科学上没有绝对的事物。

当然，在实践中，这些概念常常要比上面的说法复杂、具体得多，但是前提总是一样的。假设要能够被检验；事实要正确；法则要描述在某种条件下发生的变化；理论要对事情为什么会发生进行某种形式的解释，而且解释要基于证据。

4.1 进化论和自然选择

1831 年，查尔斯·达尔文作为博物学家登上“贝格尔”号军舰，开始了环球考察。他的工作是研究他们所到的外国土地上的动植物。

旅途中，他们在加拉帕戈斯群岛度过了五周时间。达尔文注意到，与大陆上的燕雀相比，那里的燕雀长着各种不同的喙。除了这个特征，它们几乎一样。这个观察使他着迷。在 1836 年回到英国后，他继续探索其中的原因。

在 1839 年，他提出了物竞天择的进化理论（theory of evolution）。他提出加拉帕戈斯群岛上的燕雀的喙是对它们能找到的不同食物来源的适应。换言之，燕雀经历一段时间的适应，它们的喙的结构使它们能吃不同种食物，如种子、植物、水果和昆虫。

达尔文的理论是这样的：随着时间推移，生物会发生行为和生理变化以适应环境。环境适应能力最强的生物，最有可能生存下来并繁衍更多的后代。有更多后代的生物通过遗传确保某些特性保留下来。

自然选择（principles of natural selection）起作用有三个先决条件。第一，种群中存在变异。没有变异，自然选择就不能起作用。第二，在一个特定的环境中，一些特征比另一些更有利。如果所有的特征都有相似的优势，那么就没有特征被选择，一开始的变异就会保持。最后，这些特征必须是可遗传的。这是基于后代像它们的父母这一理念，特征需要被一代代地传下去。

4.2 豌豆和基因

在 19 世纪 50 年代，“现代遗传学之父”格雷戈尔·孟德尔（Gregory Mendel）用七年时间进行豌豆杂交实验，观察豌豆的哪些性状被一代代地传下去。他以他所称的“纯种植物”（即自花授粉形成的植物）开始，展示七对性状（如圆粒或皱粒，高茎或矮茎，以及绿色或黄色的豌豆）中每一对的两种变异情况之一自由组合的结果。当他给呈现出相反性状的两株植物（如高茎和矮茎）进行异花授粉，他发现所有的后代仅展示出一对性状的其中一面。例如，当高茎和矮茎的豌豆杂交，所有的后代都是高茎。他还发现性状都是相互独立的。因此，矮茎豌豆的种子可能是圆粒和皱粒的，高茎的也是如此。通过持续对每代植物进行杂交，孟德尔发现在第一代后代中未显示的性状（例如矮茎）又开始出现了。不仅如此，当他让每代植物自花授粉，它们的后代展示出了原先父本和母本的性状。

孟德尔从他的发现中总结了三条遗传法则：

- 分离法则——所有的后代从它们父本和母本那里继承每对性状的一面
- 主导法则——性状中总是有一面主导另一面
- 独立搭配法则——性状是相互独立的

孟德尔的法则是一个重要的里程碑，它塑造了我们今天对遗传学和遗传的理解。在他的发现之前，人们认为性状是代际混合的：也就是说，一株高茎植物和一株矮茎植物会产生一株中等高度的植物。他的法则为未来科学家进一步探索遗传铺平了道路，并成为将近一个世纪后发展成染色体遗传理论的研究的基础。

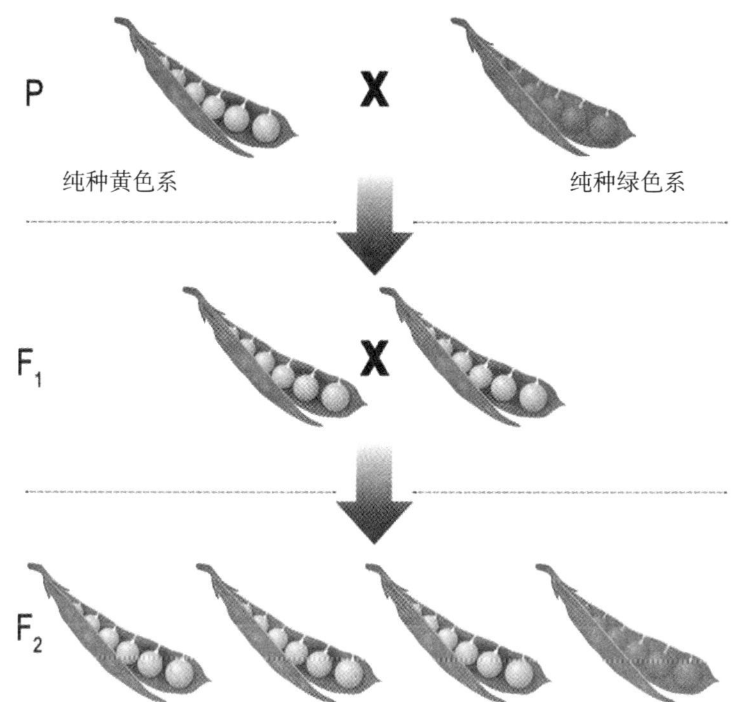

图 2.1　孟德尔用带有不同性状的豌豆进行杂交，并注意到父本和母本的某些性状在后代中重现

5 科学研究

“科学研究是研究，但是，不是所有的研究都是科学的。”

——纳文德拉·奈杜（Navindhra Naidoo）

什么是研究？也许这是你在日常生活中经常会做的事。在决定到哪里吃饭时，你可能会查网络地图或社交App，看看其他人对某个餐馆的评论；你可能会问你的朋友——特别是有技术才能的朋友哪款手机或手提电脑最适合你的需求；你可能会用互联网或图书寻找学校项目的答案；或者，你也许会向父母或职业咨询师咨询中学毕业后的选择或讨论想从事的职业。

我们有许多用简单的研究技术来寻找未知信息的方式。那就是研究的本质：它就是探究的行动或者说把一件事情从未知变成已知。但是如果我们更进一步看看科学研究意味着什么，那么我们就是在谈论用“科学方法”发现信息的逻辑方式或系统方式，我们发现的信息有助于更大体量信息的发现，这就是我们所称的科学。

科学方法到底包含哪些步骤呢？它首先以观察为开端。科学家天生好奇，不管他们的兴趣是在物理、生物或是人类社会如何运作方面，所有科学家都拥有真正的兴趣或激情，总是试图去发现并回答他们所处环境中的问题。因此，当科学家在观察中被激发了好奇心，看到了想更深入探索的东西，那就是他们的科学研究的第一步。

接着，他们会通过背景阅读来聚焦一个研究问题。有时科学家也会在那个研究问题引导下提出一个假设（或几个假设）。稍后，他们将更深入地审视这个研究问题，并对它进行规划。

一旦科学家拟定问题，他们就可以去收集数据或信息。他们所收集数据的类型和所使用的方法取决于他们拟定了何种研究问题。

最后，一旦数据收集完毕，科学家就进行分析并得出结论。结论将会回答原先的研究问题。如果作了假设，结论就被用来证明它正确与否。通常，结论还会为将来的研究项目引出更多的问题。这就是科学：它从来不是完整或绝对的，每个项目或研究只是在无边际的知识拼图上添砖加瓦。

5.1 应用研究与纯理论研究

研究基本上可以分为两种：纯理论研究和应用研究。

纯理论研究（pure research）专注于发现事物如何起作用和回答我们还不知道答案的问题。它常常被用作科学理论的基础或用来解决令人迷惑的问题，它受研究者兴趣或科学家本人驱动。

应用研究（applied research）专注于使用科学知识解决现实问题。换言之，它是对纯理论研究的应用，为现实世界面临的问题提供解决方案——比如为疾病开发治愈之方或设计创新的技术。

两种研究都使用科学方法并遵循从提出问题到得出结论的相似规程。它们都受同样的科学方法准则的约束，也都在所有科学领域中——从物理学到人类学中使用。两者的关键区别在于科学家的动机。从事纯理论研究的科学家，他们的动机是创造新知识并在他们感兴趣的主题上钻研。他们想回答不能回答的问题，不一定会专注于创造对社会整体产生直接影响的东西，而更注重对知识的深度探索。做应用研究的科学家的动机是为社会面临的直接、迫切的问题找到实际的解决方案。他们想要有形的结果，想对社会产生直接影响，用他们的工作造福社会。

这两种研究具有同等价值。没有纯理论研究，应用研究就没有开发实际解决方案的基础；没有应用研究，我们就见不到日常所见和所用的技术（比如医疗技术等）的进步。

通过了解风和鸟来生产能源

纯理论研究和应用研究共同发挥作用的一个例子就是风车。风车利用风力发电来生成可再生能源。它的优点显而易见：生产清洁能源，不像化石燃料那样对环境产生影响；风力发电业发展很快并创造了就业机会。然而，要使风车有效工作，安放的位置合适，就要掌握关于风的类型和鸟类迁徙方式的知识。

全球定位系统（GPS）和相对论（relativity）

如果你在旅途中或在城市里散步时发现自己迷路了，会怎么办？很有可能你会拿出手机或其他仪器查全球定位系统，来弄清楚你在哪儿以及怎么到你的目的地。但是你有没有想过这种技术及其拥有的准确度是如何达到的？全球定位系统的数据来自于卫星，它们绕地球运行并把位置数据传回我们的仪器。但是对这些卫星的布局，需要基于对时间和空间的动态响应的理解，而时间又依存于空间。这就要依赖爱因斯坦的相对论知识。没有这些知识，我们从全球定位系统卫星处得到的信息将错误百出，其准确度还不如拿本地图册来探路。

5.2 定性研究与定量研究

可以用两个宽泛的类别来描述研究类型及其所采用的数据。简而言之，定量研究（qualitative research）使用以数字形式出现的数据，而定性研究（quantitative research）使用的数据则不然。

5.2.1 定性研究

定性研究通常用于社会科学研究，它的目标是获得真实的人类体验。它寻求对某事物在特定背景下为何和如何发生的解释。定性研究者认为，要理解某事物，要确保它在自然环境下被观察和感知，不能施以策划和操控。

其结果通常是用描述性的语言呈现出来的，以此来确定个人、群体的行为规律或不同文化下事物的运行模式。一般认为，不可能仅通过数字或硬数据（hard data）就充分捕获人类的体验，因此，要想全面了解情况还需要涉及奇闻轶事、个人特殊经历以及来自参与者的信息。

研究方法可以包括开放式问卷调查、访谈和小组观察。例如，定性研究可以包括焦点小组所记录的不同的人对同一部影片的看法，或者他们在特定环境的成长经历。它也可能是未经准备的临时性访谈，使参与者能够用自己的语言分享他们的经验，而非由研究者进行描述。

定性研究是交互的，研究者在整个研究中起着重要作用。没有研究者，就没有定性研究的数据。在通过谈话获取定性数据的方法中，所有过程都与研究者相关，因为研究者是故事和叙述的聆听者及记录者，他们同时也需要在情境中进行观察和感受才能更好地理解定性研究的数据。

5.2.2 定量研究

定量研究通常应用于自然科学研究，但也可以和定性数据结合运用于社会科学研究。与定性数据不同，定量数据是数字形式的、固定的，其主要目的是进行客观描述。因此，即使没有研究者，定量数据依然存在。

例如，研究者是否在特定区域记录年降雨量并不影响降雨量本身。研究者只是测量发生的情况，为的是得出关于特定区域降水特性的客观结论。然而，如果研究者花时间考察某个地区每年的生活与生产受降水量的影响，那么数据将取决于研究者和参与者的谈话，具体而言是研究者所问的问题以及他们对数据的解释，这就变成了定性研究。

定量研究的目标是建立解释某些行为或现象为什么发生的普遍规则。研究过程可以在事件发生的现场或条件可控的实验室里进行。定量研究常常使用对照法来检验数据的有效性，为了验证事实，在重复实验中需要得到同样的结果。

定量研究的数据可以是对自然发生现象的确切测量数值（时间、距离、质量等），或通过包含带有数值问题、排序问题的调查问卷获得，在调查中参与者能够选取固定的选项作答。

5.3 科学研究的类型

科学研究可以根据整体目标进一步划分为不同的类别。我们讨论其中的四种——探索性研究、描述性研究、解释性研究和实验性研究，并阐述每一种研究类别的目标。

5.3.1 探索性研究

探索性研究的目标是发现某些特定现象的更多相关信息。顾名思义，它是带着目的探索一个研究领域，以了解更多信息，或是产生新想法，或是对未来延伸研究项目的可行性进行检验。因此，探索性研究非常宽泛，一般不为具体的研究问题提供答案。大多数定性研究在本质上就是探索性研究。

5.3.2 描述性研究

描述性研究涉及对特定现象的仔细观察和详尽记录。它回答“发生什么、何时与何地”这类研究问题。它以科学方法为基础，并且通常用于定量研究。

5.3.3 解释性研究

解释性研究回答“为什么”和“怎样”这类问题。它旨在解释现象或行为，把某些事物为什么发生或怎样发生的这些点连接起来。这种类型的研究要求有较强的理论知识储备和解释技巧，同时应能够观察发生的现象并提供某种形式的解释。它常常要求进行某种形式的数据分析，因此在定量研究中更为多见。

5.3.4 实验性研究

实验性研究是大多数人在被问到“什么是研究”这个问题时，所能想到的传统研究类型，它被用于调查因果关系和研究变量间的关系。在本质上它是定量的，常常需要在实验室或真实环境中进行某种形式的操作，检验一个变量的变化会对另一个变量产生怎样的影响。

6 推理

6.1 演绎推理

演绎推理是进行有效推理的最基本的形式。它以某个一般性的论述或公认的事实开始，然后提出一个与其相关的论述，最后从中得出结论或推断。它采用这样的逻辑：A 具有属性 B，C 属于 A，因此 C 具有属性 B。看下面三个例子：

狗在激动或紧张时会摇尾巴。
我的狗在摇尾巴。
因此，它肯定是激动或紧张（见图 2.2）。

在暴风雨中，闪电过后会打雷。
我刚看到闪电。
因此，马上就要打雷了。

人们在疲劳时很难专心于功课。
今天我累了但是得去上学。
因此，我要尽全力才能专心上课。

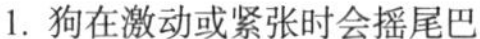

1. 狗在激动或紧张时会摇尾巴。

2. 我的狗在摇尾巴。

3. 我的狗肯定是激动或紧张的。

图 2.2　演绎推理示例

6.2 归纳推理

归纳推理与演绎推理是相对的。它并非使用已知事实，而是从多个具体的观察或经历中得出结论。它的逻辑是：每次事件 A 发生的时候，都看到事件 B 发生；因此，只要 A 发生，B 就会发生。看下面这些关于归纳推理的简单例子：

> 我见过的狗激动时都会摇尾巴。
> 因此，我得出所有狗在激动时都摇尾巴的结论。
>
> 我经历的所有暴风雨，打雷时都紧接着闪电。
> 因此，我得出打雷总是紧跟着闪电的结论。
>
> 每次我累了，都感到很难专注于我的功课。
> 因此，我得出疲劳影响一个人的专注力的结论。

当然，应当注意这两种推理并不总是正确的，可能会有问题。通过理解基本的逻辑顺序有助于理解这两种推理为什么、怎么用于科学研究。例如，演绎推理常常用于检验定量研究中的假设，而归纳推理在定性研究中常常是形成理论或者探索新概念的第一步。

6.3 反绎推理

这是第三种推理方式，用在所观察的内容或已知事实不充分的时候。它常利用可获得的所有信息来得出假设或结论，做出有根据的猜测。

这里是几个反绎推理的基本例子：

我走进起居室，发现墙上都是油漆。我弟弟正好坐在起居室，手上都是油漆。因此，我得出结论：是我弟弟刷的墙。

我听到窗外一声巨响。我跑出去，看到两棵盆栽植物从窗台上掉下去了，而我的狗正好坐在原来摆放植物的地方。因此，我得出结论：我的狗把植物从窗台碰了下去，所以我听到了巨响。

这两个基于观察的结论都有道理，然而，因为没有目睹全部过程，它们依然可能被证明不成立。例如，弟弟可能只是在某人粉刷过后碰了墙壁，手上弄到了油漆。同样，狗也可能只是去查看声音，实际上是风吹落或另有他人碰掉了植物。

反绎推理依靠把你所知道的或所见到的拼接起来，得出尽量更符合逻辑、更有根据的结论。这是一个重要的研究工具，由于研究中常常丢失部分信息要素，因此需要找到并拼接它们。

7 研究哲学

研究哲学是观念和假设的结合，它决定着研究者或科学家如何选择他们的研究领域和研究方法。没有哪个领域的研究是真正客观的。科学家对研究设计、研究方法和研究中所扮演角色的选择都由他们的想法决定，他们决定研究内容以及研究重点。

对于青年研究者，形成属于自己的研究哲学很重要。这不仅有助于引导你思考去研究什么，如何去研究，以及你的研究该涉及哪些具体参数，而且给你的项目提供了研究依据。它确保你能够向理念不同的研究者、教师或评论家解释你的研究。

研究者的假设主要有三种：本体论、认识论和价值论。

7.1 本体论

本体论（ontology）是我们对现实事物的本质所作的一般假设。虽然可能看上去与研究项目所涉及的范围相去甚远，但这与科学家如何看待他们的研究对象、研究的是人还是自然现象紧密相关。同时，本体论还影响着科学家看待世界的方式，以及他们对有趣或有价值研究对象的评价。

以商务管理为例：长期以来，人们普遍认为拒绝改变有害于商业运作，改变对于公司增强适应能力和发展壮大是必需的，因此，领导和员工都应该对改变持开放态度，这点很重要，有利于公司保持竞争优势。因此，此类研究大都专注于如何教人们迎接改变而非抵制它。然而近年来，有些研究者逐渐改变了他们的想法，认为有些抵制也不一定是坏事。这改变了部分研究的方向，现在的焦点转向研究如何正确运用这种抵制。

这个例子展示了在一个具体的专业领域里，一般的假设或观念是如何决定科学家或研究者进行何种研究的。科学家所从事的课题与他们持有的本体论、他们的世界观是普遍吻合的。

7.2 认识论

认识论（epistemology）是个人关于如何获取某项知识以及如何运用某项知识的设想。认识论与研究的相关性更为明显：如果你认为研究是纯粹客观的，你很可能使用定量方法和数字性数据，甚至可能会被自然科学或用数据分析的社会科学所吸引。相反，如果你认为现实与情境相关，你会被社会科学所吸引，并更多地使用定性的研究方法。

7.3 价值论

价值论（axiology）指的是个人的价值观与道德标准，以及它们如何应用于他们研究的选择。它与研究的伦理不同，后者指科学家被期望遵守的标准（你将在后续的章节中读到更多有关内容），而价值论决定了研究者想研究什么以及想怎么研究它。例如，一个热衷于维护动物权利、反对动物实验的人，不管他多么想要治愈疾病，不大可能参与在人体试验之前使用动物做试验的医学项目。另一方面，有的人尽管爱狗，但是认为研究和任何研究项目的对象是独立于他们个人价值观或信仰的，最重要的事是通过研究推动知识和科学进步，这样的人可能更愿意让他们的狗参与动物医学试验。

理解这三类假设怎样影响研究，有助于研究者反思自己的行为和思考方式，并仔细地审查自己的观点。这对消除工作中的主观偏见以及理解研究成果（甚至当采用客观数据时）所受到的影响是非常重要的。

7.4 实证主义与解释主义

不同的研究哲学是基于本体论、认识论和价值论观念的不同组合，但在本书中，我们主要关注西方社会的两种哲学思潮：实证主义（positivism）与解释主义（interpretivism）。对这两种主义的了解会让你更清晰地理解为何有些研究者从事社会科学研究，而另一些人从事自然科学研究；为何有些人选择定量方法，而另一些人选择定性方法。

7.4.1 实证主义

认同实证主义研究哲学的研究者们认为，存在唯一的、普遍的现实。他们认为任何现象，包括社会的或自然的，都可以从客观的视角进行描述，没有必要为了理解它们而与研究对象相互作用或成为研究对象的一部分。

因此，在真实场景或实验室里改变某些环境因素，以测试研究对象对不同环境的反应，是完全可以接受的。实证主义者倾向于形成像定律一样的理论来解释现象，并致力于发现可观察的、可测量的和可复制的事实。他们常常对使用定律预测或解释未来行为或事件感兴趣。他们倾向于使用高度结构化的研究方法，并以有效性判断研究结果，即他们对从事的研究测量、描述 / 解释得怎么样。这类研究者也喜欢通过可复制性来衡量有效性，因此，如果研究是有效的，重复的实验或过程应该产生同样的结果。

7.4.2 解释主义

虽然解释主义者接受现实，但是他们认为它不能被直接衡量，特别是在涉及人的体验时。而知识是通过研究过程、个人经验以及世界观的镜像获得的，这个理论帮助解释主义者得出他们的研究结论。

实证主义（自然科学）

本体论	认识论	价值论	典型方法和研究领域
世界上的一切都是独立运行的，真理是唯一的。	事实是可观察、可衡量的，倾向于用数字和定理般的描述。	不涉及价值观的研究者，总是超然的、中立的，保持客观的。	用定量的、结构化的、容量较大的样本来消除偏差，并确保数据可被分析。多用演绎推理。在自然科学中更普遍。

研究哲学

解释主义（社会科学）

本体论	认识论	价值论	典型方法和研究领域
世界是复杂多样的，经验和解读是社会化形成的。现实和事物的意义是多样的。	关注叙述、故事和个人经历。不同世界观及研究者和参与者对文化的理解需要被考虑进去。	价值关联的研究。研究者是项目的一部分，他们对数据的解释影响他们的最后结论。	用定性方法，选取容量较小的样本，进行更多深入的调查。多用归纳推理。在社会科学中更普遍。

图 2.3　比较实证主义与解释主义

解释主义者特别强调人类行为和社会行为与自然现象的运行是完全不同的。持有这种观点的研究者更倾向于解释在特定时间、某种条件下发生的事，而不是想出预测未来的方法。他们认为研究受研究者和对研究对象解释的影响，因此不可能得出完全客观的结论。他们也认为相似研究会产生不同的结果，因为不同情境会对传递出的意义产生影响。

8 研究问题

任何研究项目的起点都是提出一个研究问题。听起来挺简单，但事实上，这是研究者面临的最具挑战性的任务之一。为什么？因为合适的研究设计和方法才会带来具有价值的研究结果，而为了确立合适的研究设计和方法，就需要一个好的研究问题。

那么，好的研究问题是什么样的？

一个好的研究问题应该足够具体，这样研究者能依据它进行研究并形成观点。如果问题太宽泛，记录合适数据用于分析、得出结论会很困难。

为了生成好的研究问题，研究者还需要了解他们的论题。他们通过做一定的背景调查来判别哪些研究已经被做过，哪里还有不足或遗漏，或者有些研究是否值得重复以检验理论并拓展现有的知识库。这个过程有助于生成研究问题，并确保对此问题的研究有趣、有价值，能为更宏观的知识领域做出科学贡献。

FINER 模型是提炼研究问题的有效工具：

表 2.2　FINER 模型

FINER 模型表明研究问题必须是：		
F	可行的（feasible）	问题应该足够具体，这样研究者能够回答它，并且要有充足的资源做实验。

（续表）

I	有趣的（interesting）	问题应该让研究者和为研究者工作的人感兴趣。
N	新颖的（novel）	它应该呈现新发现或意在对现有知识进行证实、驳斥或拓展。
E	道德的（ethical）	它需要大学或基金会伦理委员会批准。如果你不能合法或合乎伦理地从事研究，提出研究问题就没什么意义。
R	有价值的（relevant）	它需要有价值：不管是积累科学知识还是应用于现实世界去解决问题，研究项目需要更广的意义。

研究问题共有三种类型：

1. 因果关系的问题：比较两个或两个以上的事物，并确定它们之间是否有关系，常常以“它们之间的关系是什么”或“X 是怎样影响 Y 的”开头。

2. 描述性问题：寻求对现象的描述，常以“多少”或“什么是”等开头。

3. 比较性问题：目标是识别与一个或多个变量相关的群体间的差异，它们常常以“某某与某某之间的差异是什么”开头。

总之，一个好的研究问题造就一个好的研究项目，它给研究者提供清晰的目标，并界定研究技术和方法。这也将促使产生更好的数据、更强有力的分析和更好的结论。

9 总结

科学研究堪称发现之旅。通过它，人们获得新知识、创造新技术、寻找治疗疾病的新方法，以及做其他有价值的事情去推动社会发展、改善生活，并为扩展科学知识体系做出贡献。

科学方法是科学研究区别于日常研究的关键，它是一个有系统性和逻辑性的过程，即借助科学方法，研究问题导引着研究过程，直至最后得出结论。研究问题是所有研究项目中最重要的部分之一，因为它提供了研究什么内容、怎么研究及收获何种结论或发现的路线图。这也是为什么在研究初期，方向正确是关键的原因。

科学研究可以通过多种不同的方式进行。在本章，我们讨论了定性和定量研究方法的差异，以及两种性质的研究：纯理论研究和应用研究。我们还论述了一些以研究对象定义的研究手段，如探索性研究，关注的是我们现在不大了解的新研究领域。理解这些不同的手段和它们与不同研究领域的关联，以及与研究者核心驱动力的关联，是确保研究项目有效、有意义的另一个重要方面。

对于青年科学家，了解自己的研究哲学也很重要。我们都有对周围世界的假设，甚至最客观的研究者，也不能避免这些假设对他们的研究设计和对结果的解释产生影响。不管你是实证主义者还是解释主义者，或兼而有之，这都对理解你的观点是有帮助的——不只是强化和引导你的研究项目，而且在受资深研究者、教师或监督者质疑时，它还为你的研究选择提供依据。

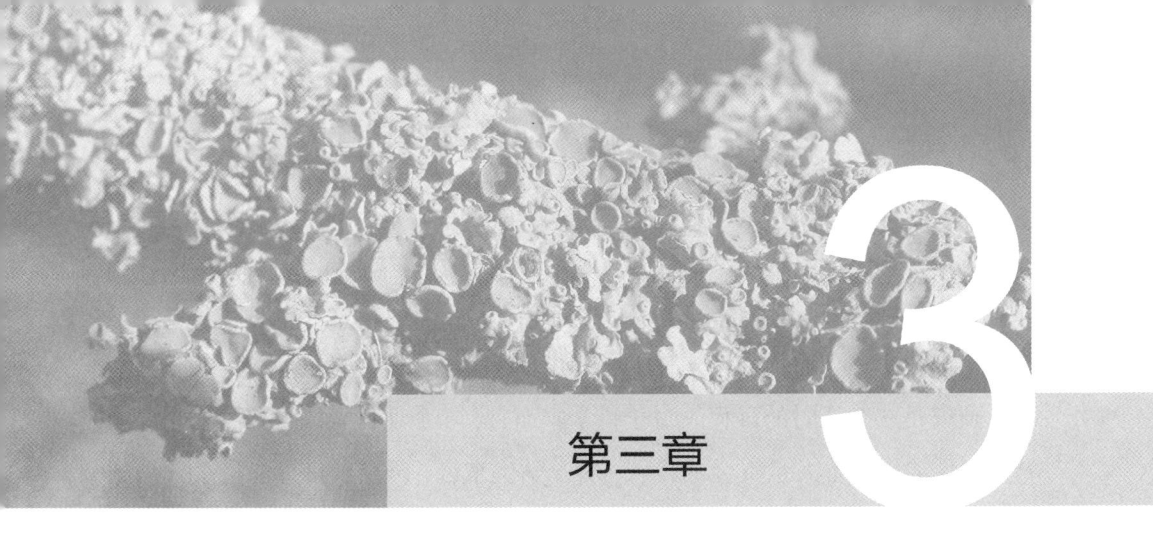

第三章 研究方法论

1 引言

在本章节，我们将运用研究方法论，分别探究定性和定量研究过程的具体步骤。我们会关注怎样生成研究问题、怎样利用文献综述，以及如何合理地设计研究项目、选择数据分析工具、处理数据和得出结论。我们还会初步认识理论研究和实证研究的区别，同时了解归纳法和演绎推理法在两者中扮演的角色。

2 选择主题，设置研究参数

研究者面临的最大挑战之一是确定研究的内容。即使是成果颇丰的科学家，也需要花时间好好思考这个问题。把研究内容的范围缩小，有目的地聚焦在一个研究主题上具有一定难度，正如我们在前一章谈到的，研究问题的生成不是轻而易举的。

虽然并没有屡试不爽的确保每个研究项目成功的方法，但借鉴下面的步骤还是能带来一些帮助。

（1）找出一个你感兴趣并有所了解的、相对宽泛的主题

研究是一个耗时的过程。对于科学家而言，一个项目可能要持续几年才能完成，而且常伴随着大量资金的投入；对于学生来说，研究项目可能持续几周到一年，有时甚至需要两年或更久的时间。不论项目是大是小，每个人多多少少都会在研究这条路上碰到一些问题或障碍。对所研究的领域真正感兴趣和有激情很重要，这将促使你自始至终充满动力，驱使你竭尽所能地找到尽可能多的办法解决研究问题。

同样，想要清楚地表述一个研究问题，就需要你了解研究对象的相关背景知识。文献综述（本章后面会探讨）能帮助你进一步理解所研究问题，并在开展研究前储备一定的背景知识（甚至研究经验）。例如，虽然物理学家和人类学家都是科学家，但物理学家不大会仅凭物理知识从事文化类的研究，人类学家也不会在没有天文学背景知识的情况下从事星体研究。这并不是说物理学家没有从事人类学研究的能力，反之亦然；而是因为两个学科的研究方法、理论知识、常规课题和当前的研究趋势都截然不同，因此，人们几乎不可能在对所要探寻的领域没有前期了解的情况下，提出值得研究的问题。

对于中学或大学阶段遇到的不熟悉的研究项目，你可以在提出研究问题之前花点时间熟悉相关课题，确保你对课题相对了解，能够识别出潜在漏洞或值得聚焦的问题。

（2）把你的主题分解成更多的子主题，并选出你最感兴趣的

当初步确定感兴趣的研究内容后，你需将其进行分解，得到内容更为集中的主题。这时会用到你所做的背景研究或前期掌握的知识，因为你现在能了解到所研究领域的核心主题及关键问题。

例如，“一次性塑料制品对环境的影响”，这对全球所有人都是一个重要且紧迫的问题，并激发了不同领域专家的研究兴趣和热情。然而，这个主题的内容非

常宽泛，它本身几乎不可能被直接作为研究问题。至多，你可以对一次性塑料制品引起的问题提供一个描述性的概括，作为一个探究项目的一部分。

社会科学家可能把这个内容作为引导背景，而后专注于研究在垃圾堆积如山的发展中地区，一次性塑料制品对人类健康的影响。海洋科学家可能专注于塑料对某种具体海洋动物或特定海域环境的影响。工程师可能会选择一些应用手段，探索如何利用创新技术减少一次性塑料制品的使用，来减少其对环境的影响。

关键在于，在每个宽泛的内容中，都有许多主题可供选择。因此，深入了解这些核心概念并找到一个既有趣又与你的强项或已有经验有关的主题，将帮助你提出一个可聚焦且有研究价值的问题。

（3）提出与你的主题有关的研究问题

正如在第二章中探讨的那样，确定一个研究问题并非易事。问题要足够具体，能引导一个研究项目，它应该是可行、有趣（对研究者自身及其他相关人员、投资者或为项目评价者而言）、新颖、符合伦理并且有意义的。你的研究问题可能包含一个主要问题和几个次要问题，也可能只包含一个单一问题，两者都可行，但核心是一个好的研究题目应等同于多个好的研究问题。

（4）为你的研究制定目标

研究问题和研究目标服务于同一目的：引导你的研究，告诉你需要使用的方法和研究手段。它们主要的差异在于名称。一个研究问题就是一个问题，它呈现了你想发现的东西；而目标是行动导向的概述，描述了你希望取得的成就。研究问题是必须有的，而目标虽然极为有价值，但不是所有的科学家都必须设定的。也有些科学家可能为了发展研究问题而先设立目标。没有哪一种方法是完美的——完全取决于主题、研究者以及能帮助解决研究初期问题的一切事物。

（5）评估你的研究主题、问题和目标

最后一步是评估你的研究内容。问问自己：研究主题、问题和目标能否让你产生激情？你对它们感兴趣吗？你有充足的时间或资源来达成你设定的目标吗？你能得到需要的数据吗？你的目标是否支持并引导你回答研究问题？

如果回答都是肯定的，那么你的研究问题将很可能得以解决。如果你的回答是否定的，那么你需要回头重新评估你的研究问题和目标，直到你能做出肯定回答。

总之，构建一个你能在实际中解决的研究问题，关键在于：

• 在开始研究前充分掌握关于该主题的背景知识，确保你提出的研究主题和问题有价值，并会对现有的知识体系做出贡献。

• 构建符合实际的问题和目标，要考虑在现有时间和资源（包括专业知识）下的可行性。

• 找到使你产生兴趣又能驱动你的研究主题，确保你在做研究时有动力跨过具有挑战性的障碍。

• 对在一定时间内，凭借现有知识和可获得的数据信息而能取得的成就，抱有切合实际的态度。

研究问题就如同建筑物的基础，坚实的基础能保证建筑物岿然不动；基础不牢，建筑物则会在某种条件下开裂、破碎。同理，一个好的研究问题是一个成功的研究项目的基础。

3 文献综述

文献综述是对与所研究问题有关的已发表的材料，进行彻底的、系统的搜索。在任何研究中，文献综述都是一个重要的环节，它能为你选择的主题和研究方法提供背景资料以及研究意义等信息，还能向你提示研究问题在初期潜藏的漏洞，以便你在进入项目的下一阶段前加以补救。

文献综述的目的是：

• 更好地理解针对你的主题已经做过什么样的研究以及已经存在什么样的观点。

• 识别与你的研究主题有关的主要作者、出版物和理论。

• 识别关于你的主题中已知内容的缺口，如果有必要，提炼你的研究问题。

• 确保你提出的研究不是对先前研究的重复（除非你特意重复一个研究，为了进一步证明或反驳一个理论）。

• 为你的研究提供一个坚实的实施基础：你的研究为什么很重要？它将怎样在现有知识体系基础上为相关的领域添砖加瓦？

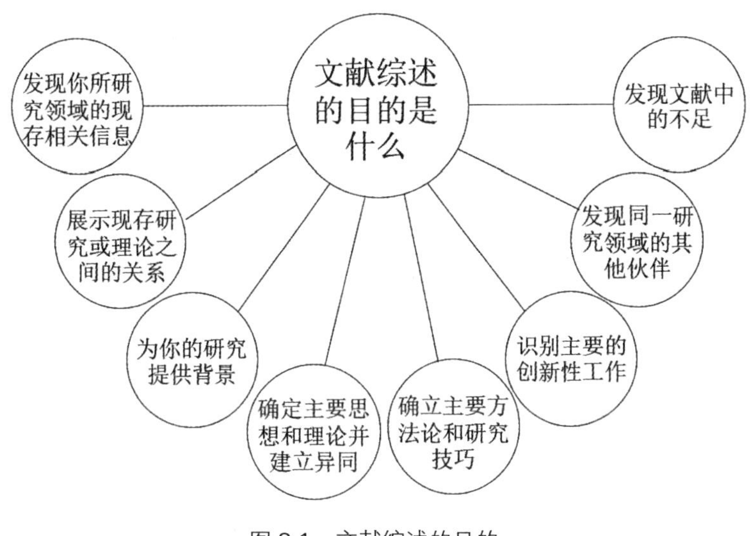

图 3.1　文献综述的目的

3.1 搜索文献

进行文献综述整理的第一步是搜集相关材料。书和学术文章是用于科学研究的最常见的资源，同时也可以利用报告、论文、网站和其他形式的文献。书是一种有价值的资源，因为它们提供了对不同主题的深度研究资料，不过在使用时要考量它们的时效性。杂志文章通常比书的时效性强，但是如果你没有订阅，有时就难以看到这些文章。互联网上的文章和信息虽然是免费的，但并非总是可靠的，例如维基百科这类网站可以被任何人更新，无论作者是否具备专业知识，因此它们并不是可靠的科学信息来源。当你在收集研究项目的资料时，应该记住这些。

你可以在当地图书馆或学校图书馆进行资料搜集，或者在网上使用搜索引擎和大型网上学术数据库，如威利在线（Wiley Online）。威利这类数据库内收集了用于文献综述研究的各类杂志、书籍、报告、论文、专题论文和其他科学资料。这些资料通常由专业评审者审核以保证它们的有效性。许多学校和大学会购买这些数据库的使用权，以方便学生使用。此外，你还能在互联网上找到开放资源和免费的文章、资料。这些资源与日俱增，因为越来越多的研究者和期刊选择向公众开放他们的研究。

当搜集资料时，大多数综合学术数据库能让你能根据研究领域缩小查找范围（例如，农业或犯罪学）。还有一系列专业数据库，能帮助你进一步钻研感兴趣的研究主题。

许多数据库允许你根据期刊名或作者名搜索资料，如果你知道哪些研究者是你所研究领域中的专家，或者你所研究的领域中哪些出版物是知名的，这将会很有帮助。

当你从事一般性研究时，可以使用关键词搜索，就像你在网上寻找一家好餐馆或购买手机一样。你的关键词可能包括理论名称、你的研究对象、你选择的研究领域（或者是不同领域，如果你要作比较）等。当你对研究问题和目标越发确定，这些关键词会变得更清晰。同理，当你查阅文献时，关键词能帮助你精准检索，这个过程也是在帮助你提炼研究问题。

当你查阅文献时，最重要的确定哪些文章最相关及其应该涵盖什么内容。我们很容易找到丰富的信息，但是最好挑选与我们研究很相关的材料，而不是形成一长串弱相关的参考书目。

作为研究者，你收集资料的技巧会随着时间推移而进步。关键要记住，你使用的每一样材料都应该以某种方式解释你的研究主题，支撑你选择的研究理论或方法。

3.2 撰写文献综述

文献综述并非只是对与你自己选题相关的主要著述的描述。它应该解释和评估与你的研究问题相关的著述，介绍主要理论、理念和主题，并提供相关的最新进展和研究趋势的概论。

关键是把你选择的资源以某种方式编织起来，使它们为你的研究追本溯源和提供解释。综述的开头几段应该介绍你的主题和所研究的问题，然后概述该领域已知的（相关的）和未知的内容。它应该描述你所探究的问题，并介绍能用于解释你的研究结果的主要理论。你可以使用小标题把文献综述分成几个主题，并强调与之相关的研究，这样以后能把你的结果与它们作比较。

一篇高质量的文献综述会把你的研究主题置于前人研究的背景下考量，并提供一个理论框架来帮助、引导你的研究和发现。

4 抽样方法和规模

抽样是为你的研究项目从一个较大的总体中选择一定数量的人或物的过程。不管是研究人和动物，还是物质或分子现象，我们不可能研究总体。因此，适当的抽样方法和抽样规模对于一个成功的研究项目而言至关重要。

一般来说，一个好的样本必须：

• 是研究总体的代表

• 样本的获取有可行性（根据研究对象和可用资源的情况）

• 能提供合理的确定性，确保结果适用于具有同一现象的更多人或更大的抽样总体

在定量研究中，一个好的样本还必须：

- 能够被以消除偏差的方式控制
- 使随机抽样误差的可能性最小化

4.1 定性和定量研究的差异

定性和定量研究的抽样方法差异很大。

定量研究专注于数字数据和客观推理，尤其关注样本容量和样本的代表性。通常，样本容量越大越好。这是因为样本容量越大，越容易体现研究总体的多样性，同时在解释结果时也能排除潜在的随机抽样误差。有时由于各种原因无法获得大量样本，因此，随机选择研究对象以保证抽样是研究总体的客观代表，也是很重要的。在本章后面，我们会探讨各种取样技术。随机抽样可以保证潜在研究对象都有机会被选中参与研究，同时使得研究项目能体现样本总体的多样性。

定性研究较少关注样本规模和随机抽样方法，而是更多地关注如何尽可能地了解一种特定的行为、事件或研究对象以达到数据饱和点（data saturation point）。换言之，就是持续收集信息或数据直到确定继续收集额外数据不会给项目带来新的变化。

根据定性研究的特点以及对相应面谈时间、讨论组和其他定性研究方法的要求，通常选用的样本容量较小。然而这并不是什么大问题，因为每个研究对象都或多或少能代表研究总体的特点，因此，对它们的研究能让人洞察研究总体的特点。

定性研究中较小的样本容量能够让研究者更灵活地选择样本。例如，如果操作得当，对于学校环境中社会群体的多样性的了解，完全能够通过了解一两个学生的个人经历和他们对周围人经历的描述实现。同样，研究者可以从只采访两个学生开始，研究中途再决定把教师也纳入采访对象。定性研究不必像定量研究一样在一开始就固定可行的样本容量，可以在研究过程中增加、去除或修改样本，而不必担心这样做会如何影响结果的有效性。

在定性研究中，你会相信所选择的样本能提供关于问题的最好信息；在定量研究中，你希望保留提供客观结果的、随机的、没有偏差的样本。

4.2 选择合适的抽样方法

在为你的项目选择样本前，你需要定义你的研究总体和你的抽样范围：即研究总体中你可以研究的以及可接触到并得出结论的那部分。例如，你的研究是关于锻炼对心血管健康的影响，你可能只能接触到本地的参与者。因此，你的抽样范围将是你的家乡人。

下一步是选择抽样方法，你的研究对象样本通过这个过程被选出来。这些方法主要可以细分成两类：概率抽样法和非概率抽样法。

4.2.1 概率抽样法

概率抽样法，也称随机抽样法，能确保研究总体中的所有研究对象都有机会被选中，并且其可能性可以被精确衡量。在取样过程中的某个阶段，会使用对研究对象的随机抽样。

下列是三个概率抽样法的重要示例：

- 简单随机抽样

这是最基本、最直接的概率抽样法，在这里，所有事物都有独立、公平的机会被选中。例如，教师想从一个班级里 30 个学生中随机选出 6 个，来了解学生们的

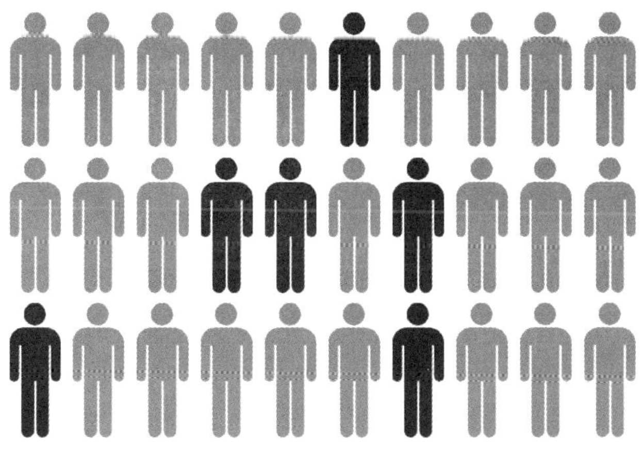

图 3.2　简单随机抽样

家庭作业习惯，她可以把所有学生的名字写在纸条上放进一个帽子里或用一个计算机程序，随机抽取 6 个名字。这样的挑选是完全随机的，所有的潜在研究对象在被选中的概率上是相互独立的。

- 分层随机抽样

分层随机抽样是在确保所有的个体都有机会被随机选中的情况下，通过对研究总体中的研究对象进行分类，从而获得多样性的一种方式。例如，老师可能想让同样数量的男女同学参与家庭作业习惯的研究，以确保研究在性别方面没有误差。为了做到这一点，她会将所有人分成两个类别：男生和女生，然后使用帽子或计算机程序分别抽取 3 个女生和 3 个男生。所有的学生都有机会被选中，但是是根据他们的性别被随机抽取的。

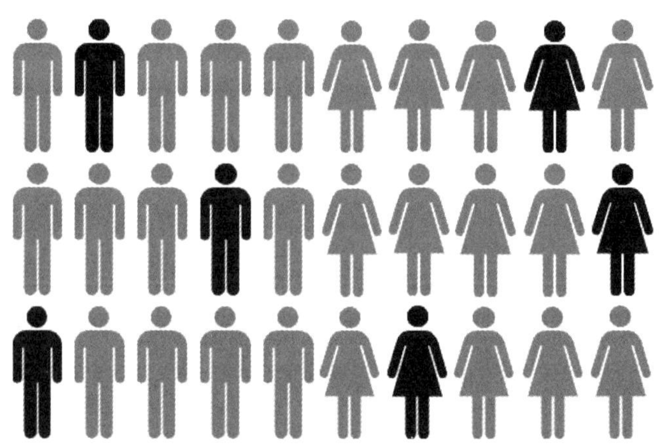

图 3.3　分层随机抽样

有些研究可能还使用按比例的分层随机抽取方法，以便更好地获取一个研究总体的实际多样性。在上述例子中，如果班级里三分之二是男生，三分之一是女生，那么可以仅让两个女生和四个男生被选中，以便更好地根据性别反映班级的整体情况。

- 整群抽样

该方法常常用于总体范围较大的研究，因为要识别范围内每个个体抽样单位是不可行的。这个方法涉及使用可辨认的特征（例如，地理位置）把样本总体分成小组（或群体）。然后这些群体被随机取样，在被选中的群体中，所有的研究对象都会被研究。

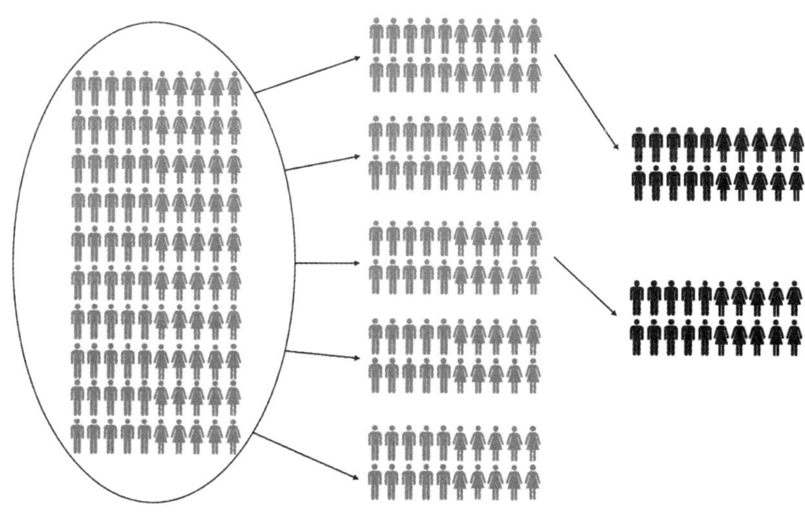

图 3.4　整群抽样

4.2.2 非概率抽样法

非概率抽样法可用于定性和定量研究，采用这一收集样本的方法，研究总体中并不是所有的个体都有机会被选中。

非概率抽样法的主要有五种形式：

• 方便抽样（convenience sampling）

这种抽样方法从手头的研究总体中抽样，可最大程度方便研究者。例如，研究牛奶营养价值的科学家可能会只采用家附近奶牛场的样本；一个社会学系学生可能只调查去当地医院看病患者对国民保健制度的态度。非概率抽样法系统地排除了在更大的研究总体中的某些研究对象。只研究一个地区的奶牛并不能说明一般牛奶的具体情况，因为某些环境因素可能影响牛奶的营养价值。同样，从一个医院的病人那儿收集的数据，并不包含每一个去其他医院的患者的情况。

• 配额抽样（quota sampling）

这个方法是分层抽样的非随机版。研究者会根据相似的特点把他们的研究总体划分成几个小组，再确定每个小组需要的个体配额或数量，然后使用非随机取样的方法选择他们的个体。例如，要研究对国民保健制度的态度，社会学系学生可能会考虑种族因素，他需要选择不同种族的人，确保每个种族都有个体参与回答。如果他想要那些小组成比例地反映出他家乡的种族多样性，他还要按比例地配额抽样，确定每个小组相应的配额。举例来说，如果他的家乡有 70% 的白种人，那么他 70% 的样本也应该来自白种人。

• 判断抽样（judgmental sampling）

研究者通过判断谁能给他们提供最好的信息来选择样本。这些样本通常是对某种行为或事件有过生活体验或文化理解的人。

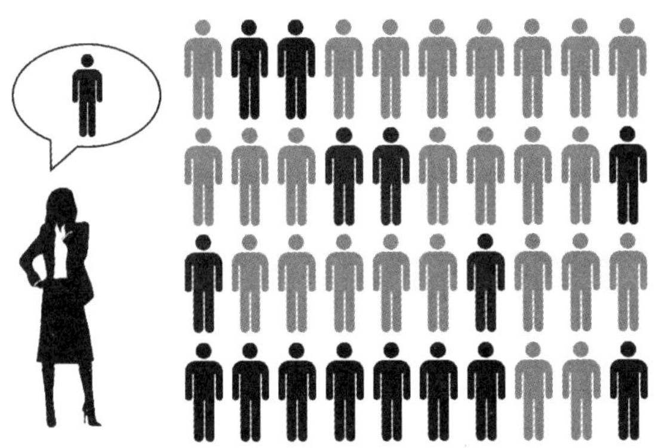

图 3.5　判断抽样

• 专家抽样（expert sampling）

这种抽样方法与判断抽样类型相似，但不是由研究者判断最好的信息来源，而是由研究者与该领域的知名专家合作进行判断。例如，关注“网络霸凌对美国儿童的影响”的研究者，可能会选择有网络霸凌经历的人——要么是有亲身经历，要么目睹亲近的人经历过网络霸凌，他们认为这些人能提供与这个主题相关的最好、最权威的信息。这是判断抽样。研究者还可能借助心理学家和研究霸凌方面的专家获得专业知识，从专家的经验角度来进一步探究网络霸凌的影响，这就是专家抽样。

图 3.6 专家抽样

• 滚雪球抽样（snowball sampling）

滚雪球抽样通常从已知的一小部分人入手，作为样本来开始研究，然后让参与研究者推荐其关系网络里的其他成员参加。被推荐者于是也成为样本的一部分，如此反复。如果你在研究开始时对研究对象了解不多，或找不到足够的样本量，这个方法是很有用的。

方便抽样和配额抽样在定性和定量研究设计中都有应用，而判断抽样、专家抽样和滚雪球抽样主要用于定性研究。

4.3 选择合适的样本容量

在定量研究中，许多学生的第一个问题是："我的样本容量该多大？"答案在于你想发现什么，以及怎么利用那些发现。在本章前面，我们提到较大的样本容量往往更具优势，因为它们会减少随机抽样误差，会更精确。然而，较大的样本容量并非总是能实现，因为样本容量取决于时间、资金、资源和专业知识是否允许。

定性研究的目标就是根据需要尽可能多地收集数据，直到达到饱和点，即增加额外的数据并不影响你的发现。样本容量在这里不太重要，因为定性研究的主要目标是获取相关部分信息，来具体解释一个现象、行为或事件。这里主要考虑的是研究者获取样本的可操作性。研究总体的多样性越显著，很可能意味着所需的样本容量越大或研究的时间更长。

决定样本容量的关键不仅在于研究类型、所使用的抽样方法，也取决于你所能投入的时间和资源。前人进行过的相似主题研究或使用的相似研究方法、设计都具有借鉴意义。

5 研究设计

研究设计是你的研究项目的“蓝图”。它概述了你将收集什么数据、怎么收集以及你将使用的抽样过程。

你的研究问题、技巧和基本的研究哲学（参见第二章，了解更多有关研究哲学的内容），决定了你将使用怎样的研究方法。你的文献综述和前人研究中所使用的方法，也将影响你的研究设计。

数据收集法可以大致分为定性（即收集非数值数据）或定量（即收集数值数据）两类。在本章后面的部分，我们会简单选取一些用于定性和定量研究项目数据收集的主要方法，并进行说明。这部分不涵盖所有收集方法，但对年轻的研究者来说，它包括一些可能遇到的主要数据收集技术。我们还会探讨一下对一个优秀研究设计的普遍期望。

5.1 如何完成一个优秀的研究设计?

决定研究设计好坏的因素有很多，其中两个主要的方面是结果的内部效度

(internal validity) 和外在效度 (external validity)。

内部效度（或因果关系）用来检验所观察的研究对象（因变量）内部的变化是否由另一个研究对象（自变量）引起，或者纯粹出于偶然。一个具备高水平的内部效度的研究项目，需要三个条件：首先，当自变量被引入（即事件或影响发生时），因变量必须总是以同样的方式回应。其次，原因总是先于预期的后果。第三，没有其他看似有理的解释可以诠释事件的发生或结果的生成。实验研究设计通常有高度的内部效度，因为条件可控，能在较高置信度下确定在自变量和因变量间存在因果关系。另一方面，实地研究设计的内部效度通常很低，因为原因和结果通常是同时被衡量的（而非先因后果），并且自变量不可操控，因此判断是否是自变量或其他因素导致事件或结果显得很困难。

外在效度（普遍性）用来检验样本的行为或事件是否能普遍适用于更大的研究总体。在这种情况下，基于现场的或观察的研究设计，就比实验研究设计有更高的外在效度，因为基于实地的研究设计是在真实情境里发生的，现象或研究对象在自然环境中被观察到；而实验研究设计是受高度操控的，虽然更容易确定它们的因果关系，但如果让它们回到自然的研究总体中去考察普遍性时，就不是那么确定了。这不是说在讨论使用实验研究设计的结果时，我们不能做定论，但是最好要谨记它的不确定性。

对于研究者，要完成一个内部效度和外在效度都很高的研究设计可能是困难的，因此常常需要折中：一个高效度，另一个低效度。有些研究设计，如纵向研究或实地实验，允许有合理水平的内部效度和外在效度，但是这些设计并非总是适合每一个研究问题。在你作为科学家的成长道路上，当你在得出结论时，要牢记这些。

5.2 定量研究设计

定量数据都是有关数值的。它通过数学或统计模型进行分析，并根据你的研究问题来形成客观结论。

有各种各样的研究设计适用于定量数据，但是在本章将着重分析使用最多的两种设计：实验研究设计和观察研究设计。

5.2.1 实验研究设计

人们通常把实验研究设计与科学研究联系在一起。这些项目仔细地遵循科学方法，由一个研究问题引出一系列的假设，然后在高度可控的环境里检验这些假设，来确定它们是否成立。实验研究可以在实验室或实地进行。然而，控制实地环境非常困难，因此，这种研究大多是在实验室进行的。

设计实验时，通常需要重点关注三个方面：随机选择（randomization）、对照（control）和可重复性（repeatability）。

为了检验一个假设，研究对象通常被安排在两个小组内：实验组和对照组。我们检验实验组，而不检验对照组。对照在实验研究中是极为有用的手段，因为它能提供比较点。我们以这个假设为例："如果你在睡觉前一小时喝咖啡，你的入睡时间会延长"。实验组的成员会被安排在睡觉前一小时喝咖啡，然后被监控需要多久入睡。对照组的成员不喝咖啡，但是他们也会受到监控。参加实验组的人若比对照组的人入睡时间更长，假设才能成立。

在医学研究中，安慰剂常常被用作对照物。例如，在药物试验中，实验组会得到测试的药物，而安慰剂组会得到糖丸——当然两组成员事先都不知道得到的是什么。这么做是为了防止所有参与者产生偏见，以免实验对象因为知道吃了某种药而改变他们的行为或认为某种影响正在显现。然后通过比较两组数据，来确定药物的效果。有些研究者甚至更进一步——确保发药的人也不知道谁得到哪种药，这样就消除了任何潜在的研究者偏差，这叫做双盲研究（double-blind study）。

随机选择指用来选择研究样本的抽样方法，确保在实验中对实验对象或参与者使用随机、无偏差的选择。在随机选择无法实现时，为了让对照组与实验组匹配，引入一些非随机选择，保持其他条件不变，这样的实验叫做"准实验研究设计"。

可重复性是指一个实验可以被重复完成。这格外重要，而且最好要由不同的研究者完成，从而提供结论性的、客观的证据来支持（或反驳）一个假设。例如，如果做了一次实验证明水在华氏212度沸腾，你认为这就是水沸腾温度的结论性证据吗？不，为了让这个假设被证明在科学上是合理的，这个实验需要多次重复（并能够被未来的研究者重复）。

接下来用数学或统计模型对实验期间搜集的数据进行分析。后面我们会加以详细探讨。

5.2.2 观察性研究设计

观察性研究设计在定性和定量研究中都有应用，但是在定量研究中，数据以数值形式出现，研究者在评估这些数据在自然背景下怎样解释或描述某个行为、事件或现象时，会试图保持其客观性。观察性研究的主要目的是在自然背景下，通过观察行为、事件或现象得出结论，结论可归因于更广泛的研究总体。

在定量研究设计中定义和衡量行为或事件的一些策略包括：

- 使用评定量表
- 以具体、精确的方式定义它
- 使用两个或两个以上的个体同时独立评定
- 记录设定的时间内的行为

观察性研究被视为非实验过程，因为它不涉及对自变量的操纵和控制。相反，它的目标是系统地观察和记录自然发生的事物。观察性研究可能在一个完全自然的背景下发生，比如观察亚马孙雨林中的蜘蛛猿（亚马逊雨林为其自然栖息地），或者观察操场上孩子们的社交情况。观察性研究还可以在结构性的环境中进行，即环境整体是自然的，但是某些方面是由研究者安排的。

行为详述的意义在于向研究者提供清楚定义的行为，可以使用下列一项或多项技术对行为进行观察和记录：

1. 动物的目标取样法，即在一段时间内观察一种动物，并记录它们在这段时间内的行为。

2. 瞬时扫描取样法，即间隔规律地记录个体行为。

3. 扫描取样，即间隔规律地记录研究总体内所有个体的行为。

4. 连续采样，即在整个观察阶段中记录研究总体中的所有行为。

5. 特殊行为取样，即将同一时刻下从事同一活动的多个研究对象以一个单一事件的形式记录下来。

研究者能利用这些技术核对各种各样的数据，包括常规事件和特殊行为的单一事件（以数值、状态及单位时间内连续动作的形式记录）。统计这些数据或利用数学模型进行分析，从而得出结论。

例如，研究者也可以研究生活在动物园里的蜘蛛猿，它们的住所虽然接近自然环境，但仍存在明显差异。又如，给操场上的孩子们布置具体任务让他们去完成，并记录他们的反应。

在社会科学和动物行为科学中，观察性研究使用得最普遍。在所有研究中，研究者希望他们在观察时尽量不被发现，这样可以避免他们自身对人或动物（研究对象）行为的影响。

在社会科学中，有时研究者在观察行为时，研究对象并不知情。显然，这种手段有道德顾虑，因此通常只用于公共场合，且要保证被记录的个体在最后结果中不会被识别出来。

5.3 定性研究设计

定性研究使用非数值数据，因此不可能用统计学手段或数学模型分析它。相反，分析是基于与特定人群或社会现象有关的叙述，以及对经历的具体概括。

在社会科学中定性研究的使用占主导地位，但是有时也会在生命科学中被用来回答经验性的问题。例如，医药科学家有时会用个别案例来支撑他们的研究。

在本章，我们将探索四种常见的定性研究设计：案例研究、焦点小组、人种志和行动研究。

5.3.1 案例研究

案例研究设计涉及对一个或多个真实背景下的特定问题或社会现象进行的调查，通常会使用各种各样的数据收集技术，包括面谈和观察方法。报纸、年度报告、医疗报告和公司文件等二手资料也可能是对面谈和观察发现的补充和证实。

从事案例研究的研究者需要对基于各类数据要点的发现进行整合，因此，通常研究者最好具备相关经验。这是因为新手在拼凑各种信息和确立获得结论的核心模式时会遇到困难，这种研究需要经验和实践。

案例研究项目可能聚焦于某个社会现象的一个或多个方面。例如，它可能聚焦于个体的患病经历，并对患过这种病的一个或多个人做具体的案例研究。它也可能把个人体验与该疾病对大众的作用结果综合起来考虑。

案例或每个"案例研究"中的研究对象绝非随机选择的；相反，研究者会挑选他们认为能得到最多信息的案例。研究可能包括一个单一案例或多个相似案例，以增加其能应用于更大群体的普适性。也就是说，案例的研究发现只能适用于与所研究案例相似的研究对象。例如，关于数字技术怎样提高小型汽车公司盈利能力的案例研究，只能推广到其他相似规模的、同样专注于数字技术的汽车公司。在研究项目中，案例研究越多，项目就变得越普遍。

通常，案例研究会聚焦于研究对象一个常见的典型的情况（例如，社交媒体在14—16岁的年轻人中的使用情况），或者是非典型或不寻常的事（例如，罕见病）。

案例研究是一项有用的探索方法，它能发现更多与主题相关的内容来生成问题，或者只提供对一个特定社会行为或现象的具体、全盘的概括，以便更好地理解它。

5.3.2 焦点小组

焦点小组常常作为探索性研究的一部分，促使更大、更宽泛的研究主题生成进阶问题并确定更深入的方向。对于不同的人，在决定研究一个周期更长的项目或确定具体研究问题前，是怎样经历同一事件的？焦点小组能够有效帮助全盘理解这类问题。

通常，焦点小组会在同一地点聚集一个小组（通常 6—10 人），在一位有经验引导者的指导下讨论研究主题。引导者的责任是确保谈话不会离题，并做记录（通常是笔记），期间所有参与者都有机会表达他们的观点或谈一谈自己的经历。

焦点小组通常用于商务研究，或是管理团队为了改善工作环境用它来建立更行之有效的程序。在研究中，焦点小组可能被用于理解团体中的不同的经历或观念，用以指导政策发展和社会变化。

焦点小组不大可能被用来做描述或解释性的研究，因为较小的样本容量和有限的信息使它几乎不可能得出肯定和普遍的结论。但是，它在社会科学的探索性研究中起着重要作用，特别是重视体验过程的地方，同时倾听不同个体的声音是提出更大的研究问题的重要起点。

5.3.3 人种志研究方法

这种研究设计方法在社会人类学领域被广泛使用，最近也延伸至一些其他社会科学领域。它涉及对文化或人进行的一段持续性的、具体的、沉浸式的研究过程。

人种志研究背后的观点是，人种志的研究是为了真正理解社会或文化现象。传统的社会人类学家可能需要花费几个月甚至几年，和研究对象在一起生活、互动。例如，一个做太平洋地区人类学研究的博士可能花上一两年时间，住在斐济一个传统的村子里和当地社区居民交往，观察并参与他们各种各样的文化活动，耐心地建立信任，这样村民们就乐于与他分享经历，然后博士利用获得的所有信息把他们文化和实践的演变过程理论化。

数据的收集主要依靠观察获得，也会包括来自正式互动（如面谈）的现场记录和与参与者的非正式互动（如一般性交谈）。因为人种志的研究是在特定背景中发生的，有很强的依附性，所以结果通常缺乏普遍意义，不能准确地用于定义其他文化或团体。然而，这类研究设计方法确实能提供对某个事件或现象的文化或体验的深入考察，能有效地提供一些人受不同事物影响的相关背景或信息。例如，对如图瓦卢或托克劳等太平洋岛屿居民的人种志研究，强调海平面不断升高对这些群体的直接、真实的影响，这能促使更多的研究者进行相关研究，促使人们付出更大的努力来减少破坏性影响。一般来说，人种志研究可为调查不同地区人类生活，提供一个非常权威和深刻的视角。

5.3.4 行动研究

行动研究的主要目的是把理论付诸实践，以带来期待的变化或影响。通常，它牵涉到某种干预（有目的性的变化），或者变成某种状况或事件（导致一种具体的结果）。例如，研究者可能为食品技术公司开发一套新的生产流程，预计会为公司增加 10% 的利润。通过这一生产流程的运用，研究者会观察带来变化的影响因素并视需要修改，直到获得期待的结果，即一开始的理论被证实有效。然而，这个技术牵涉到一些关键问题，特别是研究偏差和低普适性，因为它通常不能被应用于相关背景以外的其他地方。

5.4 选择合适的研究设计

你现在了解了一些常用的研究设计方法，它们能指导你的研究，并帮助你回答一开始提出的研究问题。你应该如何选择合适的研究设计？关键在于知道你想达到的目的，以及你需要的数据类型。如果你的研究问题适合于数值计算，那么定量研究设计是必需的。另一方面，如果你要依赖开放式的调查结果、采访或谈话，那么定性研究设计更适合。

如果你希望尽可能减少偏差、保持客观，而且你的项目适合可控制的、可重复的实验，那么你可以完成一个成功的实验性研究设计。另一方面，如果你对研究背景下的经历或文化更感兴趣，并且有时间和资源，想获得数值数据所不能带来的理解上的丰富性，那么人种志研究设计可能适合。

每个研究项目都不同，但是它们都受研究者最初设置的研究主题和问题引导。其他的主要考虑因素，还包括数据类型、数据收集技术、资源和时间，以及内部效度和外在效度对研究项目的重要性。

6 分析结果，得出结论

科学家用各种各样的工具分析他们获得的数据，展示他们的发现。这些工具使用的恰当性，取决于所收集的数据类型和所选择的研究设计。这是为什么在研究之初就决定使用哪种数据分析工具是重要的，这样能确保你收集到的数据是合适的。一旦数据分析完毕，你将能得出研究结论或提供一份详细的总结，把你收集的信息涵盖进去。

这部分会简单介绍一些研究者用于分析和展示发现的工具实例。同时会提供一个简短的总结，教你怎样根据发现得出结论或总结信息。

6.1 文本

不管研究者使用哪一种研究设计或数据类型，有很大部分的分析是通过文本或书面表达完成的。研究者需要把他们的视觉数据（如图表或模型）转换成某种叙述或描述形式。在定性研究中，大部分分析会依赖于书面表达能力，以及清楚地叙述不同故事和反馈而得出结论的能力。这就是为什么不论研究者从事的领域是物理学、人类学还是医学，有效的交流技巧和清楚扼要的书面表达能力都是必不可少的。

6.2 图表

分析定量数据并把它们转变成有用信息的最简单的方式之一，就是用图表进行展示。图表有许多功能，包括：

• 比较两个或多个不同变量之间的数值，例如，蜘蛛猿不同行为的频率或年轻人对不同类型食物的偏好。

• 展示事物的成分或构成事物整体的局部，例如，不同食物的营养成分（蛋白质、碳水化合物、脂肪，等等）。

• 用数据分布来强调特定研究对象的一般行为，以及是否有异常值（与其他数据表现不同，例如，完成某个活动的时间）。

• 分析特定时间段的变化趋势，例如，某地区的气候模式。

• 展示不同变量间是否存在关系，如果存在，是什么关系，比如玩电子游戏对学业成功的影响。

图表有不同的类型，有的简单有的复杂。在本章，我们将了解六类图表形式。

6.2.1 柱状图

柱状图可用来比较不同的变量，或呈现一段时间内的对比。柱状图采用以 x 轴为起点的竖直条，高度对应 y 轴上的数值。

下面这个柱状图显示了在一个 30 人的班级里，学生养宠物的统计情况。变量（狗、鸟、猫和其他）沿 x 轴或水平线排列，数值排列在 y 轴或竖线上。

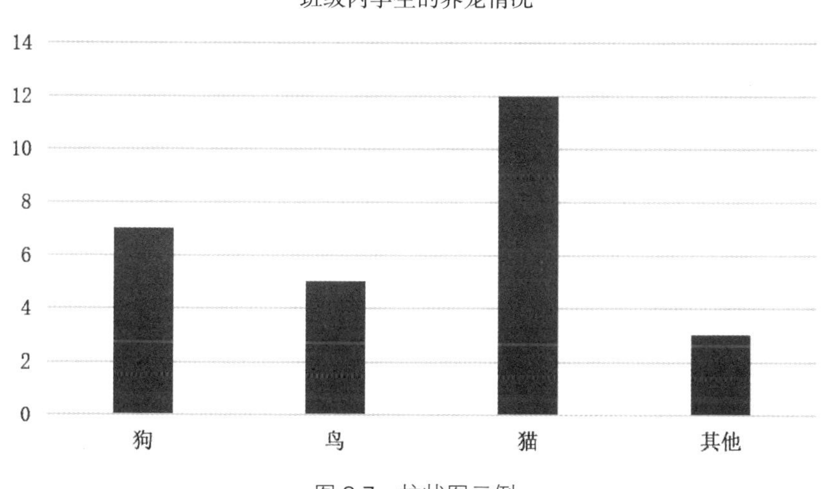

图 3.7　柱状图示例

6.2.2 条形图

条形图与柱状图很相似，但条形图采用以 y 轴为起点的水平条，数值沿 x 轴排列。条形图和柱状图的作用也一样，不过当一个或多个数据标签特别长时，它是更简洁的选择。

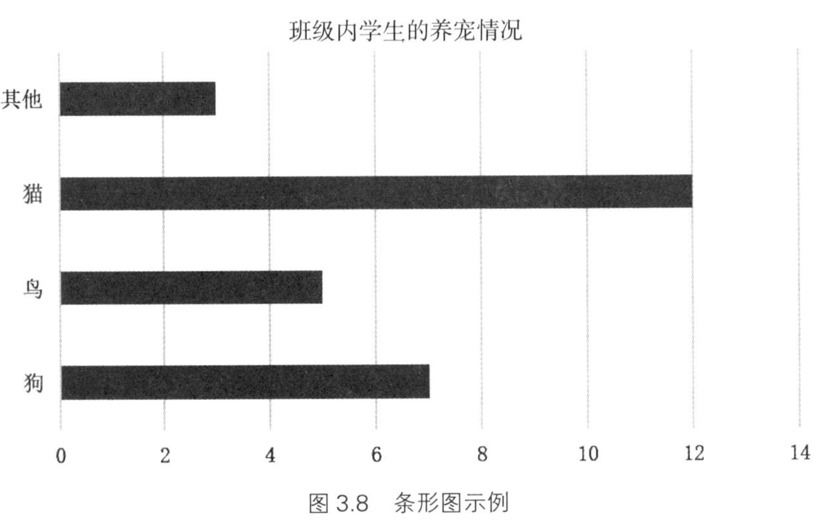

图 3.8　条形图示例

6.2.3 堆积柱状图和堆积条形图

堆积柱状图和堆积条形图被用来比较不同变量，以及展示每个变量的构成。下列示例中，把宠物按家庭分类，不但展示四个学生每人拥有的宠物数量，而且还显示了他们拥有宠物的种类。

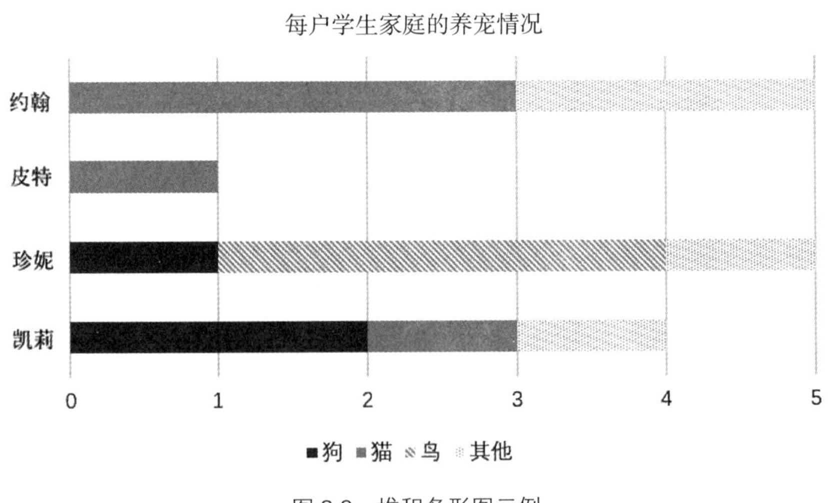

图 3.9　堆积条形图示例

6.2.4 折线图

折线在展示趋势或随着时间推移的变化方面特别有用。时间通常沿 x 轴排列，数据沿 y 轴排列。使用点绘制数据，由一根连续的线连接。一张图表上可以绘制超过一组数据，以不同颜色区分。下面的例子显示两个不同年份的数据是怎样被绘制在同一张图表上，来显示每月的变化。

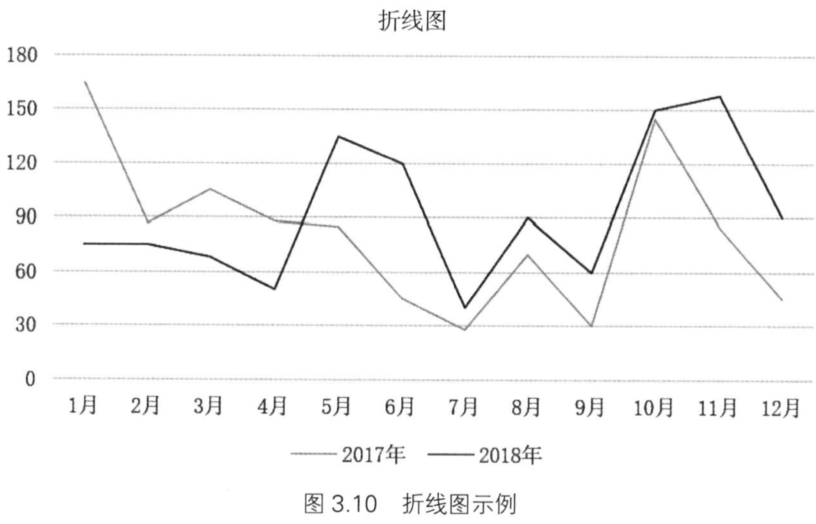

图 3.10 折线图示例

6.2.5 散点图

散点图在表现不同变量关系和数据分布的趋势方面很有用。它使用点来代表两个不同变量的值：一个沿 y 轴排列，另一个沿 x 轴排列。当你有许多不同数据点时才需要用它。它可以用来表现数据组中数据的相似并强调异常值（不寻常的发生）。在下面的例子中，你会发现儿童身高和体重之间具有正相关关系。

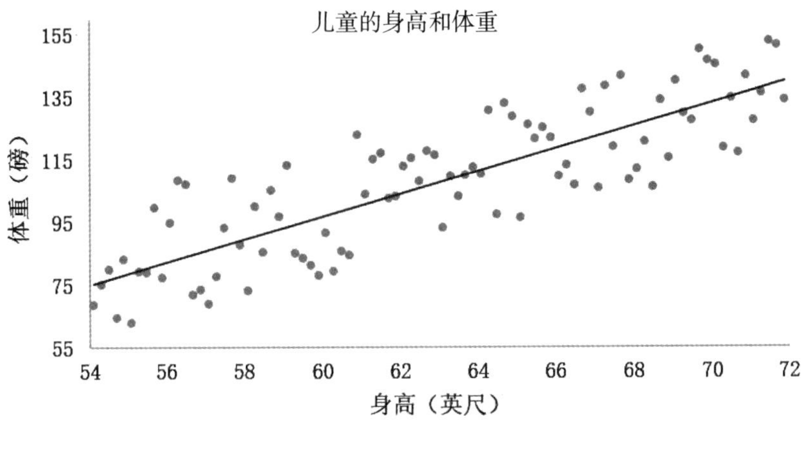

图 3.11　散点图示例

6.2.6 饼图

饼图在表现事物的构成或构成它的变量方面很有用。在下面的例子中，饼图被用来表现在一个班级里不同成绩段的学生的百分比。

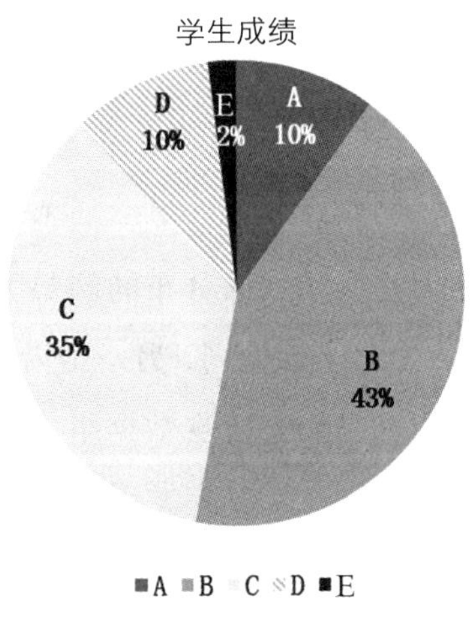

图 3.12　饼图示例

6.3 用图表来展示定性数据

定性数据通常不可能在图表中展示，因为图表需要数字数据。然而，如果你想把调查反应中的趋势或模式作为你的分析部分展示出来，通过把相似的回答集中在一起形成类别，就可以给这些回答“编码”。例如，如果你问参与者什么是对于社会最紧迫的问题，虽然他们的回答可能各不相同，但是你可能开始留意到某些相同的内容：一个人可能说“全球变暖”，另一个可能会说“太平洋海平面上升”，你可以把它们大致归为气候变化。其他人可能会提到贫穷，或塑料垃圾对环境的影响。这些回答可以以数字形式、用条形图或柱状图展示，作为对你书面分析的补充。

展示数据所使用的图表类型取决于你的信息内容。参看表 3.1 中的指南。

表 3.1　为数据选择合适的图表

目的	图表
比较变量的值	柱状图、条形图、折线图、散点图
把事物拆分成为几部分	饼图、堆积柱状图
表现不同数据的分布	散点图、折线图、柱状图、条形图
分析随着时间推移的趋势	折线图、柱状图
表现变量间的关系	散点图、折线图

6.4 统计软件

诸如 SPSS、SPS 或 JMP 等数据软件程序能够分析大量数据，通过高级别的数据分析，使你收集的数据产生价值，并创造精度高、误差小的数据模型。统计软件能被用来创造复杂的图表（统计模型），显示数据的可能性分布。换句话说，这些软件程序能用你的样本中收集的数据，得出研究总体的整体上的相关推论。

6.5 表格

表格是在较小空间内总结详细信息的好方法。它们作为参考信息，常常被用于大段、详细的分析文字部分，能帮助读者快速理解所分析的内容。

6.6 数学模型

数学模型在分析一个特定系统的行为和特征方面很有用。数学模型使用各种数学元素，包括图表、等式、示意图等，从视觉上再现真实世界的情况。模型可用于预测天气系统、重构考古发现或古生物发现，展示过去事物的本来面貌。数学模型在物理研究等自然科学研究中应用得特别普遍。

6.7 得出结论

结论是研究项目最后的部分，在这里数据变成了信息。不管研究者使用定量或定性研究设计，也不管他们的意图是证实假设还是解释社会现象，他们付出的时间和精力要能够阐释他们最初去研究问题的意义。

在定量研究中，结论一般会总结数据是否支持最初的假设。如果数据支持最初的假设，那么结论应该根据数据所显示的内容，讨论自变量和因变量的关系。如果结果与最初的假设矛盾，结论应该聚焦于为什么情况和研究者的预期不一样，他们在此过程中学到了什么。在任何研究项目中，即使假设被证明不正确，或者最初的问题没有被回答，能说明原因这一点很重要。这样，将来的研究者能参考这些发现并把它们应用于自己的研究项目。科学研究是一个不断丰富相应主题的知识库的过程，了解到有些事情是错的或者不真实的，有助于引导未来的研究走上发现真理的正轨。

在定性研究中，研究者对他们研究的总结方法不尽相同。因为定性研究在本质上是探索性的：研究者的结论常常不会为假设提供确定的答案或结论性的证据。相反，研究者可能会通过分享与核心理论有关的参与者的叙述，来总结他们的发现。在人种志中，研究者会提供一份详细的分章叙述，它们提供对于不同人群或文化生活的丰富而深入的理解。研究者可能基于他们的发现，利用归纳法建立理论，或者利用演绎推理法为理论提供支持。

6.8 实证研究和理论研究：归纳推理与演绎推理

科学研究在两个层次上运行：理论和实证。实证研究是从现实世界收集并分析数据。这样的研究可能包括实地观测研究或实验室里的假设驱动实验，它在本质上可能是定量或定性的。理论研究受对现实世界的观察所启迪，并被用来创造抽象概念以解释自然和社会现象。一般说来，随着时间的推移，实证研究的不断进行为理论提供支持证据，使理论更优化。

演绎推理常常是实证研究的基础。它在简单前提下使用新数据测试现有理论：如果 A 具有属性 B，当 C 属于 A 时，C 也具有属性 B。在前面的章节，我们使用简单的陈述考察过这个前提是怎么起作用的：

> 狗在激动或紧张时会摇尾巴。
>
> 我的狗在摇尾巴。
>
> 因此，它肯定是激动或紧张的。

在实证研究中，演绎推理应用同样的逻辑来验证理论。例如，自然选择理论认为：物种会随着时间进化或改变，以更好地适应环境。要让自然选择起作用，在种群中肯定已经存在变异，并且变异需要有遗传性。

想用演绎推理验证这个理论的科学家，可以用下面的前提作为他的研究基础：

> 因为小种子稀缺，在我家附近岛上的一种鸟不得不越来越依赖吃大

种子生存，而大一点的喙吃大种子更容易（事实）。

自然选择意味着物种在某一方面适应它所处的环境（理论）。

因此，随着时间推移，由于自然选择和喙的特点优势，这些鸟中长着较大的喙的会越来越多（假设）。

然后科学家可以通过一段时间的数据收集，看看他的假设是否正确，这样就能为自然选择理论提供进一步的支撑。

另一方面，归纳法是形成新理论的起点。它利用收集的数据推断新的数据，或者优化现有的理论概念。

当达尔文第一次提出自然选择理论时，用到的推断方法可能是这样的：

燕雀根据它们生活的环境和觅食的种类，长着不同的喙。

因此，燕雀肯定根据它们生活的环境和获得的食物做调整。

归纳法是基础，在此基础之上，科学家观察现实世界，赋予其意义，并把那个意义转化为普遍理论，未来的研究者可以通过演绎推理检验这些理论。随着越来越多信息的积累和检验的进行，理论可能会被完善，变得越来越准确。

在科学进步中，演绎推理和归纳法扮演着具有同等价值的角色。例如，归纳法把理论和现实世界联系起来，赋予它们实在的意义。同样，数据只有在解释或表现事物运行原理时才是切实有用的。现有的理论往往解释某些现象为什么存在以及是如何存在的，演绎推理就是用数据去支持这些理论。

7 最后的思考

研究项目的优势取决于几点：具有明确定义的聚焦型研究问题、对现有文献的详尽整合（为确保研究问题合理并判断是否需要后期优化）、所选择的与项目整体目标一致的研究设计、所使用的合适的方法或数据收集 / 分析工具、数据的调用及其向有意义信息的转化。

本章给出了你在开始一个研究项目时、在根据研究目标应用演绎推理或归纳法时，需要考虑的重要事情的概览。在接下来的几章，你会学到一些更为具体的概念，以及怎样把你的发现写成一篇紧密联系的、有意义的研究论文。

数据的搜集与分析

1 引言

科学家做研究是为了能够回答关于世界的问题。这些问题和答案有许多形式，而要回答这些问题，科学家需要使用数据。

什么是数据？数据就是信息。大多数人可能把“数据”理解成成串的数字。事实上，数据可以是文字、名称、字母或其他种类的信息。

数据的表现形式以及收集和分析数据的方法，取决于科学家要回答什么样的问题。在本章中，我们会讨论各种各样的科学数据，以及我们是怎样运用数据来回答问题的。待解答的问题可能问的是“有多少”，但也可能会问“是否”“如果……会怎样”，甚至“为什么”。

2 定量数据

我们知道，定量研究是基于研究对象的属性（attributes）回答科学问题的。那么什么是属性呢？属性是任何可以测量、计数或评估的事物，如年龄、性别、身高、体重、体积、母语、耳长、轮胎直径、加仑、英里和每页的字数等都是属性。科学家基于已有的范围和数量的定义，给属性赋予数量和具体的值。这个数量和具体的值可能是"50度""4.8公斤""17"，甚至是"星期四"，无论是哪一种，科学家的目标是保持客观性。也就是说，科学家的个人情感或反应绝不应该影响给属性赋予数量和值的过程，被赋予的数量和值也应该是可靠的。对于同样的属性，如果重复同样的计数、测量或评估过程，结果应该与原先的结论相同或接近相同。

在不同科学领域，甚至在不同实验室和研究者之间，数学术语的使用是不同的。数量可以被看作值的一个特殊的、更具体的情况；计数事实上可以被看作测量的一个特殊的、更具体的情况。在本章后面的讨论中，我们在讲整数时经常只用到值或者测量这两个说法，除非这些术语可能引起混淆。

2.1 连续和离散

不同的领域使用不同的术语，但是科学家谈论定量数据的一种方式是它是离散的（discrete），还是连续的（continuous）。

离散数据不能被分成更小的部分。例如，"这是星期几？"或者"班级里有多少学生？"这类问题的答案就属于离散数据，你需要用一个整数表示（不可能有半个学生的说法）。

连续数据是可以测量的。例如，"你的老师有多高？"或者"现在外面的温度是多少？"的答案属于连续数据，即可用分数或小数表示，且数据通常包括测量单位。更重要的是，如果使用更精确的测量工具或者测量方法，测量的数据可以更精准。理论上，给连续的属性赋值的精度是没有限制的。例如，如果你决定以埃米为单位测量距离，然后你可以用半埃米测量同样的距离，把赋予距离的值的精度翻倍（图 4.1）。

离散数据

连续数据

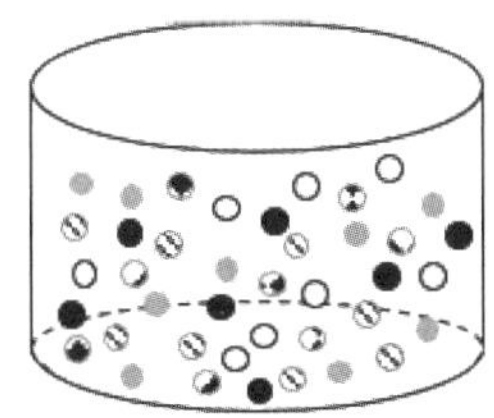

盒子里有多少黑色胶质软糖？（7个）

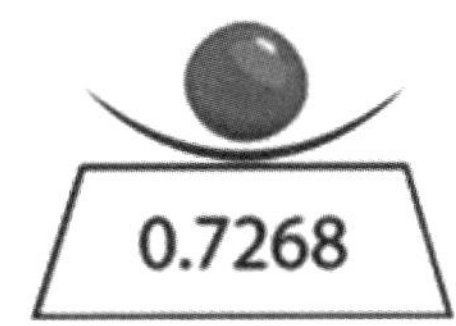

一颗黑色胶质软糖有多重？（0.7268克）

学校教学楼两层间的楼梯有几级？（15级）

学校教学楼两层间的距离是多少（3.3米）

今天班级里有多少人穿了外套上学？（5人）

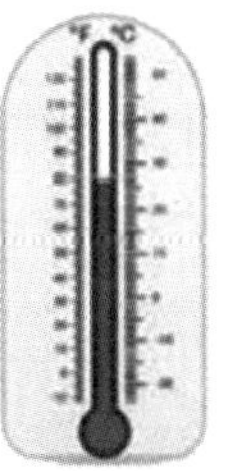

今天的温度是几度？（26℃或79℉）

图 4.1　离散和连续数据的例子

2.2 其他数据分类的方式

数据可以分成定性数据和定量数据两种，其中定量数据又可分为连续数据和离散数据。这些类别（如连续测量）可以继续细分，我们接下来探讨科学家描述数据的其他方式。

2.2.1 定类数据

当一个属性有数量有限的可能值，并且这些值的排列没有一定的顺序时，这类数据被称为定类数据或名义标度。在考虑定类数据时，你不能说一个值大于或小于另一个。定类数据是给我们要研究的事物分类，通常是离散数据，但是在一些特殊情况下可以是连续数据。

当数据描述的属性只能取两个值中的一个时，数据被称为二进制数。

如果我们的任务不是计数或测量黑色胶质软糖的重量，而是计算在盒中非黑色胶质软糖的比例该怎么办？首先，我们应该把盒子中的胶质软糖分成黑色的和不是黑色的两类。我们的结果看上去就像图 4.2。

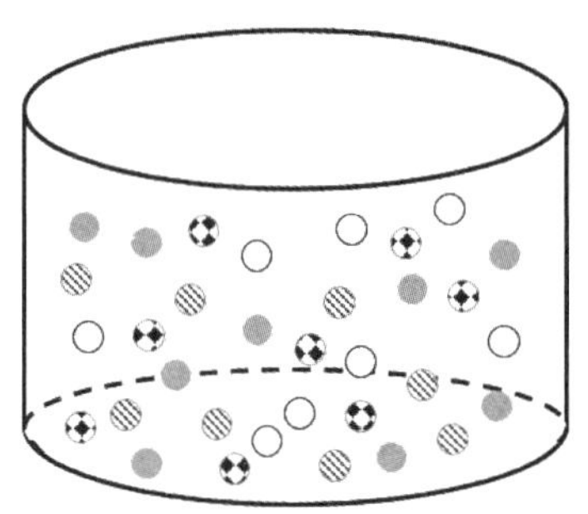

是否为黑色胶质软糖？=否（33个）

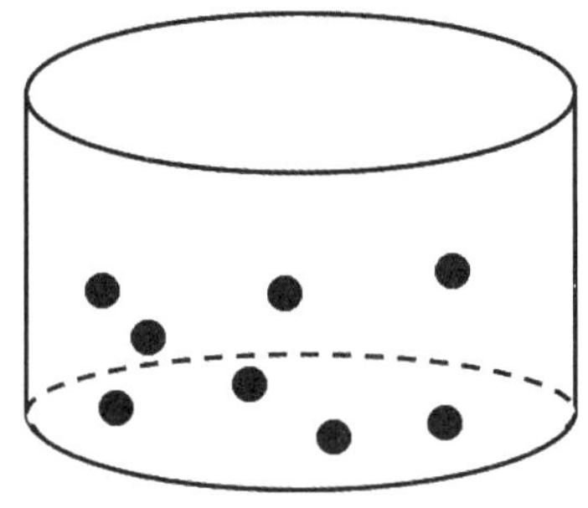

是否为黑色胶质软糖？=是（7个）

图 4.2　分离黑色胶质软糖

对于盒子里的每颗胶质软糖，“它是黑色胶质软糖吗？”这个属性只有两个可能值：是或否。这个属性是二进制的。

非黑色胶质软糖的数量，即“是否是黑色胶质软糖？”的属性值为“否”的胶质软糖数量，是 33。这个数量比上盒子里所有胶质软糖的数量是非黑胶质软糖的分数，即 33/40。

那么如果除了胶质软糖，我们的盒子里还有带包装的糖果会怎么样呢？在这种情况下，属性可能是“这是哪一类糖果？”可能的值为带包装的糖果和胶质软糖。如果盒子里只有这两种糖果，那么属性也会是二进制的，因为没有其他可能的答案了。比如，对于“这是哪一类糖果？”属性，值为“胶质软糖”的糖果数量为 10，值为“带包装糖果”的糖果数量为 6。

二进制中一类特殊的数据是“是 / 否（true/false）数据”。它在计算机编程中被广泛使用。

假定你有一张关于棒球赛的数据表（表 4.1）。

表 4.1　棒球赛数据

主队	客队	比赛日期	主队得分	客队得分
匹兹堡队	洛杉矶队	2040/8/18		

你知道匹兹堡队是主队，洛杉矶队是客队。但是比赛日期还很遥远。我们知道比分吗？肯定不知道。我们不知道主队的得分，不知道客队的得分，也不知道哪支队伍赢了。我们想让这张表成立，我们需要为“我不知道”编码。

解决这个问题的一种方法是，在 SQL 数据库语言中，找到除了对和错外一个叫做空值（null）的值。SQL 的逻辑被叫做三值或三进制逻辑。空值代表未知或者未定的数据，例如，未来棒球赛的比分，或者忘记输入的一个人的中间名。真值表中空值的运算规则与否（false）类似：如果空值与其他值进行数学运算，结果仍为空值。比如你想要计算数据库中每个主队得分的平均值，但是如果你的 SQL 命令碰到一场没开始或由于下雨而取消的比赛，平均值也是空值。

然而我们常常无法以二进制或三进制术语描述人类的特质，这里还有很多其他的值，我们不能简单地勾选未知项。“二元对立”长久以来都是我们文化的一部分，但是我们发现它们不能充分代表潜在的数据。我们需要的是种类更多的分类数据，而非二进制数据。

海吉拉斯

社会科学和医学研究中广泛使用的二进制数据之一是性别。性别这个属性被认为只有两个可能值——男性或女性。但是，在有些社会和文化中，其他性别被承认，而且事实上，在这些文化中生活的人们的确在这个属性上会有不同的取值可能性。

在印度，海吉拉斯被作为第三种性别而接受。公共文件和媒体把海吉拉斯描述成“中性”，而非男性或女性。在印度工作的医学研究者，他们在研究大众群体中的病人时，不能在他们的研究中用性别作为二进制数据。

无论过去还是现在，也有其他文化也承认第三（甚至第四）性别。美国的原住民把其他性别个体称为“双灵人”。

在我们的第一个胶质软糖例子中，我们有 40 颗 5 种不同花色的糖果。每颗胶质软糖有一个“花色”属性，那种属性的值是五种不同的可能性之一。如果我们为那些值建立一个数据库，它看上去有点像下面的表 4.2：

表 4.2　通过花色给胶质软糖分类

编号	01	02	03	04	05	06	07
花色	黑色	灰色	白色	灰色	格纹	黑白块	灰色
编号	08	09	10	11	12	13	14
花色	灰色	黑白块	格纹	灰色	黑色	灰色	灰色
编号	15	16	17	18	19	20	21
花色	黑色	格纹	灰色	白色	黑色	格纹	白色
编号	22	23	24	25	26	27	28
花色	格纹	白色	黑色	灰色	灰色	黑白块	白色

（续表）

编号	29	30	31	32	33	34	35
花色	黑色	白色	黑白块	灰色	格纹	黑白块	格纹
编号	36	37	38	39	40		
花色	黑白块	黑色	灰色	灰色	白色		

如果我们想根据花色把软糖分类，我们可以根据它们的花色属性，列出所有编号的胶质软糖，但是如果我们想把那些值按顺序排列，我们是做不到的：黑色胶质软糖不在灰色软糖之前，格纹的不在白色的后面（我们把胶质软糖编了号，让每一颗都有唯一的标识，我们也可以用字母编号，或者如果每颗糖都有唯一且不用保密的名字，我们可以直接使用它们的名字）。胶质软糖的花色是一种定类属性。

2.2.2 定序数据

定序数据是有顺序的。也就是说，属性的可能值具有内在顺序。然而，这些可能值之间的准确差值并不能被测量。定序数据是典型的离散数据。

学生到教室挂起外套后，我们对每件外套进行字母编号会怎么样？如果字母是按字母顺序分配的，外套就会具有一个到达顺序（arrival order）的属性，它会告诉我们（以字母顺序），某件外套被挂到衣帽间的时间比其他外套早还是晚。然而，这个值并不会告诉我们外套挂上去的确切时间，也无法告诉我们那些外套被挂上的时间间隔：A 外套可能是 7∶45 挂上去的，B 外套是 7∶46，C 外套是 8∶00。根据到达顺序编号而使用的字母值并不记录或传达这些信息。

定序数据对科学家有什么用？许多实验和研究过程涉及多个阶段。定序数据的价值之一是，能被用来记录研究对象处于哪个阶段。当科学家在对人进行研究时，他们可能对人们的受教育程度感兴趣。如果一份问卷调查让受调查者选择：没有受过正式教育／中学学历／大学肄业／大学学历／研究生或专业学位，那是否意味着高中学历是四年制大学学位的一半？不是的。但是我们知道大学毕业生比中学毕业生或大学肄业生学历层次更高。

定序数据也经常出现在其他种类的问卷调查研究中。社会学家经常要求研究对象评价他们对某事的感觉，或者对一个陈述的认同度。这类问题通常会被格式化为一系列选项：非常同意、同意、中立、不同意、非常不同意。这种按比例缩放的选项称为李克特量表。这种问题的结果是定序数据。

定序数据常与其他信息相关联。在上面的衣帽间案例中，外套被随机挂在任意挂钉上。如果学校要求学生依次从挂钩的一端往另一端挂外套，根据他们到达的顺序，包含到达顺序信息的字母值也会告诉我们外套在哪个挂钉上。

2.2.3 定距数据

如果数据的属性值等距分布，且该间距可被精确测量，这类数据被称为定距数据。在讨论定距数据时，除了用“第一、第二、第三……”，也可以用“一、二、三……”。间隔数据既可能是连续数据，也可能是离散数据。

以我们图 4.1 的数据为例，两层楼间的楼梯有 15 级楼梯。如果我们让 15 个人站在该楼梯上，每人站一级楼梯，他们站在哪一级楼梯上？这个属性的值不但会告诉我们每个人在哪一级，而且也会显示出他们相对于底楼的海拔。这是因为与定类、定序数据不同，定距数据能用于数学计算。

我们测出一层楼的高度是 3.3 米，有 15 级，均匀分布，楼梯顶部的高度可以通过先用 3.3 除以 15，得到 0.22 米（一级楼梯的高度），然后用 0.22 乘以阶梯数。我们不但知道站在第五级台阶的人比站在第四级台阶的人高，而且知道站在第四级台阶的人高出地板 0.88 米（0.22 乘以 4），站在第五级台阶的人高出地板 1.1 米（0.22 乘以 5）。这些高度是定距数据。

定距数据有什么局限性？在上面的楼梯例子中，只需要用到我们现有的楼梯级数和楼层高度的知识，就能轻易地得出站在不同台阶上的人所在地高度。如果有人站在地板上，我们也能得出他与站在任何台阶上的人的相对高度，只需要把他的台阶数设为零。

我们用定距数据能得出人们在台阶上的相对高度。但是，我们可以说站在第四级台阶上的高度是站在第二级台阶上的两倍吗？不能。我们只能在“相对于地板”的前提下这么说。楼梯上的人相对于地平面的高度是多少？我们无从知道。

定距数据包含一个零点和所选择的整数值之间的间距。“所选择的”在这里是什么意思？在本章一开始的测量例子中，我们将温度作为连续数据的一个例子。当我们把温度计上显示的温度值定为26℃时，它也可以是26.1℃，或26.11℃等，这取决于我们设备的灵敏度。但是，同样的温度值也可以被定为79℉。这是怎么做到的？

华氏度和摄氏度都是定距尺度。也就是说，发明华氏和摄氏温度测量尺度（尺度这个词在这里指的是编号系统）的科学家们，把某一个温度设定为零点，用他们所选择的间距在温度计上标注其他的相对温度。

想象一个气象学家说本周温度比上周的温度高一倍，本周为80℉，因此上周为40℉。在摄氏温度中，本周温度是27⅓度，上周是4½度。4½度是27⅓度的一半吗？不是的。这个“翻倍”的关系只适用于温度计上的数字，不适合“温度”这一被测量的实际属性。

2.2.4 定比数据

在相邻值之间的距离相等并且可被测量这一点上，定比数据和定距数据是相似的。相邻两个整数之间的实际间距是人为选择的（就像建筑师决定楼梯的每级台阶的高度）。然而，与定距数据不同的是，定比数据有绝对零点，它不取决于测量工具、测量尺度、实验设计或环境的任何其他因素。定比数据可以是离散数据，也可以是连续数据。一个物体的长度、重量和体积是典型的定比数据。

哈佛桥横跨麻省内查尔斯河，连接波士顿和剑桥，它剑桥的那端就在麻省理工学院的校园旁。桥长为2035英尺，或者说620.1米，也可以说是“364.4个斯穆特 ± 一只耳朵”。“斯穆特”是一个非标准的长度单位。

在1958年，奥利弗·斯穆特是麻省理工学院的新生，由于一个恶作剧，“斯穆特”被兰博达兄弟会用作测量桥长的水平测距单位。这座桥那时就用“斯穆特”标记。每年兰博达兄弟会都重新粉刷这些标记，这个传统延续到今天。

奥利弗·斯穆特后来当上了美国国家标准局（American National Standards Institute，ANSI）和国际标准化组织（International Organization for Standardization）的主席。

说到温度，有一个测量尺度有绝对零值，就好比在楼梯这个例子中的地平面，它被称作开氏温标。在开氏温标上，“零”被定义为绝对零度（absolute zero）。绝对零度是理论上能达到的最低温度，它以物质基本粒子的能量限制为基础。绝对零度不由科学家人为设定，但是研究物理和相关领域的科学家们，在他们的计算中使用开氏温标的温度值（开氏温标的温度间距与摄氏温标一样）。如果气象学家声称根据开氏温标，本周比上周热了一倍，这个说法有数学意义（虽然也许不具备生物意义，因为那些气温可能不适合生存：60 华氏度是 15.6 摄氏度、288.7 开氏度）。

在定比尺度中，零值是不存在的，但有时会引入参照点（reference point）的概念。如果给水箱加水，工程师在测量那个水箱里水的体积，定比尺度下空的水箱就是零值。我们可以界定用于测量体积这个属性的标度（例如，它可能是升、加仑或者立方米），但是零值是由被测量的体系本身决定的。如果工程师声称今天的水位是昨天的两倍高，他的说法成立。

表 4.3 数据种类和它们的用途

数据种类	连续 / 离散	记录方式	用途
定类	离散数据	A、B、C、D… 1、2、3、4… 东、南、西、北	基于一个特定属性的值把研究对象分成数类，类别之间是无序的

（续表）

数据种类	连续 / 离散	记录方式	用途
定序	离散数据	A、B、C、D… 1、2、3、4…	基于一个特定属性的值确定研究对象的顺序，间距无须相等
定距	连续 / 离散数据	0、1、2、3、4、5… 0、0.5、1.5、2、2.5、3、3.5、4、4.5、5…	基于一个特定属性的值确定研究对象的顺序，间距须相等
定比	连续 / 离散数据	0、1、2、3、4、5… 0、0.5、1.5、2、2.5、3、3.5、4、4.5、5…	确定研究对象的一个特定的数值属性，测量尺度的整数间距是人为选择的，零值由环境本身决定

3 定量研究

正如之前探讨的那样，定量研究使用定量数据来描述科学观察。更具体地说，科学家们用定量数据给他们的研究对象的属性赋值。研究对象，即被观察的事物，可能是物体、动物、人，甚至是事件或媒体。根据研究类别，科学家可能会给他们研究对象的不同属性赋值，并寻找不同属性的不同值的规律，科学家也可能会观察随着时间推移，或者当研究对象处在不同条件或受到不同的处理时，某个特定属性值的变化。

当属性被赋值，科学家们可以用统计数据去分析这些值的变化，或者发现这些值的规律。定量研究试图建立数学模型和理论去描述这些变化和规律。有时，科学家们可能提出因果关系（即他们可以说一个属性的值影响另一个属性的值），但是有时他们只能提出相关关系（即属性好像在一起改变，但是不清楚是否是一个属性直接影响另一个，还是某个第三者属性在影响前两者）。

上述听起来像一个对科学研究过程非常复杂的解释，也可以简单地理解为，科学研究探索事物间的关系和相互影响。举一些可能存在相关关系或是相互影响的事物："有大学学历的人群拥有汽车的比例是多少？""在不同温度对铁进行淬火会对铁的脆度有什么影响？""摄入更多盐的老鼠是否会喝更多的水？""服用A药比服用B药的副作用更大吗？"，等等。

3.1 自变量和因变量

正如你所记得的，当科学家们明确地改变一个属性的值，来观察另一个属性值的变化，或者当科学家们根据一个属性给一组研究对象分类，来看这些不同的小组的另一个属性值是否会产生差别，这些属性被称为变量。被改变或分类的属性被称为自变量（independent variable，IV），而被检查是否改变的属性被称为因变量（dependent variable，DV）。大量科学实验以"A和B之间有什么关系？"这一形式出现，在这里，A是自变量，B是因变量。

3.2 效度

正如我们在上面看到的，值和所测量数值只是数据——它们不等于它们代表的属性。当科学家在选择何种属性作自变量和因变量时，或者在分析他们的发现时，他们需要考虑研究的属性怎样被测量，获得的值是什么样的数据。如果科学家所分析的是定距数据，"2+2=4"是非常合理的。如果科学家在分析定类数据，2加2不仅不是4，它甚至没有任何意义。

在研究过程中，科学家们需要考虑的问题之一是使用适合数据类型的分析方式。这些问题是一大套技术中的一个部分，它们确保研究结果是有效的。科学研究的效度是为科学问题找到优质答案的关键。下面我们探讨一些不同类型的效度。

3.2.1 结构效度和操作化

当我们谈论楼梯的相对高度时，高度的意义在这个情境和这项研究中很清晰。这个研究中唯一需要澄清的就是，台阶的高度是相对于地板测量的。如果我们想衡量站在台阶上的 15 个人的相对快乐程度又会怎么样？我们应该如何进行呢？

在许多科学研究和实验中，特别在社会科学中，直接测量一个值是不可能的。那些情况下，科学家们使用更容易被测量的指标（markers）来描述属性。科学家们设计方法来衡量一个不能被直接测量的属性，便是将这个属性操作化（operationalization）。

我们怎么把快乐操作化？难过的人呼吸频率更快，因此科学家可以认为呼吸频率低意味着一个人很高兴。然而，呼吸频率低也可能意味着一个人不快乐。要是有人高兴得上蹿下跳会怎样？他们的呼吸频率会很高。如果我们使用呼吸频率低来衡量快乐，我们可能得不到有效的结果。更好的解决方案可以是让人们在 1 到 10 的刻度上选择他们的快乐程度，或者我们可以测试他们的唾液皮质醇（一种压力荷尔蒙），或者我们可以让其他人评估那个人的快乐程度（这无疑是主观的数据）。

要得到优质的研究结果，适当的操作化是关键。科学家们使用许多不同方法来评估一个属性的操作化程度，包括比较使用不同指标体系所得出的结果，评估指标和操作化的变化对跟属性关联的其他东西的变化的预测效果，以及评估操作化和指标是否代表属性的所有方面（举个例子，如果你想操作化“勤奋度”，而你只询问学生上课的时长，这个操作化并没有考虑他们在课后作业或者课外活动上花的时间）。

如果属性的操作化做得不好，任何基于该操作化的研究都有可能是无效的。

3.2.2 表面效度

要是我们不通过测量台阶上的人在微笑时嘴角的宽度，而是看他们的尾巴摇得多快去衡量他们的快乐程度会怎么样？那种衡量方式马上就会产生问题：人没有尾巴。没有供测量的标记。我们不需要做进一步的研究设计测试，来决定摇尾巴是不适合衡量人类快乐程度的，我们看了就知道这个设计不行。

3.2.3 统计效度

在本部分开头和前面的一章我们谈到了定类数据。更具体地说，我们说过对于定类数据，数学运算没有意义。这也是确保统计效度的一套科学实践准则之一。

在不同的研究领域，对于不同种类的数据能做或不能做什么都有不同的衡量标准。一个建筑师可能对三个不同摄氏温度变化的比较结果毫不关心，但是物理学家恰恰相反。事实上，在一些领域，人们甚至根本不把定类数据和定序数据当作定量数据，而是视作定性数据（我们会在下面讨论）。

统计效度的另一方面是抽样效度。在许多领域，科学家几乎从不研究总体（人、树或胶质软糖），他们常常从总体中抽取样本进行研究。如果科学家想表明他们的发现是具有普遍性的，正确的抽样技术是必要的。如果研究结果具有普遍性，那些结果以及由那些结果创造的科学问题的答案，不仅适用于被实际抽取进行研究的这部分研究对象，还应适用于被取样的总体。后续我们会更深入地探讨这一点。

3.2.4 外在效度

在之前一章，我们提到了外在效度。在这种情况下，当我们研究站在不同楼梯台阶上的人，我们不想得出与楼梯无关的结论。黑色胶质软糖呢？可能我们只对我们称过的黑色胶质软糖的重量感兴趣。但是正如我们上面注意到的，科学家常常对回答有关总体的问题感兴趣。

我们可以称量地球上每颗黑色胶质软糖的重量，算出它们的平均重量，这样得出的黑色胶质软糖重量的结果无疑是有效的（假定我们正确地操作化了黑色胶质软糖）。然而，因为我们没有无限的研究资金，我们通常在总体中取样进行研究。

取样的目标是确保研究结果的有效性和普遍性，即被回答的科学问题是针对整个被研究的总体回答的（黑色胶质软糖、松树、用左手吸雪茄者、克利夫兰出生的学步幼儿等），我们要确保所选的研究对象没有其他属性会使研究结果不准确（这些被叫做混淆变量）。为了确保我们的发现具有普遍性，样本应该能代表总体，这通常意味着研究对象是从总体中随机选择的，总体中所有个体被选中的机会是均等的（然而，这种抽样有时候不可能）。

在我们的胶质软糖研究中，我们可能从半径 10 英里范围内选出 12 家糖果店，派人从每家购买一盒胶质软糖，挑出里面所有的黑色软糖，再找不同的人群蒙上双眼随机从中抽选一个。

上面的研究设计真的给了我们随机样本吗？要是我们城市的胶质软糖都是星期一做好星期二送到的，来自同一个工厂，而星期一做的软糖总是小一点，因为机器在周末冷却了，那会怎么样？我们不得不申请研究经费，让人坐飞机到另一个地区去买不同的胶质软糖。或者可以声称我们调查的胶质软糖局限于我们的城市。

评判科研结果具有外在效度和普遍性的最重要标准是再现性（reproducibility）。如果一个实验在不同实验室，由不同科学家来进行能得到同样的结果，这个实验就具备再现性。就我们的胶质软糖实验来说，在不同的城市进行实验发现得出的结果是一致或相似的，这个结果支持了我们的发现具有普遍性的观点，强化了原先实验的有效性。

4 定性数据

到目前为止，我们讨论的数据都是定量的。定量数据是通过测量、计数或评估得到的，科学家自己的个人想法不应该是测量、计数或评估的一部分。定量数据必须是客观的。

正如我们了解到的，定性研究是主观的。定性研究者观察研究对象（可能是人、团体、事件、物体，甚至是除人以外的动物），并收集与这些研究对象相关的数据。这些使用定性方法收集的原始数据可能包括评论、视听记录、手写的日记或者非正式记录的笔记。原始定性数据甚至还可能包括物体，如陶器或票根。虽然这些数据不能进行加减运算，也很难进行统计分析，它们还是可以被用来回答科学问题。

原始定性数据的一个用途是，记录研究者自身对于他们正在进行的观察的反思。记录有时在事件或互动发生的同时进行，或在之后不久在备忘（memoing）的过程中进行。一段时间过后，定性研究者会把原始数据和他们对此的想法整理成文。在呈现定性研究结果时，有些定性研究者可能会把他们个人的反省整理到篇幅更长、更正式的陈述报告中，报告通常以书面形式呈现，被称作叙述。有些叙述有一本书那么长，有些被整理出版成书。

真实的理解

如果科学是客观而没有偏见的，科学家们如何能在使用他们自己的描述作为数据时，不担心自己描述中带有偏见呢？

现代社会学的创立者之一马克斯·韦伯（1864—1920）认为，虽然可以用客观方法去研究自然界，但是对人类互动的研究，要求研究者直接观察和参与互动。韦伯使用了德语词 verstehen（真实的理解——从研究对象的角度进行理解）来描述他的研究方法。现代社会学家有时把这种方法称为解释视角（interpretive perspective）或诠释结构（interpretive framework）。

定性研究在诸如人类学或社会学领域广泛使用，也会用于心理学、商学，甚至医学研究。定性研究的研究对象可以是特定事件中的参与者，由一个共同兴趣召集起来的团队，一个特定社会子群的成员，甚至是一个物体或地点。

定性研究产生的数据（通常）不能被统计分析，那么定性研究的价值是什么？定性研究者认为定量分析方法只会使科学家对研究对象有浅层了解，而定性研究提供了深刻而具体的认知。

定性研究的另一个优势是它常常是可以迭代、没有固定限度的。定性研究和定量研究一样，用来生成和检验世界运作的理论。但是在定性研究中，理论和研究的相互作用一直在进行：定性研究不是完成一个实验、重新制定一个假设，并设计一个新的实验来测试新的假设，这是定量研究者通常做的，定性研究者可以探索新的研究路径。

4.1 编码与三角定位

如果在定性研究中收集的数据只是笔记和其他形式的记录，定性研究者怎么去分析、组织他们的数据？方法之一就是编码（coding）。

定性研究者的编码过程从对收集到的数据进行初步分类开始，如果有长期的书面或记录数据，则会先对待分类的数据进行摘录。初步的分类可能基于研究对象的具体属性，或者基于特定的互动种类。数据可能会在不止一个类别中出现。

一旦定好初步分类，研究者会寻找数据之间的一般趋势和相互作用。这可以让研究者明晰所研究的人以及关系的识别属性之间的一般趋势和相互作用。那些属性已经用数据项记录下来了（这么做可能牵涉画图表，或者使用计算机辅助文本分析，甚至制作大量的便笺）。一旦确定了趋势和相互作用，研究者可能重新评估和分类研究数据，用以发现重复的模式。一旦识别出那些模式，他们可能通过现有的理论进行解释，并评估模式对那些理论的影响。

如果定性研究是主观的，怎么给基于定性研究的理论辩护？一种方法是通过三角定位（triangulation）。定性研究中的三角定位来自于自然科学中的相似想法：通过其他两点的数学数据对空间中任意一点进行精确定位。在社会科学中，三角定位可能指使用不同的数据收集方法检验同样的研究对象（方法论层面的三角定位），或者让不同的研究者使用同样的方法，来看结果是否相同或兼容（研究者层面的三角定位）。有些研究者也会让他们研究对象团体中的成员评估他们的描述和分析，以此来了解被研究群体是否认为分析有意义（视角层面的三角定位）。这些方法可能有助于证明研究的可靠性，但是研究结果可能未必具有普遍性，而且这种可能性不小。

编码和三角定位并不像看上去那么简单。让我们回到上面的二进制数据的例子。我们把一盒糖果分成胶质软糖和带包装糖果。要是我们分类的不是那盒糖果，而是这样一盒会怎么样？有些糖果只是胶质软糖，有些只是包装糖果，但有些看起来是带包装的胶质软糖。

如果我们试图回答的问题是“盒子里有多少胶质软糖？”然后我们可能把带包装的胶质软糖也计算进去。如果我们试图回答的问题是“盒子里有多少带包装糖果？”我们可能也会把带包装的胶质软糖计算进去。但是如果我们在回答自然科学的问题，比如，“带包装糖果或胶质软糖，哪个先吃完？”我们现有的分类规则就不起作用了。

如果我们是定量研究者，不改变实验我们就无法回答上述问题。然而，作为定性研究者，我们能选择糖果种类属性中的一个值（即胶质软糖或带包装糖果）应用于带包装的胶质软糖，然后记录我们选择相应解决方案的原因。我们也能回到原先的糖果分类标准，并重新评估它对这一盒糖果的适用性。我们可以在分类方案中添加“带包装的胶质软糖”一项。

4.2 数据收集

在实际操作中科学家是如何收集定性数据的？比较普遍的方法是问卷调查和访谈、直接观察、案例研究和人种志研究法。和定量数据一样，这些方法可能根据研究对象不同有所重叠和交叉。

4.2.1 问卷调查和访谈

要是一个公司想推销一种新的厨房小工具，他们如何确保购买者有愉快的使用体验？公司可能会制造少量成品用于测试，然后招募测试者在家里进行试用。

一旦测试者试用一段时间后（比如两周），公司可能会给他们寄详细的定量调查问卷，让他们根据喜好程度，对小工具每个列出的特征进行 0 到 5 分的评分。然而，要是这种小工具在第一周很好用，而到了第二周其中一个旋钮一直要掉下来会怎么样？如果公司没有设计针对这个问题的提问，仅从数字分析上我们就无从得知这个问题的存在。

从另一方面来说，定性研究可能使用开放式的调查问卷。这类问卷中全部或部分是开放式问题，给研究对象（在这个例子中，是测试者而非小工具）提供一个能给出非固定形式信息的机会。例如，在这个小工具测试者的例子中，调查问卷中可能包括这样的一个问题："你还想告诉我们什么？"公司还可能根本不用正式的调查问卷，在不给出任何指示的情况下，只是要求测试者对小工具做出评论。

开放式的访谈和开放式的问题很相似，没有固定要遵循的结构或形式。在较少条条框框的情况下，一个开放式的访谈就像一次扩展的谈话，讨论的话题不是预先设定的。研究者可能脑子里有几个笼统的问题，或者使用几个基于话题的问题开启谈话。但是如果谈话转到别的方向，研究者不一定会阻止研究对象谈下去，也不会敦促他们回到设定的问题。如果是更结构化的访谈，采访者会预先确定一系列问题。设计这些问题是为了鼓励研究对象谈论规定话题，而不只是作肯定或否定回答，或者简单回答。这里，第二种更结构化的开放式访谈常常被称作引导式访谈。

访谈可能在研究对象家里，或者在研究者的实验室，或者在一个临时找的中立的地方，如咖啡店或办公场所的会议室等地进行，这取决于研究类型。这种访谈得到的数据是研究者自己关于访谈的笔记或录音。那些笔记通常会被整理成记录，正如上面描述的那样，还可能会被编码和分类。

4.2.2 焦点小组

如果引导性谈话的对象不是某个个体而是某个群体，这被称作焦点小组。公司计划发布一个新产品时，经常使用焦点小组作为他们设计过程的一部分。在焦点小组，研究对象（通常被称作参与者）是普通消费者，目标通常是确定新产品应该有的特征或设计。

焦点小组通常有 10 到 15 个参与者和一个主持人（研究者），后者的任务是提问并开启谈话，确保讨论的顺利进行以及谈话不会被某个参与者主导。主持人常常有个助手（也是研究者）负责记录，也许还要管理录音录像设备。

焦点小组的参与者可能是从公众中随机抽取的，但是，有时产品设计者和研究者会规定焦点小组的参与者的年龄范围、性别、种族或其他属性。例如，如果一个公司想向少女推销面霜，就会采用判断抽样，会从符合描述条件的总体中选择焦点小组的成员。

焦点小组完成讨论后，研究者会观看或收听音像资料，翻阅记录，作为数据编码的一部分。他们收集到的数据可能是一串反复出现的、他们感兴趣的主题，可以被添加到设计标准里，或者是记录下的参与者建议的有趣想法，甚至是参与者提出来的现有产品特别讨厌的地方，这样新产品的设计可以避免这些错误。

4.2.3 直接观察

之前我们说过，直接观察是研究者坐着（或站着）观察研究对象，研究对象可能是一个人或一群人、一个事件或者任何可以被观察和描述的东西。

例如，直接观察可以是远远地观察一个焦点小组进行话题讨论，或者观察消费者使用新产品，或者观察顾客逛商店，或者观察孩子玩耍，甚至还可以观察自然栖息地的动物。

在直接观察期间，研究者可能寻求得到对活动的总体印象，指引下一步的研究，但是也有可能会统计超市里的购物者停下来看两个被刷成不同颜色的展示亭的次数（这样的计数也能算作进行方便抽样的定量研究）。

研究者使用的直接观察的工具，可能包括摄像机、伪装（假装在公园椅子上吃午饭，但是事实上在观察公园里的人），以及单向反射镜。单向反射镜常常用于新产品测试。研究者可以在暗室里透过玻璃看外面，但是研究对象在玻璃的另一边，在明亮的房间里，看不见研究者。这样研究者可以观察研究对象与新产品的互动，但是研究对象不会因为观察者的存在而感到压抑或拘束。

正如上面描述的那样，直接观察可以是没有参与者的观察，我们将在人类学研究中探讨。

1936 年，法国心理学家让·皮亚杰提出了儿童发展的新理念。在他之前，儿童心理学家和教育家把儿童当作受教育程度不够高、不够聪明的成人。教学的目标是给他们提供越来越多的知识，通常是事实性知识，并要求记忆。评估的目标是测试儿童对那些知识的记忆程度。

皮亚杰观察儿童玩耍，看他们与周围世界互动。作为他观察的结果，他提出了“模式”的理念，他是这么描述的：“一种有凝聚力、可重复的动作序列，具有紧密相连并受核心意义支配的组件动作。”简而言之，儿童（和成人）是模式化认识世界的：他们（像科学家一样）制定事物运作、如何与事物互动的理论，然后随着他们经验的增长不断修订、完善那些理论。根据皮亚杰的说法，随着儿童年龄的增长和经验的积累，他们经历模式创建的可识别阶段。他还认为，儿童的自然学习不是通过记忆事实，而是通过“发现”，即与周围世界的互动。

7 到 11 岁的儿童发展的一个主要模式是对守恒的理解。守恒，最简单的形式之一，意味着当容器的形状改变时，容器中的东西（水、果汁、沙、黏液）的量不会改变。通过观察儿童玩耍并访谈他们，皮亚杰发现一定年龄以下的儿童不能理解这一事实。

4.2.4 案例研究

正如前面所说，案例研究通过观察来创造对一个特定的人、团队或组织或其他研究对象的详细、系统和具体的描述。例如，当研究者对一个个体进行案例研究，他们可能会记录研究对象的外表、社会 / 商务关系、体育活动、对事件的情感反应以及工作和家庭环境。案例研究通常在自然背景下，而非实验室环境中评估对象。有些案例研究除了直接观察，可能还会用定性研究方法，如封闭式问卷调查和访谈以及其他定性研究技巧。

从事案例研究的研究者，常常对研究对象随着时间推移的改变或者对特定事件的反应感兴趣。皮亚杰对儿童的研究包括对许多儿童个体的案例研究，他一直观察他们的成长过程。

研究者对具有共同的情况或问题的多个研究对象进行观察的案例研究，被叫做多重案例研究（multiple case study）。举例来说，多重案例研究潜在的研究对象，可能是某个城市里六个无家可归的妇女，四个不同社区的四个幼儿园，或者两个不同的二手车停车场的员工。

案例研究被应用于包括商务、组织心理学、护理学和社会人类学等各类领域。个案研究记录不但用于呈现研究发现，而且是那些领域的教学工具。

目前我们已经讨论了几种定性研究的形式，其中有研究者与研究对象分开的，或者研究者和研究对象在一起的时间很少的。在人种志研究中，研究者常常通过加入他们来试图详细了解一个社会群体或社团。在此过程中，科学家可能会用到上述的所有技术和方法，但是可能还用到下面描述的其他技术和方法。

4.2.5 田野调查

对于一个社会学家或人类学家来说，“田野”并不是种植庄稼的土地或某个学术社区。它不在大学里或实验室里——而在实地现场。一百年前的田野调查可能意味着，一个人类学家要到具有异国风情的地方去研究“原始”部落。然而，后来社会学家和人类学家把他们的工作挪到离家近的地方，研究他们自己地理区域内的社会团体。那些社团可能与研究者不是同一个经济阶层（例如，福利领取者或农民），或者是因一个共同感兴趣话题或类似的境遇聚集在一起的群体（例如，摩托车俱乐部，吸毒者，鸟类观察者）。现代社会学家和人类学家甚至可能不用离开书桌，就可以通过网络研究社会团体并进行互动。

一个传统的人类学家或社会人类学家通过长期的田野调查研究一个社会团体时，他们通常不是充当一个透过单项反光镜观察的旁观者。他们的目标是成为社会团体的一员，成为参与观察者（participant observer）。作为参与人员，科学家参加团体的日常活动。作为观察者，科学家在现有社会学和人类学理论的背景下，训练有素地评估那些活动。这个领域里的科学家用他们的理论知识更好地观察，并用他们的观察来加强他们对理论的理解。实地工作和一般的人种学研究是需要大量劳动的，常常是完全沉浸式的。研究者在呈现他们的发现前，可能得花费好几年研究一个群体和其所在的环境。

4.2.6 关键知情者

作为参与观察者，社会学家在参与过程中的一大利器是知情者，即被研究群体或文化团体的个体成员的帮助。那些报告者可能参加开放式访谈，或者参加定量性的访谈和问卷调查。他们也可能成为案例研究的对象。

关键知情者是在研究者工作中占主要地位的知情者。他们可能接受采访，回答关于群体的问题，或者被要求澄清研究者不能理解的事物。在有些情况下，关键知情者还可以帮科学家进入一些场所或介入一些事件，因为这些一般不会对外来人员开放。关键知情者可以作为当地向导，带领研究者进入一些研究者单独无法进入的地方。关键知情者可能还利用他们在社会团体中的地位和关系为研究者的信誉担保。从关键知情者那里得到的数据绝不是客观的：它反映了那个人的思维模式、观点和社交圈。

田野调查期间的数据常常以原始的现场笔记形式呈现。现场笔记名副其实：在研究现场记下的笔记，这样研究者就能在事件发生的同时，或是不久之后，把事件本身以及研究者对事件的记忆和印象（作为备忘的一部分）记录下来。现场笔记可能会是书面笔记，但是更多还是采取录制音像的形式。最后，现场笔记经过转录和分析整理成文。正如前文所说，这些记录有时会扩展成书本那样的长篇，甚至整理成册出版。那些叙述中可能包括复合人格（compound individuals），即具有研究者接触到的真实个体的共同特征的虚构表象。这样做既简化了故事，又保护了知情者和其他研究对象的隐私。

在20世纪60年代，美国人口调查局发现一个令人不安的趋势：超过一半黑人家庭的户主是成年女性，家里没有成年男性。调查局资助了一项人种学研究来进一步调查这个问题。

贝蒂卢·瓦伦丁和她丈夫查尔斯都是社会学家，他们搬到了美国东北的城市社区。瓦伦丁一家在那里住了一年多，熟悉了他们楼里和社区的居民，包括他们能够查到具体人口数据的家庭。1971年，他们提出了他们的发现：超过60%的黑人成年男性并未被统计在人口数据中。

瓦伦丁一家发现这些家庭会在回答人口问题时故意隐瞒成年男性成员。他们的结论是这是出于经济考虑：没有报告男性成员的家庭会受到政府的经济援助，而那些男性成员有时涉及非法活动，可能导致援助取消。接受人口调查的家庭并不相信人口调查者的保密承诺。

不同研究者后来做的研究发现，在波多黎各社区也有类似现象。

5 混合法

我们之前探讨的许多定性方法会和定量方法一起使用。当某个或某一系列的研究需要同时使用定性和定量方法，收集定性和定量数据，这被称作混合法。混合法的使用使研究者对复杂问题产生更宽泛的见解，可能帮助他们发现只用单一方法研究时没有发现的问题和解决方案。

使用混合方法进行研究的一些优势：

• 使用不同方法收集的数据可以互相印证。例如，我们使用定量问卷调查统计糖尿病患者定期服药的频率，然后对不定期服药的患者进行更详细的询问。更进一步的定性调查可能以采访形式进行，期间的发现可能会改善医疗过程的某个方面，比如，使包装更容易打开，重新编写更清晰的用药说明，告诉医生药物潜在的副作用，甚至设计一个智能手机的应用软件来提醒人们按时服药。

• 使用一种方法收集的数据，可能会提供可供进一步定性和定量研究使用的新技术。例如，一个针对患有癫痫病的青少年群体的焦点小组，可能会引出一个研究者原先并不知道的网上支持小组。这个支持小组的成员可能成为新的定量和定性研究对象，研究可能通过网上交流进行直接观察，或通过让社团成员回答网上调查问卷来进行。

• 同时使用这两种不同方法收集的数据，或用两种不同的方法从同样的对象处收集的同样数据会显示出不同之处，即这两种方法得到的研究结果不匹配的地方。这会是需要进一步研究的领域。

6 结论

在本章，我们看到了许多不同的数据形式，明晰了数据不一定要由数字串组成才有价值。我们还评估了定性数据收集和分析的一些方法。在下一章中，我们会探讨使用测量法收集定量数据的方法。

测量的精确度、准确性和不确定性

1 引言

科学研究是由数据驱动的。换言之，研究的首要目标是收集数据，最终目标是分析数据并用分析结果来回答科学问题。在不同的研究领域我们收集不同种类的数据，也使用不同的工具进行收集。然而，几乎所有的数据收集都涉及计数和测量。

科学家通过计数来收集离散数据。例如，科学家可能会计算某种物体的数量，计算具有某种特定特征的物体或研究对象的个数，或者某个事件发生的次数。计数的结果就是数量或数字。科学家通过测量收集连续数据。例如，科学家可能会测量一个物体的重量和长度，或者已经过去的时长。这种测量的结果是一个值，或者有时是一个具体的数值类型，如长度、体积、重量或时间。

对连续数据的测量时常带有一定的不确定性：例如，科学家也许能数清楚完成某事的过程需要多少分钟，但是，有多少个过程正好能在某分或是某秒结束呢？对大数值的计数也带有一定的不确定性，因此科学家在遇到大数值时常常使用估算。然而，如果科学家要正确回答问题，计数和测量必须准确和精确。换言之，计数和测量必须保证合理的最低误差量。在本章，我们将探讨科学家怎么把误差降到最低以及怎么处理无法避免的误差。

2 误差来源和种类

2.1 日常生活中的误差

你找医生检查身体时，医生或他们的助手通常会测量你的身高、体重、脉搏、体温和血压。要是你每次量身高时都穿着鞋而不是光着脚会怎么样？你的身高每次总会比实际高那么一点。这就是科学家所谓的偏移误差（offset error）：这个误差总是在同一个方向，总是一个等量。

要是血压计没校准，血压读数总是高 5% 会怎么样？你的血压读数会随着你的真实血压的变化一直偏离真实情况。这就是科学家所谓的刻度误差（scale error）、百分误差（percentage error）或乘法器误差（multiplier error）：误差总是在同一方向，但是误差的量有变化。它与正确的量度是成比例的。

要是你去称体重，有时你在预约前吃了午饭，有时没吃；有时你在找医生前去小便了，有时你没有小便；有时你刚剪了头发，有时你没有，结果会怎么样呢？你的体重大致准确，但是在测量中总有许多小偏离。这些可以被当作偏移误差，但是，这些误差不是始终一致的，它们是所谓的随机误差（random error）：可能存在理想的测量值，但是在测量中总会有高高低低的微小误差。

要是你在测脉搏，机器或护士一分钟数到 65（对应 65 次心跳），但是没有算上时间截止时的半次会怎么样？这种情况时有发生。测脉搏时，完整的心跳才被计算在内。科学家称之为精度极限（limit of precision）。

现实生活中的误差不止医生办公室里这些。误差一直发生。但是在科学研究中发生误差时，会影响基于测量产生的科学发现的价值。

2.2 科学测量法中的误差

科学研究过程的几个方面都可能导致测量误差产生，包括：

- 仪器校准和使用
- 技术和方法论
- 操作者问题
- 抽样问题
- 环境问题

虽然误差可能有许多来源，但是它们大致归为两类：系统误差（systemic errors，或称测定误差，determinate errors）和随机误差（或称非测定误差，indeterminate errors；或称随机效应，random effects）。

系统误差重复出现。换言之，它们不只出现一次。系统误差（通常）可以再现，即在同样的背景下测量同样的量，会产生同样数量、同样方向（值过高或过低）的误差。因为系统误差重复出现，它们相对容易被发现和纠正。

随机误差无法重复或再现，发生时不容易识别，这使我们很难发现和纠正它们。科学家采用其他方法来解决由随机误差导致的不准确，例如可以通过多次测量减少随机误差，因为随机误差会相互抵消。如果有条件的话，可以用更优质的仪器测量。

系统误差和随机误差都会导致测量不准确。这些不准确所产生的与真实值的偏差被称为技术误差（artifact）。

2.3 偏移误差和比例误差

在测量过程中的许多方面都可能产生误差，而且测量误差种类繁多。我们上面介绍的在实验室实验中经常出现的两种误差是偏移误差（有时被称作固定误差，constant errors）和比例误差（proportional errors）。偏移误差和比例误差都可以重复出现，属于系统误差。

2.3.1 偏移误差

偏移误差是测量中不会随着测量的真实值更改而改变的误差。（比例误差则会改变，我们后续将会讨论）

图 5.1 是偏移误差的图表示例，显示当测量值改变时偏移误差的具体情况。

偏移误差有时可能比其他误差更容易被发现，因为如果在一系列测量值中存在偏移误差，某个与平均值相比本应非常小的测量值，可能会出人意料地大。由于偏移误差等量改变每个测量的值，越小的测量值的改变幅度就越大。

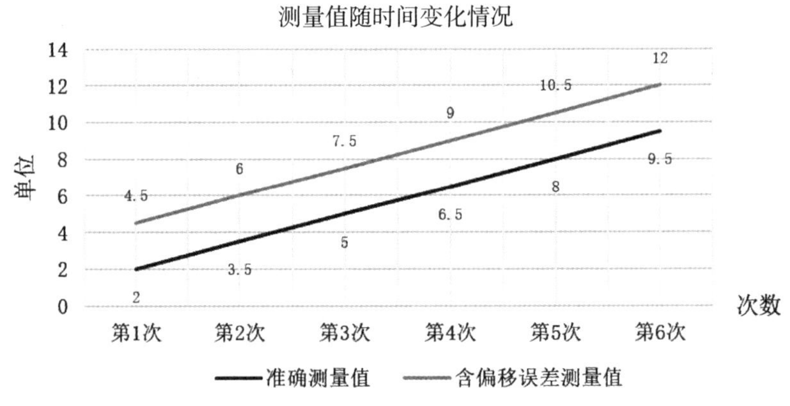

图 5.1　测量值随时间变化情况的偏移误差示例图

表 5.1　偏移误差对不同真实值的影响

	真实值	测量值（真实值 + 偏移误差）	偏移误差产生的影响
第 1 次测量	2.0 个单位	4.5 个单位	125%
第 2 次测量	3.5 个单位	6.0 个单位	71%

（续表）

	真实值	测量值（真实值 + 偏移误差）	偏移误差产生的影响
第 3 次测量	5.0 个单位	7.5 个单位	50%
第 4 次测量	6.5 个单位	9 个单位	38%
第 5 次测量	8.0 个单位	10.5 个单位	31%
第 6 次测量	9.5 个单位	12 个单位	26%

有时，因为数值随着时间的改变比预测的小，你会意识到偏移误差的存在。换言之，如果你预测一个值增加 50%，而它只增加 40%，原先的测量中可能存在偏移误差。

表 5.2 体现潜在偏移误差的记录

	第 1 次真实值	第 1 次测量值	第 2 次真实值	第 2 次测量值	真实百分比变化	表观百分比变化
第 1 次测量	2.0	2.5	3.0	3.5	50%	40%
第 2 次测量	3.0	3.5	4.0	4.5	33%	28%
第 3 次测量	4.0	4.5	5.0	5.5	25%	22%
第 4 次测量	5.0	5.5	6.0	6.5	20%	18%

2.3.2 比例误差

比例误差和偏移误差一样，是普遍存在的测量误差。与偏移误差不同的是，比例误差的值会根据实际测量值的大小而改变。图 5.2 表示随着时间推移，比例误差影响下所产生变化的简图。

在结果有明显异常的情况下，比例误差能被发现。但是，因为它们随着实际值的变化而变化，没有与已知的参考值比较，我们很难注意到。比例误差既可能导致测量值过高，也可能导致测量值过低。

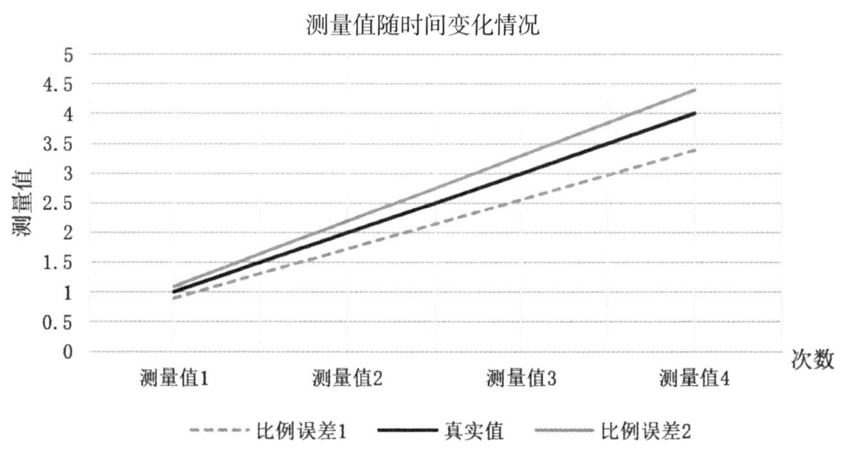

图 5.2　测量值随时间变化情况的比例误差示例图

2.4 误差来源

重复出现的比例误差和偏移误差只是许多可能的系统误差中的两种，但是，这些误差是从何而来的呢？

正如我们之前指出的，误差可能来自于仪器校准和使用的难易程度、技术和方法、操作者问题、抽样问题和测量环境。下面将探讨这些误差的相关案例。

2.4.1 仪器校准和使用

测量仪器是确定数值的工具。工具可能简单，比如尺、天平称或量筒，可能较复杂，比如电子秤或折射计。为了保证使用某样仪器进行测量的准确性，必须对仪器进行校准。换言之，该仪器的测量结果必须与已知的参考测量结果作比较。

在有些领域，如化学或物理，工具校准相对简单。例如，要校准天平称，化学家会在天平称上称一个已知重量的物体，来确定秤的重量读数是否准确。如果准确性非常重要，化学家可能要在一天中的不同时间反复测量，或者称一系列不同重量的物体。

在社会科学中，调查问卷也能被校准。此类校准是将待校准问卷和先前通过不同问题来发现相似信息的其他调查问卷作比较。社会学家和心理学家有时将调查问卷称作“调查工具。”

2.4.2. 精度极限

测量工具被用来收集数据供科学分析。但是测量工具总会存在精度极限，换言之，总存在一定范围内的测量值无法被测量工具确切测量的情况。

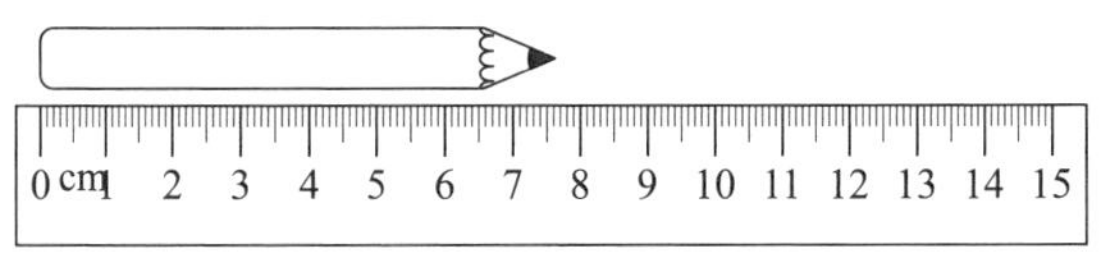

图 5.3　测量一支铅笔

如图 5.3 中的尺，这支铅笔的末端并不是正好在第 8 个单位，但是我们可以看到它比第 7.5 个单位长。测量工具（即尺）的精度极限是 0.5 单位。一个科学家在测量该值时可能估测铅笔的长度是 7.6 个单位，但是另一个科学家可能估测长度为 7.7 个单位，甚至 7.5 个单位。为了表示估算值，当我们具体说明这个值时，我们包含不确定范围和基准测量值。在这种情况下，这支铅笔的长度可能被记作 7.6 ± 0.1（读作七点六正负零点一），“7.6” 是基准测量值，“0.1” 是测量值的不确定度。我们确定真实值在 7.5 和 7.7 之间，但是我们不知道在哪儿。注意，基准测量值和不确定范围的小数位数应保持相同。

然而，不是所有的工具都允许实验者进行估测。要是我们用的不是尺，而是电子秤呢？

假设我们的电了秤显示有 0.1 单位的精度极限，在 0.1 单位后的任何数字都不显示。如果我们测量的样本的实际重量是 6.39 会怎么样？如果秤准确，显示出的重量即为 6.3，即使那个样本的真实重量更接近于 6.4。

科学家比电子秤聪明多了，但是他们无法看出更准确的测量值。在这种情况下，通过加上不确定范围，我们能具体说明电子秤的精度极限。实际重量为 6.39 的样本，重量可能被报告为 “6.35 ± 0.05”（读作六点三五正负零点零五）。那意味着实际重量在 6.3 和 6.4 之间。

2.4.3 有效数字（significant digits）

上述电子秤例子中，更正确的测量值和秤显示的测量值之间的差别在于有效数字。对于数学家而言，"3.05"这个数和"3.050"这个数是一样的。对于科学家而言，它们是不同的。3.05 这个数值有 3 位有效数字，3.050 这个数值有 4 位有效数字。有效数字"名副其实"："有效"是被关注的东西，"数字"是数值中的各个数字，或者说在整个数值中数字的位置。3.050 告诉我们某个实验在测量精确到 0.001 单位水平的值。例如，在这个实验中的其他测量值可能是 2.005，1.045 或 7.228。

在做实验时牵涉到测量一个值，科学家会决定测量结果要保留几位有效数字，有时会把测量值或数字结果进位或舍去，变成数字位数更少的数以满足要求。进位或舍去产生的误差可能是随机误差的一个来源，但是在某些情况下，也可能是系统误差的一个来源。

有很多位有效数字的数值也可能误导我们，尽管看上去那种结果准确度高，事实上，它可能只是精确度高。例如，想象一下，我们想计算出一根管的截面周长。如果我们使用上面的尺，我们可能得到这根管子外面直径为 2.3 单位。算出圆周很容易，我们只要用 π 乘以直径。因此，如果直径是 2.3，根据我们的计算器，π 是 3.1415929，然后我们得出管子的圆周长是 7.22566367。事实可能并不如此。

事实上，科学结果的准确度比不上测量过程中最不精确的量的准确度。（在后面部分我们会讨论准确度和精确度）

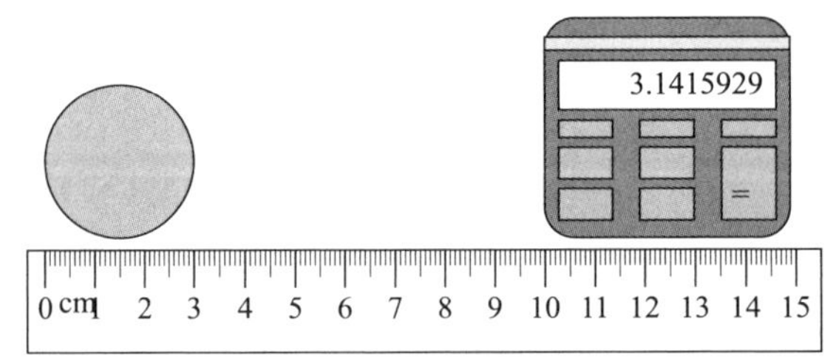

图 5.4　计算一根管的截面周长

2.4.4 公差（Tolerance）

因为科学家知道测量不可能完美，所以有些实验对测量规定了尺寸公差。公差具体说明测量值被允许含有的偏差的范围。公差包括测量工具的准确性，但是在有的研究领域，公差也可能包括系统其他部分的不确定性，例如，被测量的样本，或者甚至实验者本身。我们可能觉得测量值应该越精确越好，但是在实验室或其他研究环境，准确度和精确度可能受到时间、资源和仪器容量等因素的制约。

在化学和物理领域，测量体积的仪器如移液管、量筒和容量瓶的校准，常常是由生产商承担的，校准规范中包含公差。高质量的（更昂贵的）实验设备会被校准得更精确。因此，量筒可能被描述成“1 毫升刻度，测量：100 毫升，公差：± 1 毫升”，在这里，1 毫升刻度是测量标记的间隔，“测量：100 毫升”是量筒的最大测量体积，“公差：± 1 毫升”是测量值的测试精度。

2.4.5 随时间产生的偏差和环境因素

在设备校准中的另一个因素是时间变化带来的影响。对设备的不当使用和维护及材料的老化可能会降低设备准确度。例如，在化学研究中，反复冲洗玻璃制品如量筒和移液管（会把玻璃制品中放入热水和洗涤剂）可能会使它们的准确度降低，机械秤上的金属的耐久性可能会降低，甚至调查问卷的校准也会偏移，因为流行的观点和共同的信仰会发生改变。有些偏移会造成随机误差（例如，玻璃制品内壁的刮痕造成读数困难），有些偏移（例如，刻度误差校准）会造成系统误差。

气温变化、湿度、海拔高度甚至实验室的粉尘水平等环境因素，也可能影响机械和电器系统的工作及其校准。例如，有些非常精密的设备甚至可能因为所处建筑物受到刮风或地震的影响，摇晃或震动而失准。环境因素对测量系统产生影响而造成的误差，可以被视作校准误差，也可以被视作环境误差。

3 技术和方法

麻省理工学院工程学生案例（基于真实故事）

金属或木材在机床上被切割和加工的过程叫做“车床加工”。车床工作时面临的最大挑战是保持切割工具的锋利。钝的车床工具就如同钝的小刀，切割时需要花更多的力气，还会在使用中产生大量摩擦，使所加工的杆子发烫，这根杆子称为加工件。加工件受热会膨胀，进而影响切割的精度。事实上，有时加工金属杆的工人在换班期间会把未加工完的加工件放在冰箱里，以防止它们在加工时变得过烫。

麻省理工学院的研究者想测试一种新的工具材料。这种材料应该比投入使用的其他工具材料保持锋利的时间更长。作为这个研究实验的一部分，一个麻省理工学院的学生受雇在车床上把加工件加工成一系列形状，有时使用新材料做的工具，有时使用传统材料做的工具。在工具使用过程中，每个工具上都附有一个小仪器，来测量工具和被加工件之间的摩擦。

根据麻省理工学院学生收集的数据，新材料确实显示出比大多数传统材料略低的摩擦。但是有一种传统材料显示出比其他材料低得多的摩擦，比新材料还要低。怎么会这样?

检查这个学生的实验记录本发现，他在同一天加工了该材料的所有样本。在接受询问时，他解释道，因为那天下午他的足球训练取消了，他有空余时间。

调查测试这些材料时的天气情况显示，摩擦结果非常低的那一天是雨天，空气湿度大，导致水汽在金属加工件上冷凝，使得加工件和测试工具之间的润滑度更高，因此测量到的摩擦减少。

麻省理工学院的学生在两方面做得不够。首先，他没有保留准确的实验记录：忽略了天气情况。其次，他在某个时间段做了其中一种材料的所有测试，而没有测试其他材料。这个学生最后不得不重做这一系列测试。

上述麻省理工学院学生在测量中出现的误差可以被视作环境误差（environmental errors），但是也可以被视作方法（或“方法论”）误差。方法论误差（methodology errors）是由测量过程中所采用的方法产生的误差。在麻省理工学院学生的案例中，对测量过程的设计，应该将湿度测量作为实验一部分纳入方法论说明。

不同的实验可能采用特定的方法和技术，但是也都基于对实验室技术员的常规培训。当一个具体的研究领域或者整个领域的技术和方法组成一套通用的培训知识体系，这些技术和方法就被称为最佳实践（best practices）。不遵循最佳实践会导致系统误差和随机误差的产生。

3.1 仪表读数

许多领域的最佳实践也会说明怎样正确地读取测量设备的读数。例如，假设有位化学家名叫弗雷德。他的测量值总是偏大 1/5 单位。正如我们在先前部分指出的，这种误差是偏移误差。这种误差是从哪里来的？

让我们想象弗雷德在测量一种液体的体积。化学家常常用量筒测量体积。它是个长而透明的竖直筒状容器，上面印有体积测量值。

当液体在量筒中时，液体顶端不是完全平的。因为液体表面张力的原因，通常靠近量筒壁的液面略高于页面中心（除了一些不寻常的液体，如水银，靠近量筒壁的液面略低)。这不均匀的液面叫做“弯月面”。化学家会把液体放在与视线水平的地方(或者弯下身子,让视线与液体处于水平位置),读取弯月面中间位置的刻度。这是化学里的最佳实践。但是,弗雷德没学过这个技术会怎么样?如果弗雷德读取的是边上液体的高度,他测量的液体体积会一直偏大。

在这个例子中,给弗雷德培训测量技术可以解决误差问题。因为测量技术而产生的误差是一种方法误差,虽然它们可能也被视作操作者误差(operator error)。在后面的部分我们会进一步讨论操作者误差。

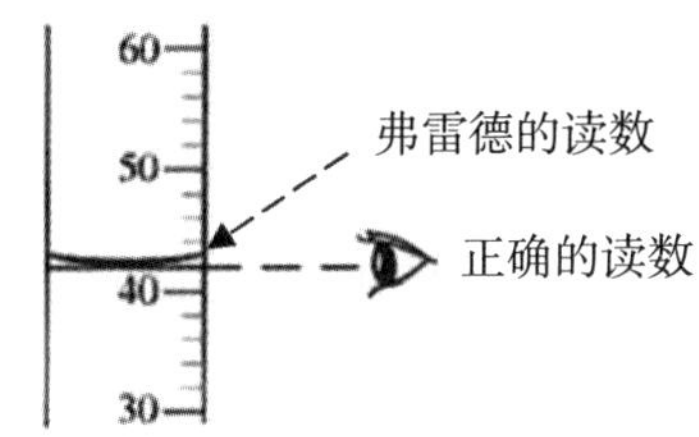

图 5.5 弗雷德用量筒测量液体体积

3.2 单位的选择

在之前部分,我们讨论了公差和精度极限。与公差和精度极限相似的一个理念是单位的合理选择。我们这么说是什么意思呢?

让我们想象在做实验确定一个中学班级学生的平均身高。如果我们用米为单位测量每个人的身高,将每个人的身高进位到最近的整数米数,我们会得到一个非常高的平均身高!

但是,要是我们把每个人的身高进位到最近的整数毫米会怎么样?因为人的身高会在一天内有微小的变动,我们的方法论得具体规定在一天的什么时间做测量。

在测量一个值时,研究者应该选择对测量值最合适的单位(包括长度、重量、体积、时间等)。一开始我们觉得更精确的单位会更好,实际上粗糙的单位有助于避免在测量时产生微小差异(假如它们对研究者试图回答的问题来说并不重要)。

然而，一个单位如果太粗略，可能也无法体现测量值之间的差异，会影响最后结果。

选择合适单位的好办法，是把这个单位和整体的测量值进行比较。如果一个成年人重 150 磅，1 磅不到总体重的 1%。1 磅可能是饭前和饭后测体重的差别，去掉将近 1 磅不会有大变化。然而，如果一个婴儿只有 10 磅重，1 磅就是总体重的 10%，用可能有 10% 进位或舍去误差的测量方法去测量婴儿的体重就不够精确。

3.3 随机试验与分组

实验室技术和方法不仅明确了怎么测量，还明确了什么时候测量、测量什么或者测试对象。科学家在许多领域采用随机试验（randomized trials）（与随机误差是两回事）的方法，确保环境因素等外在影响不会导致测量不准确。

比方说，一个医学研究者在测试一种新药，看看它是否会产生不必要的副作用。最好的做法是让一些测试对象服用新药（处理条件），一些测试对象服用安慰剂（对照条件），这样就可以对比两种条件下的反应。这个实验室做试验的具体方法是让测试对象进实验室，服用药品或安慰剂，然后坐下，记录两小时内他们身体的反应。研究者可以在第一天内进行所有的药物试验，在第二天进行所有的安慰剂对照试验，但是如果第一天天气很热而第二天凉爽舒适会怎么样？服药的研究对象会反馈说他们觉得热。

为了避免环境变化造成的不准确，做药物测试和研究的科学家，会随机安排每个测试对象所处的条件。因此，当测试对象进入实验室，研究者可能会抛硬币，根据正反面决定给哪种药。

在有些研究中，科学家使用更复杂的方法确保外部因素不会造成不必要的错误结果。一种方法叫做分组（blocking）——根据某些特征把研究对象分组，例如年龄或性别（这些小组叫做“组块”），然后构建表格确定每种不同特征组合的对象都能得到所有不同种类的治疗。

表 5.3 的表格叫做拉丁方阵（latin square），用来安排一次在 8—25 岁、26—

45 岁、46—65 岁和 45—60 公斤、61—75 公斤、76—90 公斤的男性患者群体中进行的 A、B、C 三种药物的测试。

表 5.3 "拉丁方格"的示例

	8—25 岁	26—45 岁	46—65 岁
45—60 公斤	A 星期二上午 9 点:_____ 星期二下午 1 点:_____ 星期三上午 9 点:_____ 星期三下午 1 点:_____	B 星期二上午 9 点半:_____ 星期二下午 1 点半:_____ 星期三上午 9 点半:_____ 星期三下午 1 点半:_____	C 星期二上午 10 点:_____ 星期二下午 2 点:_____ 星期三上午 10 点:_____ 星期三下午 2 点:_____
61—75 公斤	B 星期二上午 9 点:_____ 星期二下午 1 点:_____ 星期三上午 9 点:_____ 星期三下午 1 点:_____	C 星期二上午 9 点半:_____ 星期二下午 1 点半:_____ 星期三上午 9 点半:_____ 星期三下午 1 点半:_____	A 星期二上午 10 点:_____ 星期二下午 2 点:_____ 星期三上午 10 点:_____ 星期三下午 2 点:_____
76—90 公斤	C 星期二上午 9 点:_____ 星期二下午 1 点:_____ 星期三上午 9 点:_____ 星期三下午 1 点:_____	A 星期二上午 9 点半:_____ 星期二下午 1 点半:_____ 星期三上午 9 点半:_____ 星期三下午 1 点半:_____	B 星期二上午 10 点:_____ 星期二下午 2 点:_____ 星期三上午 10 点:_____ 星期三下午 2 点:_____

在这个实验中，每个方格代表四次服药的预约，安排在星期二或星期三的上午或下午。实验室一次测试 3 个病人。当研究对象签字参加实验时，根据他们的年龄和体重范围分配测试时间。研究者会在每个年龄段和体重段预约四个研究对象，并分配给他们四个不同时间段中的一个。研究者还认为时间上的小变化（上午 9—10 点和下午 1—2 点的一个小时）不会影响测试对象的反应。

3.4 抽样误差

科学家通过测量收集数据，并使用那些数据回答关于世界的问题。但是，科学家几乎不会测遍世界上事物的所有属性或值来得到数据。取而代之的是他们测量事物样本的属性或值。

然而，当科学家选择测量哪些样本时，可能会带入一种特定的系统误差叫做抽样误差（sampling error）。

抽样误差究竟是什么？在科学研究中，不管是测试病人对药物的反应，还是测量燃烧一桶煤所产生的热量，或者尝尝一锅汤的含盐量，总是不可能测量研究对象的所有个体。因此，科学家研究事物的样本（如一锅汤里的一勺），并进行测量。但是，为了避免测量值的误差，那些样本需要具有代表性（representative）。换言之，样本跟事物整体要足够相似，测试结果才能具有普遍性（generalizable）。如果结果具有普遍性，通过研究样本发现的研究问题的答案也将适用于样本来源的事物整体（人群、煤矿或汤锅）。

科学家采用许多办法来确保他们的样本有代表性，不同的领域偏爱不同的方法。样品源同质化（homogeneous sources）和随机抽样是其中两种方法。

3.4.1 样品源同质化

正如在烹调中那样，在做化学实验时科学家有时通过确保总体均匀混合，使得从中取出的样本具有代表性。如果品尝汤，你会想确保汤搅拌均匀。在科学研究中，确保样品源同质化的方式可能包括研磨固体制浆，或等待混合物的成分都达到同样的温度。如果混合物被均匀混合了，从总体（较大的量）中取出的样本会包含总体的所有成分，成分比例也与总体相同。当总体的量较小使得能够被均匀混合时，同质化的效果最好。同质化通常被应用于测试一种混合物质，而不是一系列单体物质。

3.4.2 随机抽样

在许多实验中，特别是那些涉及测试数量庞大的总体或材料（所有国民、森林里所有的树木、某汤料厂一天的产量等）的实验，科学家有时采用随机抽样（与随机误差是两回事）以确保样本具有代表性。如果总体是由个体成员（一个公民，一棵树或一罐汤）组成的，总体中的任何个体成员都有同等机会被选中进行测试，样本就被视为具有随机性。

在使用随机抽样时，测试样本的数量被称作“样本容量”（sample size）。样本容量太小，可能就有不具备总体代表性。抽样数量占总体的百分比，取决于总体和被测对象的特征。

有时，科学家同时使用随机抽样和样品源同质化的方法。例如，为了测试特定某一天汤料厂所生产的汤罐头的含盐量，科学家们可能从那天生产的罐头中随机选择样本，把每个样本一一倒入搅拌机，然后从搅拌后的汤中舀取一勺进行测试。

质数（prime number）是不能进行因数分解的自然数。换言之，它只能被它本身和 1 整除。

下面的笑话由麻省理工学院和哈佛的数学专业的学生叙述：两个新学生的作业是找出 100 以内的所有质数。第一个学生说：“2 是质数，3 是质数……所有 100 以内的数，除了 1，都是质数。”第二个学生嘲笑他。那么小的样本不可能是准确的。“明显，2 是质数，3 是质数，5 是质数，7 是质数……所有 100 以内的奇数，除了 1，都是质数。”

上面笑话中的学生没能成功选出数字的随机样本来测试。然而在这个例子中，他们犯了个更严重的研究错误：他们过早停止了他们的取样过程。过早停止取样不但会导致样本不具备代表性，而且还有歪曲结果的可能。

例如，想象一下如果环境科学家想测试森林里的树木，了解它们中患某种病的有多少。在开始实验前，科学家确定从森林里大约 10 万棵树中，抽取 5000 棵样本就足够满足代表性了。但是，在测试了 500 棵树后，科学家没有发现患这种病的树。科学家应该停止测试吗？不该。当然，科学家可能想终止（测试是昂贵的）。但是 500 棵树的样本可能不足以代表 10 万棵树，即使这些树是随机抽取的。

在医学研究中，过早终止实验的影响可能更严重。医学测试通常涉及测试新药的几个品种，或者测试新药与旧药（或安慰剂）疗效的比较。但是，医学测试中不是所有的研究对象都是同时开始服药的，而且不是所有的药物都随着时间推移有持续的效果。因此，在测试新药时，医学研究者有时会面临困境。如果某种新药在实验中很早就显示很好的结果，最合乎道德的做法是停止实验，并把疗效很好的那种药提供给服用别的品种的药或者安慰剂或者还没有开始服药的研究对象使用。但是，如果科学家们太早终止实验，他们面临的风险是：没有足够大的研究对象样本使之具有代表性，判断药品有效性所测试的时间太短。如果科学家仅因为结果非常积极（即药物看来有效）而早早终止实验，会造成正系统偏差。

3.5 操作者误差

几乎在所有研究领域中，数据收集过程中都有人的参与。然而，因为人不可能像机器一样完美，操作者（即收集数据的研究者、科学家和实验室工作者）都可能引入误差。

假设有一个化学家名叫苏珊。她的情况和弗雷德的很相似，但是更有趣点。苏珊在称量一种粉末状样本的重量，有时她的测量值是正确的，在公差范围内，有时测量值会有一个具体的量的偏差（这是间歇偏移误差）。见表 5.4。

表 5.4 苏珊报告的测量值

测量次数	样本 1	样本 2	样本 3	样本 4	样本 5
第 1 次	7.5 克	7.5 克	9.4 克	7.5 克	7.3 克
第 2 次	7.3 克	9.2 克	9.1 克	7.6 克	7.6 克
第 3 次	7.4 克	9.3 克	9.2 克	7.5 克	7.3 克
平均值	7.4 克	8.7 克	9.2 克	7.6 克	7.4 克

测量过程中可能发生了什么？如果我们观察一下苏珊的实验原始数据，我们可能有所发现（见表 5.5）。

表 5.5　苏珊的实验记录

测量次数	样本 1	测量时间	样本 2	测量时间	样本 3	测量时间	样本 4	测量时间	样本 5	测量时间
第 1 次	7.5g	上午 9：20	7.5g	上午 12：55	9.4g	上午 1：10	7.5g	上午 10：30	7.3g	上午 10：45
第 2 次	7.3g	上午 9：26	9.2g	上午 1：03	9.1g	上午 1：18	7.6g	上午 10：35	7.6g	上午 10：50
第 3 次	7.4g	上午 9：30	9.3g	上午 1：05	9.2g	上午 1：20	7.5g	上午 10：41	7.3g	上午 10：54
平均值	7.4g		8.7g		9.2g		7.6g		7.4g	

意料之外的测量值出现在深夜（或凌晨）。进一步查看苏的记录，我们还发现装她测量粉末样本的烧杯重量正好是 2 克。

操作者疲劳（operator fatigue）可能是误差来源之一。在这个例子中，苏忘了按下皮重按钮（也称零按钮，把新的样本放在秤上称时，它会去掉烧杯的重量）。如果她实际上按了皮重按钮，但是它没起作用，或者不是一直起作用，这就是设备误差（equipment error）。疲劳可能还会使操作者不能发现他们的设备不能正常工作。

操作者误差有许多形式，包括误读或誊写错数字、把数据输错位置（在纸上或计算机上）、计算不准确或者没有遵循确立的实验室步骤（这也是方法论误差）。有些操作者误差可以通过额外培训解决，有些可以通过操作自动化解决。然而，操作者疲劳和由工作环境（如工作区工效）引起的其他问题，可能影响科学结果的准确性。

为了避免操作者误差，有些技术需要被作为实验室方法论的一部分进行培训。例如，在许多化学实验室，称量物质重量的化学家，要把装有物质的大容器放在秤上，把秤上的重量调到零（即按下“皮重”按钮，使天平读数显示为零），然后从大容器中舀出几勺物质放入天平边上的小容器中。当天平上读数为他们想称量的量的相反数时，化学家知道在较小容器中的量是准确的。然后化学家可以再次把秤上的重量归零，并再一次把物质舀到较小的容器中。这有助于避免上述例子中苏的问题，因为如果化学家忘记在测量间隙按皮重按钮，秤上的读数立即会比预期的大，错误会容易被发现。

3.5.1 社会科学和医学中的操作者误差

有些研究领域中可能存在更复杂的操作者误差。例如，在社会科学实验中，经常会让实验对象（人、实验鼠、猴子等）接受不同的刺激，以观察实验对象是否会根据不同刺激做出不同反应。有时也观察那些反应是否跟没有受到刺激的对照组的有所不同（这与上面讨论的医药测试相似）。

例如，在非常简单但是典型的认知心理学实验设计中，一组实验对象会被安排听一段时间某种音乐，第二组会被安排听同样一段时间的另一种音乐。研究的目标是发现不同类型的音乐是否会产生不同的结果，即实验对象是否会有不同的反应或者不同的行为。在一个更复杂的实验设计中，使相同的实验对象在不同的时间听不同类型的音乐，并检查他们的反应：第一种研究设计被称作“被试间（between subjects）设计”，因为不同的实验对象受到观察，因此科学家在不同实验对象间作比较；第二种研究设计被称为“被试内（within subjects）设计”，因为同样的实验对象在不同时间受到观察，因此科学家把实验对象与他们自己比较。

但是，研究者是如何知道实验对象的反应，以及他们如何把那些结果变成数据的呢？社会科学家经常使用人体编码器（human coders）创造有关结果的数据。编码者可能阅读文本，如书面的调查问卷；他们可能听音频，如录制的访谈；或者可能看视频。在此过程中，他们关注言行并写下（或输入计算机，或以某种其他方式记下）研究者感兴趣的答复。

棉冠狨狨案

1995 年，哈佛大学受人尊敬的科学家马克·豪瑟（Marc Hauser）教授发表了惊人的发现：一种名为棉冠狨狨的猴子，能认出镜子中的自己。在那之前，科学家认为只有高等灵长类动物和其他一些发达的物种（包括海豚和大象）才具备这个本领，这是自我意识和感知能力的主要标志。豪瑟教授在接下来的十年发表了有关棉冠獠狨认知的突破性研究，并成为这个领域受人尊敬的研究者。

认知心理学家有许多方法测试认知能力。豪瑟教授的实验室后来进行了一项实验，调查棉冠獠狨能否注意到声音刺激中的变化（即声音的区别）。为了测试这一点，研究者通过电子扬声器播放了两组音乐，每组有三首乐曲。有时第二组的乐曲与第一组的不同，有时又与第一组的相同。如果棉冠獠狨在第二组乐曲与第一组不同时看向扬声器，但是在第二组与第一组乐曲相同时不看向扬声器，这就说明它们注意到了差别。

豪瑟教授实验室里的科学家给棉冠獠狨录制了视频。为了通过视频获得数据，没有参与实验的编码者会静音观看视频回放（这样他们听不到呈现的是哪种实验条件），并观察棉冠獠狨是否看扬声器。然后编码者记录他们的观察，收集的数据（研究对象看／不看）将与两组音乐是否一致构成反相关。

2006年，在豪瑟教授实验室工作的研究生，对于这个实验中收集数据的方式产生疑虑。特别是，豪瑟教授自己也是视频的编码者，并且他的数据和其他编码者的不一致。研究生们提醒了哈佛官方，他们开始了为期多年的调查。2010年，哈佛大学发现豪瑟教授研究行为不端。2012年，美国研究诚信办公室证实了那些发现。

2011年马克·豪瑟辞去了在哈佛的职位，称他的错误是疲劳和过度工作造成的。他有些研究论文也被撤稿。哈佛大学的全体心理学教职员以压倒性的票数投票，禁止他从事进一步的研究。

正如上面指出的，社会科学家和医学科学家经常通过编码收集数据。然而，编码者的工作并不像在尺子或天平称上读数那么简单。编码者常常需要对事件（如看着扬声器）是否发生做出判断。为了避免编码者带来操作者误差，研究者会使用几种不同的技术。

3.5.2 盲法

研究中的盲法（blinding）是指收集数据的人不知道实验对象被置于哪种条件下。例如，编码者可能被要求看段视频，并判断收看广告的人在微笑还是在皱眉。然而，广告本身不出现在视频中：编码者只能看到和广告同步的时钟，这样他们就能注意到微笑或皱眉发生在什么时候。

在医学研究中，测试新药的科学家常常使用对照条件，给一组实验对象（例如人或鼠）服用或注射假药（安慰剂），给另一组服用或注射测试的药物。在实验中使用对照组时，研究者在给药时非常小心，确保他们自己也不知道药物的真假。这样，在跟被置于两种不同条件下（即测试的药物和安慰剂）的实验对象互动时，他们不会偶然或无意识地表现出不同。如果研究者无意识地表现出不同，实验对象可能会有不同的反应。

在以人类为实验对象的研究中，常常使用双盲实验（double-blinding）。双盲的意思是实验者和／或编码者都不知道实验对象被置于哪种条件下，且病人自身也不知道。实验对象常常认为（有意识或无意识地）自己知道实验者想要他们做怎样的反应，然后（有意识或无意识地）让他们如愿以偿，或者（有意识或无意识地）不让他们如愿以偿。双盲将防止实验者区别对待不同条件下的实验对象，还将防止实验对象想象或虚构反应（这些想象的对疗效的偏向性回答叫做需求特性 demand characteristics）。

3.5.3 多重编码者

社会科学中的研究者避免操作者误差的另一个方法是使用多重编码者（multiple coders）。也就是说，不是由一个人观看视频、听取录音或阅读调查问卷，而是多个人各自进行。会将那些编码者收集的数据进行比较，评价编码者获得的结果间的相关性是高还是低。低相关性通常表明系统中存在偏差，它常常（不总是）存在于一个具体的编码者的感知和评价中。

如果许多不同的编码者从同一个来源收集到的数据非常相似，实验被视作有良好的编码者信度（intercoder reliability.）。

3.5.4 独立编码者

虽然编码者常常是与实验所在的实验室有联系的研究生，最好的做法应该是使用不参与实验其他具体环节的编码者。研究者不应该给自己的实验编码。因为研究者总是对实验结果有偏好，他们的编码易受确认性偏差（confirmation bias）的影响。确认性偏差就是说大家常常看到（听到或读到）他们已经相信或者他们想看到的东西。确认偏差会导致严重的系统误差。

4 准确度和精确度

正如我们在上面看到的，科学测量的过程总是具有一定的不确定性。科学家运用不同的技术来避免不确定性，并确保测量值的不确定性不会阻碍他们回答科学问题。不确定性由两者构成：准确度（accuracy）和精确度（precision）。在前面部分，我们已经用到了准确和精确两个词，但不是像科学家那样严格地使用它们。但是，在科学研究中，“准确”和“精确”有它们具体的意义。

精确度指的是同样条件下测量值的相似度。具体而言，在科学研究中，精确度是指在同样环境中，由同一个操作者（理想的）使用同样的设备，在最短时间跨度内对相同的量（来源于同种材料的同质化样本）测量出的值。在这种情况下，如果测量值是精确的，它们会有同样或相似的值，这称为可重复的。可重复的测量更容易发现趋势，并在一个特定实验或研究中评估变化和影响。仪器和测量方法可能是只精确但不准确的（它们可能有系统误差）。

准确度指的是测量值与众所周知或公认的值的接近程度，或者测量值与以某种其他方式测量出的参考值的接近程度。仪器和测量方法可能是只准确但不精确的（它们可能有随机误差，下面会讨论）。

由不同的操作者，在不同的环境（可能是不同的实验室）中使用不同的设备，测量某种同质化材料的随机样品，如果得出的值很相似，它被视作可再现的。可再现的测量值，使科学家们更容易知道他们的研究发现是否适用于该领域的整个研究体系（即全部）。

在本章先前讨论的精度极限内，用于收集数据的测量值应该既准确又精确。干扰数据收集和数据评估的准确度或精确度的事物，是造成科学研究问题的效度的影响因素（threats to validity）之一。

国际标准化组织（International Organization for standardization，ISO），一个全球性的国家标准组织团体，对准确的定义稍有不同。根据 ISO 的说法，“准确度”有两部分，叫做真实性（trueness）和精确度（precision）。精确度的定义我们已经在上面讨论过：当你使用同样的仪器，在同样的环境下等条件地重复测量一个值，精确度指的是测量值之间的相似度。根据国际标准化组织的文件，真实性是：

“大量测试结果的算术平均值和真实值 / 公认参考值之间的一致程度。”

这与上面我们对准确性的定义相似。

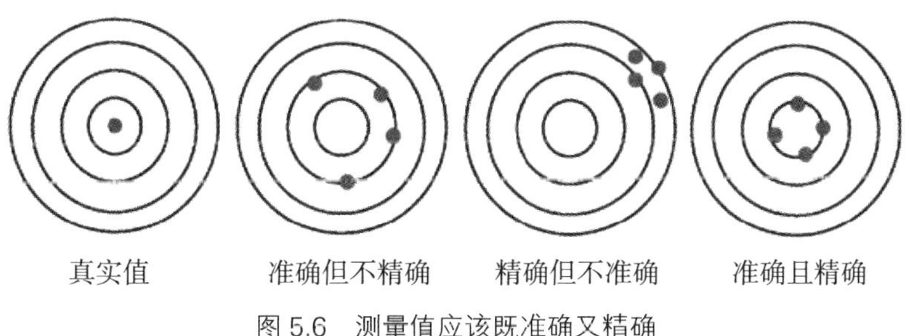

图 5.6　测量值应该既准确又精确

5 随机误差

在本章开头，我们讨论了系统误差，并考察了系统误差的成因以及如何避免。有些系统误差的产生也会导致随机误差。既然我们理解了准确度、精确度和真实性，我们可以更加全面地讨论随机误差，并了解科学家处理随机误差的一些方法。

5.1 什么是随机误差

像系统误差一样，随机误差是在测量中可能来自于仪器校准偏差、实验室技术和方法、测量环境、操作者问题和抽样问题的误差。与系统误差不同的是，随机误差可能来自于影响测量过程的单一事件——比如，测量时一辆卡车驶过实验室，晃动了电子秤，或者实验室技术员在输入测量值时打了喷嚏，按错了键（除非卡车和打喷嚏的技术员是特定实验室的普遍和重复的事件，总是向同一方向造成误差，这样的话这些可能是系统误差）。

因为随机误差不重复，它们很难被发现和避免。但是随机误差并不向一个方向偏移，且被测量的量可能不只存在一个随机误差，因此它们有时能互相抵消。

5.2 重复测量

因为随机误差有时可能互相抵消，即使收集的数据有随机误差，科学家还是可以通过重复测量同一个值来发现正确的测量值。

例如，木匠丽莎试图锯 8 个单位长的木头，但是她在测量时有时少了一个单位，有时多了一个单位，有时准确。因为没办法预测丽莎用哪种方法测量，并且她测量得太长和太短的次数相同，这也许会被视作随机误差。

随机误差影响测量的准确，但是因为它们不是向一个方向偏差，也不是一直重复，可能生成围绕真实值的测量值集合。因此，即使有随机误差，你总是可以通过多次测量取平均值，得到准确的测量值，或者接近准确的测量值。研究者实际上预料到随机误差的发生，在设计他们的研究和分析时就已经考虑了这些误差。

让我们回到丽莎的例子。如果她打算锯 8 个单位长的木头（通过参考正确或真实的标准测量），她测量一次木头长度，可能得到的一个测量值是 7、8 或 9。但是，她要是每段木头测三遍，把结果平均一下呢？她所有可能的结果是什么呢？我们可以画张表回答（表 5.6）。

表 5.6　测量结果可能性一览表

第一次	第二次	第三次	平均值
7	7	7	7
7	7	8	7 ⅓
7	7	9	7⅔
7	8	7	7⅓
7	8	8	7⅔
7	8	9	8
7	9	7	7⅔
7	9	8	8
7	9	9	8⅓
8	7	7	7⅓
8	7	8	7⅔
8	7	9	8
8	8	7	7⅔
8	8	8	8
8	8	9	7⅔

（续表）

第一次	第二次	第三次	平均值
8	9	7	8
8	9	8	8⅓
8	9	9	8⅔
9	7	7	7⅔
9	7	8	8
9	7	9	8⅓
9	8	7	8
9	8	8	8⅓
9	8	9	8⅔
9	9	7	8⅓
9	9	8	8⅔
9	9	9	9

如果丽莎只进行了 27 组测量（即表 5.6 的行数），每组获得三个测量值，她几乎不可能得到每种测量值的组合，即每种结果仅出现一次的情况。但是，随着她做越来越多组的测量，每种可能的测量值组合，即每种结果，多次出现的可能性就越大。

如果每次测量长度，得到 7、8 或 9 的可能性是相同的（1/3 的可能性是 7，1/3 的可能性是 8，1/3 的可能性是 9），我们可以通过根据它们的值，把结果放在一起做成图表：

- 只有一种方式使结果的平均值为 7；
- 有三种方式使结果的平均值为 7⅓；
- 有六种方式使结果的平均值为 7⅔；
- 有八种方式使结果的平均值为 8；

- 有六种方式使结果的平均值为 $8\frac{1}{3}$；
- 有三种方式使结果的平均值为 $8\frac{2}{3}$；
- 只有一种方式使结果的平均值为 9。

即使通过只测量三次取平均值，丽莎现在得到 8 个单位的准确测量结果的可能性更大，而不是得到不准确的 7 或 9 个单位。此外，再看那些包含分数的测量值——即使测量错误，还是更接近于 8（正确的测量），而非 7 或 9（不正确的测量）。通过多次测量，随机误差的影响可以最小化。

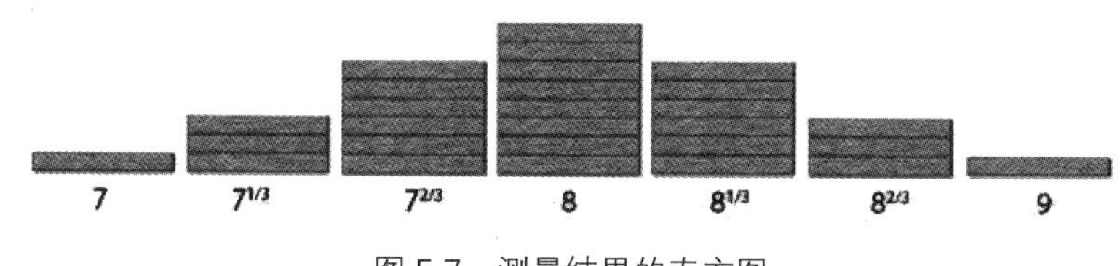

图 5.7　测量结果的直方图

让我们进一步考虑这个测量问题。要是不采用每个长度测三次并取平均值的方法，丽莎把每个长度测十次并取平均值会怎么样？上面的表格宽度（即考虑不同可能的组合数量）将是 3^{10}，即 59，049。如果测量误差真的是随机的，也就是说，是 7 或 9 的结果的可能性与 8 一样大，图 5.7 中的中间部分的直方图会比之前高出更多，但是还是围绕着 8。在 10 次测量后取平均值时，8 还是最普遍的结果。然而，图表的两端，当 10 次测量平均值为 7 或 9 时，还是只有一种可能的组合。因为 10 次测量要得到平均值 7 或 9，所有的测量值都必须是 7 或 9。这种可能性是 $(1/3)^{10}$，即 1/59049。对某个值的进行多次测量能得到更准确的结果。

但是，让我们更进一步探索问题的准确性。要是丽莎测量 8 个单位的结果不只是 7、8 或 9 会怎么样呢？要是她的误差是一个单位或两个单位的大小，测出结果是 6、7、8、9 或 10 会怎么样？上面的表或直方图会呈现出什么样子？如果测量值的范围是 6—10，而非 7—9，上面的表会有 125 列，即会有 125 种三个测量值不同的潜在组合。如果每个测量值仍有同样的可能性（现在变成 1/5），图表也会宽得多，直方图的极值变成 6 和 10，但是 8 还是图表中最高的部分，也是图表的中心。

随机误差可能导致测量值与被测量物体的实际值之间，存在或大或小的偏差。然而，如果真的包含随机误差，我们还是有可能通过重复测量得到一个真实（即正确）的值。

在下一章中我们将进一步讨论数据分析。

建模

1 引言

在前面一章，我们学习了怎样通过测量来收集数据，以及怎样创建数据集。在回答问题时，我们需要将数据集以能够被科学家们看懂并且使用的方式呈现出来。

在本章，我们将探索如何使用图片、图表和等式来呈现数据。数据通过这些不同的形式呈现，能够帮助我们理解数据所表达的事物的规律。如果我们理解了事物的规律，我们就能回答相关问题，同时运用规律帮助我们预测尚未测量的数据和事物状态。

2 地理制图

表现数据最常用的方式是使用地理示意图。譬如，一所学校想知道两层教学楼中哪段楼梯使用最频繁，以便在假期安排对这段楼梯进行刷漆。学校可以向所有学生发放调查问卷，了解他们最经常使用的楼梯；或者校方可以派人站在不同的楼梯口，对经过的学生人数计数。当然，校方也可以假定学生会使用离他们教室门最近的楼梯。

图 6.1 是学校二楼的空间示意图，标注了每间教室的学生人数和楼梯位置。

根据示意图，我们能制作一张各个班级使用各段楼梯的表格，然后计算出使用各段楼梯的学生总数。

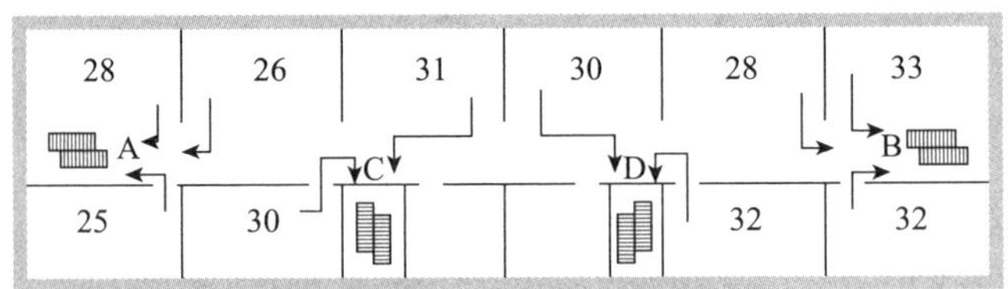

图 6.1　学校二楼的空间示意图

表 6.1　楼梯使用情况一览表

楼梯	各班级使用特定楼梯的学生数	使用特定楼梯的学生总数
A	28，26，25	71
B	28，33，32	93
C	30，31	61
D	30，32	62

根据表 6.1 中的数字，我们可以计算出 B 楼梯是使用最频繁的，假期里应该给这段楼梯刷漆。然而，不是所有的数据集都像我们的表格一样容易理解。对于更复杂的数据集，为了方便理解，我们可以使用柱状图来呈现。在柱状图里，每根柱子的高度对应被研究的变量值出现在数据集中的次数。

图 6.2 显示楼梯研究的柱状图。我们研究的变量是“楼梯”，楼梯的使用值是“A”“B”“C”或“D”。

通过柱子的高度，我们马上能看出“B”是使用率最高的楼梯（在数据集中，“B”出现了 93 次）。通过画柱状图来表现变量时，图中最高的柱子对应变量最常出现的值。在数据集中出现次数最多的数值被称作这组数据集的众数（mode）。变量“楼梯”的众数是B。

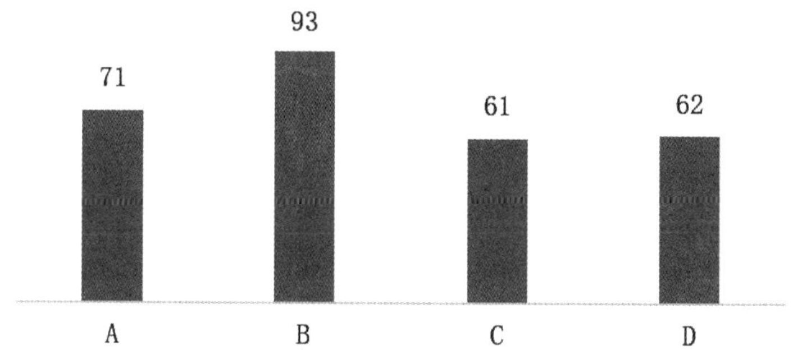

图6.2　柱状图：反应楼梯的使用情况

还有许多方式可以表示数据集中变量的值，比如使用饼图。在饼图中，每块饼的大小代表各变量的值在数据集中出现的次数。

饼图还能使我们很容易看到变量“楼梯”的哪个值最常出现（图6.3）。但是，使用饼图并不能表述数值上的精确差别（在柱状图中，可以通过比较柱子高度体现数值差异）。饼图清晰地呈现了数据的分类，只是这种分类尚未被量化或排序。仍然以楼梯使用情况为例，我们可以按教学楼顺时针环绕方向把楼梯命名成A、B、C和D。同样，我们也可以把楼梯命名成C、B、D、A或者D、B、A、C或者弗雷德、办、戴维和赫尔迈厄尼，我们最后仍然能够得出正确的结果。

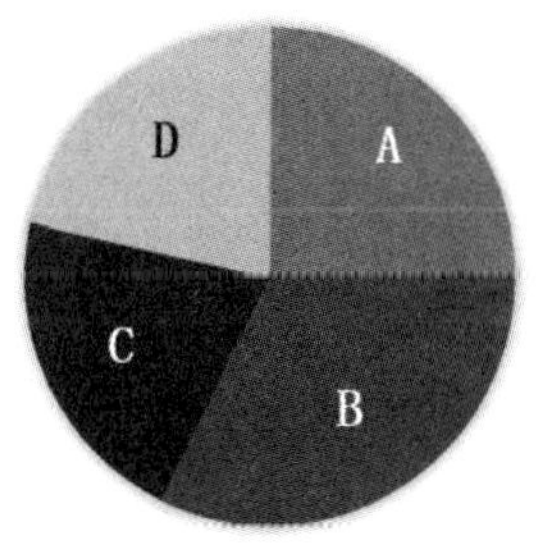

图6.3　饼图：反应楼梯的使用情况

3 函数

当我们在绘制柱状图或饼图时，又或者我们在绘制科学测量图（我们将在下面说明）或者直方图时（我们将在本章后面讨论），我们绘制的都是数学函数图。

什么是函数？函数（functions，常常略写成“f”）是两个或多个变量间的关系。在科学研究中，这些变量通常是实验中的自变量和因变量。这些变量（常常称作“x”和“y”）间的关系被描述成“y 是 x 的一个函数”或者更常见一点，“y 等于 x 的函数”，记作：$y=f(x)$。

变量 x 和 y 究竟是什么关系？可能代表不同的含义。例如，$f(x)$ 可能是 x^2，这就给了我们 $y=x^2$ 的图像，或者 $f(x)$ 可能是 $x+15$，这就给了我们 $y=x+15$ 的图像。不管 x 和 y 关系怎样，当我们以数学方式表达科学数据时，我们都常常需要绘制它们的函数图。

在上一节，我们讨论了楼梯使用问题的基本解决方案，同时也包括了一个有趣的假设：每个学生会且仅会使用一部楼梯（你能想出一些不同的可能性吗？），这个假定有时并不准确，但是它是数学学科的一个基本模块，叫做“集合论”（set theory），是研究函数最重要的理论。

在一个等式中，如果对于每个 x 值，有且仅有一个 y 值与之对应，那么这个等式是一个一般函数。

注意，这并不是说反之亦然：有许多函数，包括上述楼梯例子中的“楼梯使用率”的函数，相同的 y 值（“楼梯使用”）可能由许多不同的 x 值（“学生”）引起。

函数种类

有许多不同的表述来描述函数 $f(x)=y$，其中常见的有：

• 一般函数（general function）：对于每个 x，有且仅有一个 y 与之对应。一般函数不能一对多（即一个 x 值不能对应超过一个的 y 值），但可以多对一（即超过一个 x 值可以对应相同的 y 值）。

如果“x”是“学生”而 y 是“班级”，每个学生有一个班级，同一个班级可以有超过一个学生，但是一个学生只能属于一个班级。

• 单射函数（injective function）：对于每个 x，有且仅有一个 y 与之对应，并且对于每个 y，最多只有一个 x 与之对应，并且还可能没有 x 与之对应。单射函数不能一对多，也不能多对一。单射函数也被叫做“一对一函数”。

如果“x”是“学生”而“y”是“锁柜”。每个学生有一个锁柜，一个学生可以使用一个锁柜，但是不一定每个锁柜都会被学生使用。

• 满射函数（surjective Function）：对于每个 x，有且仅有一个 y 与之对应，并且对于每个 y，至少有一个 x 与之对应（所有的 y 都有与之相对应的 x 存在）。满射函数不能一对多，但是可以多对一。

如果“x”是“学生”而“y”是“自行车”，每个学生都有一辆自行车，有时学生可以借或共用自行车去上学，但是没有自行车会自己骑到学校。

• 双射函数（bijective Function）：双射函数既是单射的，又是满射的。对于每个 x，有且仅有一个 y 与之对应。对于每个 y，有且仅有一个 x 与之对应。

如果“x”是“学生”而“y”是“学号”，每个学生有一个学号，没有学生分享一个学号，每个学号必须对应一个特定学生。

在下一部分，我们将讨论许多不同种类的函数，及如何使用它们表示数据和数据集。通过对 x，y 以及函数 $f(x)$ 中要素的定义，我们能创建科学数据的可视模型和数学模型。这些模型将帮助我们回答科学问题，比如哪种药更安全有效，或者空气污染怎样影响城市里树木的生长，或者学校放假期间最好给哪段楼梯刷漆。

4 绘制线性函数图

4.1 线性图像

让我们设计一个科学研究来回答“水管漏了多少水”这个问题。

首先，渗漏通常用“流量”来衡量，“量”包含了时间的概念，我们得确定怎么测量时间（如果水一下子漏完了，我们可以很快测量出渗漏的数值，这适用于水球，但是不适宜水管）。我们该选择什么时间单位？如果渗漏速度很快，或者需要很精确地测量，我们可能每隔十分钟要测量一次，甚至每分钟或每秒测量一次。如果渗漏缓慢，我们可能只需每天测量一次。在这个例子中，我们打算每小时测量一次。“小时”是我们的第一个变量。

其次，我们得确定测量渗漏的单位。因为水量通常以体积衡量，我们可以选择用升或毫升，甚至立方米或夸脱作为单位。在这个例子中，因为它的渗漏量适中，我们选用升。我们可以把渗漏的水收集在刻度桶中进行测量（为了方便，我们将在这个实验中使用 5 升的刻度桶）。“刻度桶中有多少升水”是我们的第二个变量。我们先准备一个空的桶，因此我们的 y（或升）的初始条件是 0。因为桶的最大容量是 5 升，所以 y（或升）的数值范围是 0—5。

正如我们上面确定的，我们检查随着时间推移，桶里水的体积变化。因为时间的增加不依赖于实验的任何其他变量（时间流逝不受人为干预），在这个研究中，时间是自变量。我们实验的假设是水的体积值（即我们在桶中测到多少升水）将取决于时间值，在测试假设的过程中，体积是我们的因变量。

因为重复测量可以增加实验的准确性，我们将测量六次，每隔一小时测一次，共计六小时。x 或者时间的范围是 0—6，x 的增量是 1 小时（图 6.4）。

我们在数据集中的测量结果见表 6.2。

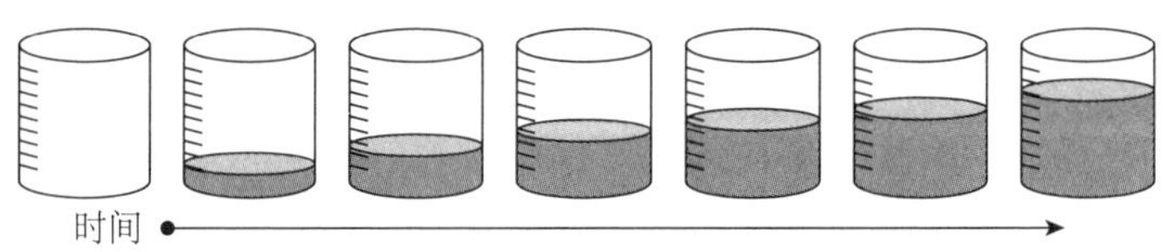

图 6.4　随着时间推移水管渗漏的水量

表 6.2　漏水量统计表

时间（小时）	0	1	2	3	4	5	6
桶里的体积（升）	0	0.5	1	1.5	2	2.5	3

上表的数据告诉了我们时间和体积之间怎样的关系？我们可以使用数据来绘制它们的关系图。在绘制时，我们不用 x 和 y，将用这个实验中的变量“升”和“小时”进行表述。

科学家通常把自变量放在水平轴（所谓的“x 轴”）。因此，“升”与时间的关系图就是图 6.5。

从“升”与时间的关系图里，我们可以看到显示的是一条直线，这条直线表明两个变量间的关系是线性的（linear）。如果因变量和自变量的关系是线性的，我们能很容易用直线方程来计算出两个变量间的关系，在这里是时间和体积。

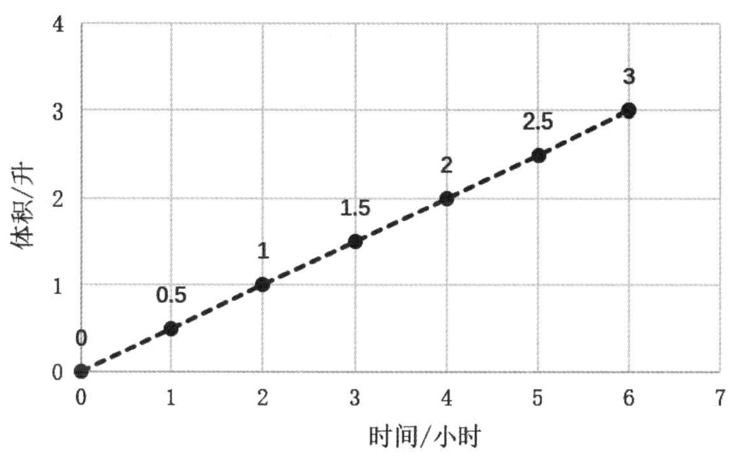

图 6.5　渗漏水管实验中的数据图

我们根据几何知识知道直线方程是 $y=ax+b$，a 是这条线的斜率（即这条线每向右一个单位，其所上升的单位数），b 是截距（即斜线与 y 轴的交点）。在这个实验中，我们用小时代替 x，用升代替 y，因此我们的关系方程是：

$$升=a\times 小时+b$$

b 是什么？看这张图，我们发现这根斜线在 0 处穿过 y 轴。这说明，我们是以空桶作为开始的。因此，b 就是 0，我们的方程变成：

$$升=a\times 小时$$

a 是什么？正如我们上面所述，a 是这根线的斜率。通过观察这根线，我们能测量斜率——时间每向右一小时，升增加了 ½。

升 =½× 小时

等式两边同除以小时，我们得到升 / 每小时：

升 / 小时 =½

所以，渗漏率是每小时 0.5 升。

4.2 反比图像

在上述实验中，随着时间推移，桶中水的体积在增加。要是我们不测量桶中水的体积，而是测量桶中剩下的容积会怎么样？

表 6.3　桶中剩下的空间

时间(小时)	0	1	2	3	4	5	6
剩余空间(升)	5	4.5	4	3.5	3	2.5	2

我们的测量如表 6.3 中的数据。

“桶里剩余体积”（升）与时间（小时）的关系图如图 6.6。

图像呈现直线形状，因此还是被称作线性的。但是，图像是向下倾斜的（即随着时间推移，桶里剩余的容积在减少），时间和体积（用升表示桶里剩余的空间）的关系叫做成反比（inversely proportional）关系。

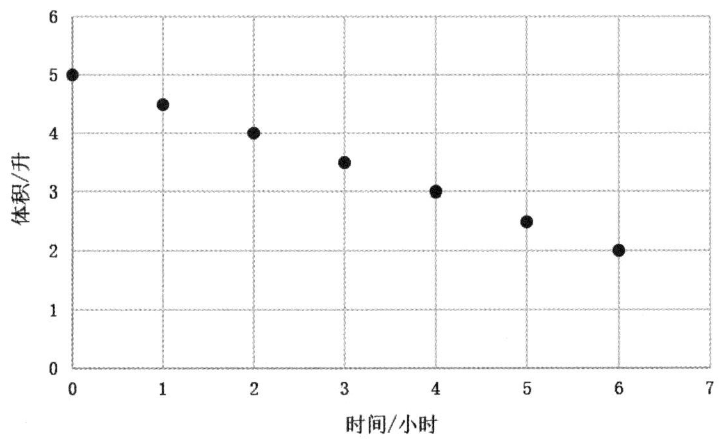

图 6.6　桶里剩余容积随时间变化图

在我们原先的数据集中，x 和 y 表示“时间”和“体积”（用升表示桶中的水），这根线是倾斜向上的。因为在实验中没有常数项（因为我们以空桶开始实验），第一个实验中时间和体积的关系叫做正比例（directly proportional）关系。

4.3 预测和插值法

在上面的研究中，桶里水的体积变化是以小时为间隔测得的。如果我们想知道在时间间隔区间中桶里水的体积，或者在我们停止测量后某个时间的水的体积怎么办？如果我们确信渗漏的流量是稳定的，我们就能使用我们发现的直线方程计算出答案。

在 3.5 小时后，桶中水的体积是多少？我们能用方程来回答它：我们把 3.5 小时作为时间的自变量值代入方程（即“小时”），并将我们已经确定的斜率（0.5）和截距（0）代入方程。

$$\text{升}=0.5\times 3.5+0=1.75$$

事实上，有一个更简便的方法：我们可以观察我们所画的图（见图 6.7），当时间值为 3.5 时，升的值是什么？

升的值还是 1.75。

当时间是 7 小时呢？我们把“7”代入方程：

$$\text{升}=0.5\times 7+0=3.5$$

桶里将有 3.5 升水。

在 11 个小时的时候呢？

$$\text{升}=0.5\times 11+0=5.5$$

根据方程，桶里会有 5.5 升水。

这是正确答案吗？不！参照我们的初始条件和范围，桶的体积是 5 升。5.5 升是 11 个小时漏出水管的水量，但是问题要求回答的是“桶中水的体积”。

在把数据集绘制成直线时，常会认为将来所有的值都可以从直线图像上推算出来，但现实情况并非如此。

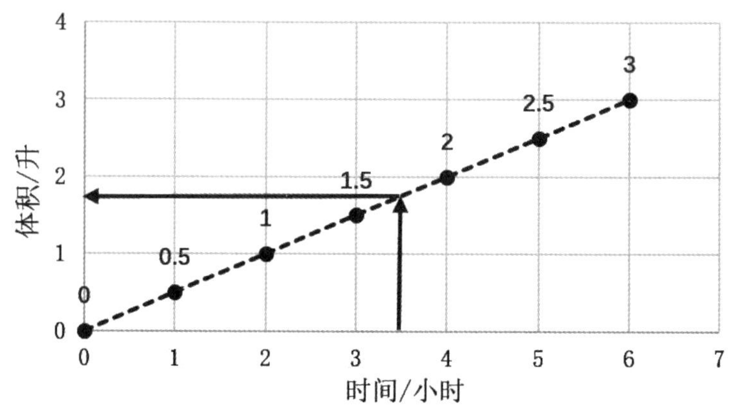

图 6.7　利用插值法绘制的图像

1986 年 1 月 28 日，美国发射了“挑战者号”宇宙飞船。它的燃料系统使用的是一种混合的液体推进物，装在捆绑于发射火箭的两个大油箱里。在火箭组件中用了几个柔性橡胶 O 形圈，以保证燃料箱密封完好。O 形圈的柔性已经经过不同温度下的测试，发现密封性能良好。

这是“挑战者号”的第九次发射，但是那天的气温比前面任何一次发射时都低许多，超出了 O 形圈的测试范围。因为温度低，O 形橡胶圈失去了柔性，没有把燃料密封好。7 名美国宇航员在随后的飞船爆炸和坠毁中丧生。

4.4 移动平均

到目前为止，我们绘制的数据集都很简单，而且结果都是清晰的直线。如果我们每隔 15 分钟（即 1/4 小时），以十分之一升作为我们的精准度，更精确地测量第一个例子中的渗漏，会发生什么？我们可能会得到类似表 6.4 的数据集，数据图见图 6.8。

我们现在收集的数据可能更精确，但是图就变得非常不规则。而且，在小段时间里的小变化可能并不能帮助我们回答问题（譬如渗漏流量有了变化可能是因为有人冲洗了坐便器，水管中的压力下降了），比如我们怎么计算出线条的斜率，更重要的是，怎么去掉小变化的影响？

表 6.4 更精确的水管渗漏数据集

时间（小时）	0:15	0:30	0:45	1:00	1:15	1:30	1:45	2:00	2:15	2:30	2:45	3:00
体积（升）	0.1	0.2	0.3	0.5	0.5	0.6	0.7	1	1.1	1.1	1.5	1.5
时间（小时）	3:15	3:30	3:45	4:00	4:15	4:30	4:45	5:00	5:15	5:30	5:45	6:00
体积（升）	1.6	1.7	1.9	2	2.1	2.4	2.4	2.5	2.6	2.7	2.9	3

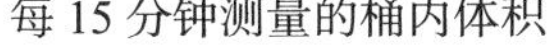

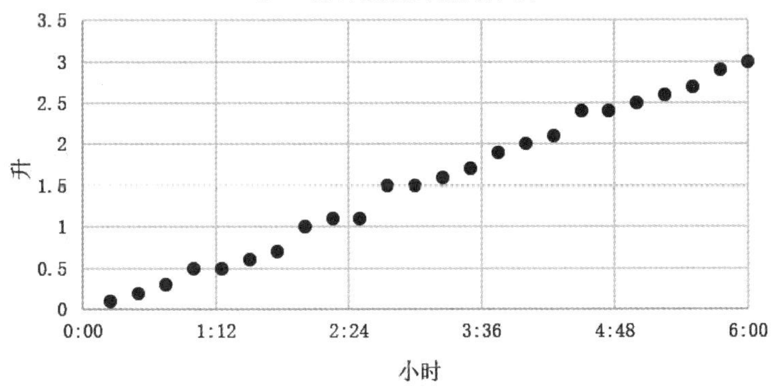

图 6.8 更精确的数据集图像

在前面一章，我们讨论了多次测量同一个值，以使随机误差最小化。这在按时间序列进行的实验中无法做到，但是我们可以做类似的操作。我们绘图时可以用移动平均值（running average）取代各个测量值。

什么是移动平均？顾名思义，当你往下“移动”数据列表，可通过计算邻近数据的平均值作为移动的平均值。因此，对于我们上面的数据集，移动平均值可表示为表 6.5 中所示。

在该例中，我们用邻近的三个体积测量值算平均数，但是如果我们的数据集较大，或者量的变动很大，我们可以用更多的值。同时，为了计算简便，我们将数值精确到小数点后两位。

我们新数据的图像如图 6.9 所示。

虽然连接这些散点构成的线不会非常平滑，但它还是让我们更好地了解了体积变化的趋势，可以用来更准确地算出方程的斜率。

我们可以通过连接图中的数据点画一条线，从而得到斜率的近似值（图 6.10）（我们知道截距是 0，因为实验的初始条件是空桶）。

沿着这些点画出的直线，斜率是 0.5，因此移动平均的方程是 $y=0.5x+0$，这与我们按小时测量得出的直线方程相同。

通过一条直线或曲线来表现数据集的过程称为曲线拟合（curve fitting）。

表 6.5　水管渗漏更高精度数据集

时间（小时）	0:15	0:30	0:45	1:00	1:15	1:30	1:45	2:00	2:15	2:30	2:45	3:00
体积（升）	0.1	0.2	0.3	0.5	0.5	0.6	0.7	1	1.1	1.1	1.5	1.5
移动平均		0.20	0.33	0.43	0.53	0.60	0.77	0.93	1.07	1.23	1.37	1.53
时间（小时）	3:15	3:30	3:45	4:00	4:15	4:30	4:45	5:00	5:15	5:30	5:45	6:00
体积（升）	1.6	1.7	1.9	2	2.1	2.4	2.4	2.5	2.6	2.7	2.9	3
移动平均	1.60	1.73	1.87	2.00	2.17	2.30	2.43	2.50	2.60	2.73	2.87	

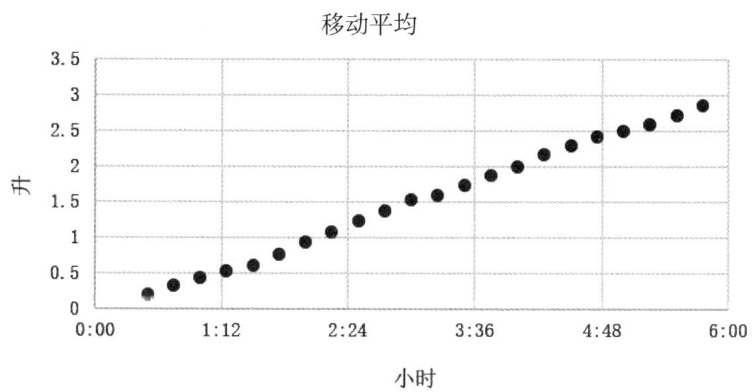

图 6.9　移动平均数据图

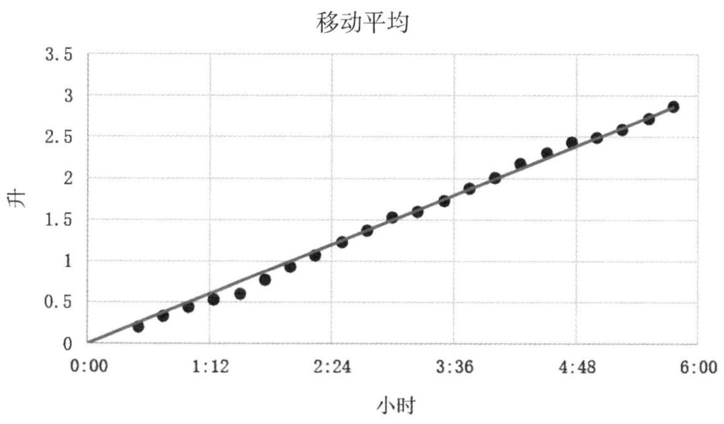

图 6.10　曲线拟合示意图

我们将在后面深入讨论曲线拟合。

4.5 比例与平移

对于上面讨论的两张基于小时变化的渗透研究图，一张图中的因变量是“桶内体积”，另一张是“桶内剩余空间”，两张图中自变量和因变量的关系都可以用直线方程表示，也就是 $y=ax+b$。对于“水桶水量升 / 小时图”，方程是 $y=0.5x+0$，对于“水桶剩余空间 / 小时图”，方程是 $y=(-0.5)x+5$。

如果我们把自变量和因变量的关系用恒等式表示，即方程 $y=x$，关系图也非常简单（见图 6.11）。水管渗漏数据和这个恒等式类似，但是如果你把它们叠在一起，它们并不匹配（见图 6.12）。

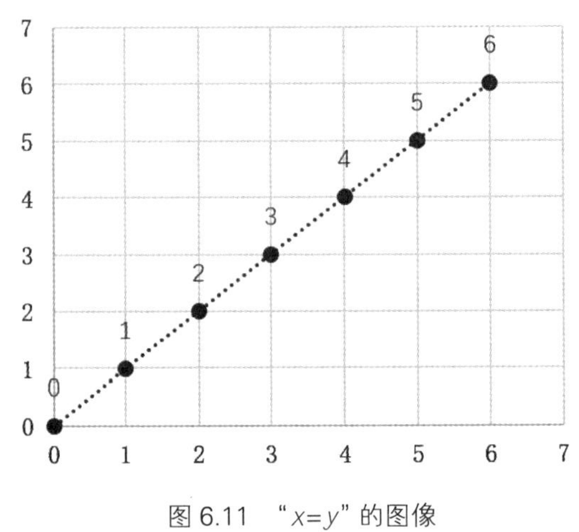

图 6.11 “$x=y$”的图像

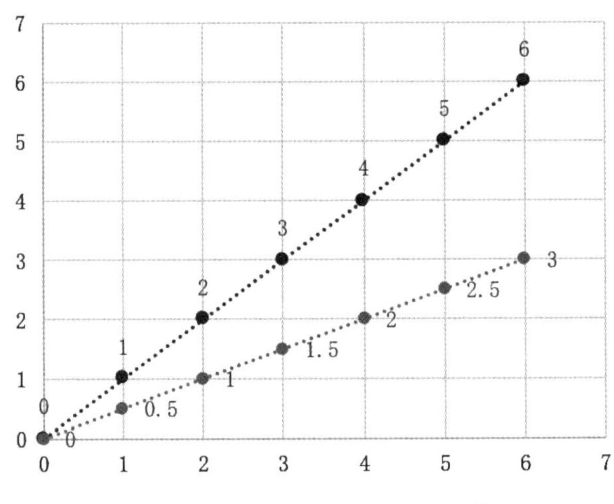

图 6.12 图 6.5 和图 6.11 的比较

它们并不匹配的原因是，在我们水管渗漏数据集中，x 项被乘以了斜率 0.5。常数项（即 y 截距）在流量图和 $x=y$ 图是匹配的，因为两者都是 0，因此两根线都是始于坐标点（0，0）。然而，如果我们想让两根线完全匹配，我们需要改变函数

$x=y$，使其斜率和流量数据图斜率相匹配。同时，如果流量数据图的 y 截距不是 0，我们也需要把截距的数值加到函数 $x=y$ 中。通过这样实现两条线的完全匹配。

给直线方程作图，使其可视化相对容易，因此我们不需要改变渗透流量研究的数据集。然而，有很多科学数据并不容易转化为图像或变得可视化，为了方便用函数表现现实中的变量关系，科学家使用多种技术来调整函数以拟合数据。按比例缩放和平移是两种常见的技术。

4.5.1 平移

为了移动一个函数，你需要在 x 或 y 变量上添加常数。

- 如果你在 x 变量上添加一个正的常数，整个线条会被向左移动。
- 如果你在 x 变量上添加一个负的常数，整个线条会被右移。
- 如果你在 y 变量上添加一个正的常数，整个线条会被上移。在 y 变量上添加一个正的常数相当于在函数 $f(x)$ 中减去一个正的常数。
- 如果你在 y 变量上减去一个正的常数，整个线条会被下移。在 y 变量上添加一个负的常数相当于在函数 $f(x)$ 中添加一个正的常数。

4.5.2 比例缩放

当你缩放函数，需要将 x 或 y 变量乘以一个常数，从而实现将数据图的拉伸或者压缩。

- 如果你用大于 1 的常数乘以 x，图就沿着 x 轴压缩。
- 如果你用小于 1 的常数乘以 x，图就沿着 x 轴拉伸。
- 如果你用大于 1 的常数乘以 y，图就沿着 y 轴压缩。用大于 1 的常数乘以 y 就相当于用函数 $f(x)$ 除以那个常量。
- 如果你用小于 1 的常数乘以 y，图就沿着 y 轴拉伸。用小于 1 的常数乘以 y 也相当于用函数 $f(x)$ 除以那个常量。

我们怎样把 $x=y$ 与水管渗漏数据相对应？我们已经知道，平移值是 0（没有常数项 b，因为我们是以空桶开始实验的）。比例因素是 0.5，是图像的斜率。

5 绘制非线性函数图

不是所有的数据集都会呈现出线性图；但是，缩放和平移几乎可适用于所有的数据集。

5.1 伸缩和平移正弦波

在电子学和生物学中，常常出现一些非常重要的数据集，绘成图像是正弦波（sine waves）的形状。

伸缩（scaling）正弦波会改变它的振幅（amplitude）或频率（frequency）（见图 6.13）。

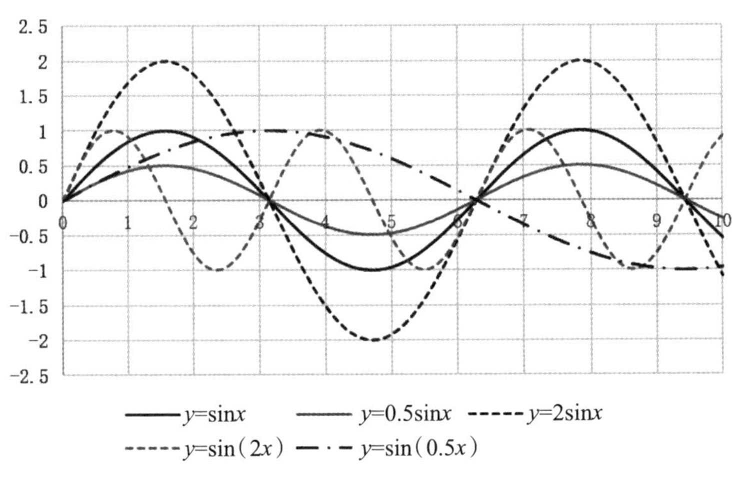

图 6.13 伸缩正弦波改变它的振幅或频率

平移正弦波会改变它的相位（phase）或使它移动到 x 轴上方或下方（见图 6.14）。

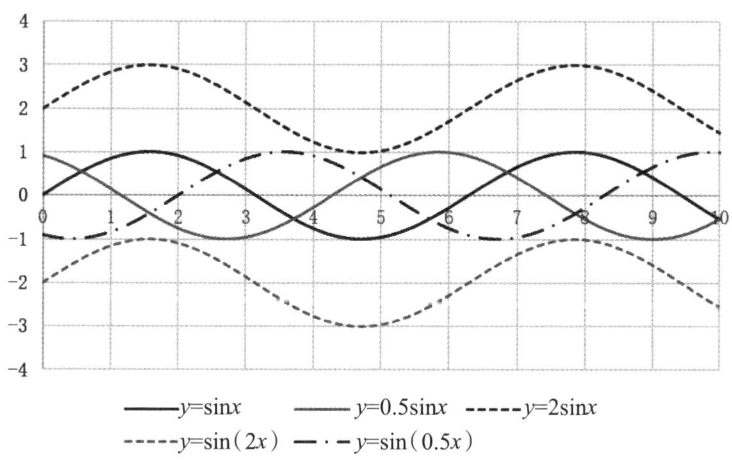

图 6.14　平移正弦波改变它的相位或它的 0 点

缩放可以应用于正弦波或余弦波（cosine wave），这是一条非常重要的数学定理——傅里叶定律（Fourier's Theorem）的基础。定律认为，任何稳定周期性变化的函数，都能被表示成一系列平移和缩放的正弦波和余弦波的总和：

$$s(t)=a_0+a_1\cos\left(\frac{2\pi_1 t}{T}\right)+b_1\sin\left(\frac{2\pi_1 t}{T}\right)+a_2\cos\left(\frac{2\pi_2 t}{T}\right)+b_2\sin\left(\frac{2\pi_2 t}{T}\right)+a_3\cos\left(\frac{2\pi_3 t}{T}\right)+b_3\sin\left(\frac{2\pi_3 t}{T}\right)+\cdots$$

傅里叶出生于 1768 年，逝于 1839 年，他所发现的傅里叶方程定义了 x 和 y 的关系，使信号处理成为可能，进而使计算机网络成为可能。

5.2 发现常数

在上面水管和水桶的研究中，很幸运，我们的函数是条直线。但是，如果我们研究漏水率的对象是一个水箱而非是水管，研究结果会怎么样呢？

容器（例如水管、水箱甚至动脉或静脉）的渗漏率，取决于容器的压力以及漏孔的尺寸和形状。在我们的水管案例中，我们假设水管的漏孔大小和水管的压力都是不变的。

但是在像水箱这样的敞口容器中，容器内的压力取决于测量点的深度：测量点的水位（或任何液体）越深，测量点的压力越大（那就是为何当你游到泳池底部，你的耳朵感觉到有压力）。这种情况会怎样影响流量？

流量和敞口容器水位深度关系的数学公式被称作托里拆利定律（Torricelli's Law），表达式是 $v=\varphi\sqrt{2gh}$。在这里，v 表示流量，φ 是代表三个其他常数（描述液体密度、漏孔尺寸和形状）的常数，g 表示重力，h 表示测量点上方液体的深度（或者高度）。[这个定律是以 17 世纪意大利物理学家和数学家埃万杰利斯塔·托里拆利（Evangelista Torricelli）的名字命名的，他发明了气压计]

托里拆利定律的函数图像是平方根函数的形状，v 是 y 轴，h 是 x 轴。函数图可以根据 g（重力）和 φ 缩放，但是我们不知道 φ 是什么。

通过检查漏孔和测量液体密度算出 φ 是非常困难的，但是因为即使流量会变化，φ 的值并不随深度改变而变化，并不需要检查漏孔或测量液体密度。工程师所要做的就是在某一时刻测量出洞口的流量，同时测出洞口上方的水深。然后，工程师可以把那些数字代入托里拆利定律的方程，算出 φ 的粗略值（当然，如果工程师想更准确，随着水位的下降，可在不同时间点测量几组流量和深度的数值，并把结果取平均值，算出 φ）。一旦工程师算出 φ，就能预测任何深度时的流量。从流量范围（只要水箱里的水不结冰），工程师就能算出在任何时刻漏出的水的体积。

托里拆利定律很难解释，但是容易演示，只需要一个空塑料瓶和一些水。

在这个实验里，我们将用到几个不同高度的漏孔，而不是随着容器里水位下降的一个漏孔。但是，我们还是应该注意随着水位下降，底部漏孔的流量变化。

1. 准备一个空塑料瓶和一些水，以及准备盛放漏水的容器。

2. 在瓶上扎三个小孔，一个在底部，一个在中间附近，还有一个在瓶颈下。尽量使孔的尺寸和形状相同。

3. 让人用手指堵住瓶孔，然后朝瓶里灌满水。

4. 让瓶子保持直立，移开手指，露出瓶孔。

5.3 指数与对数

正如我们看到的，世界上不是所有的事物都呈直线的线性关系。为不同的系统建模，科学家需要使用不同的数据图和表格来呈现不同的函数方程。在本节余下的篇幅，我们将讨论这些非线性的函数方程形式。

科学研究中一个常见的函数叫做指数（exponent）。伦敦的霍乱传染病是由微生物（细菌）引起的。在传染病流行期间，一块婴儿尿布上的微生物夺去了 500 人的生命。这是如何发生的？

霍乱由一种叫做霍乱弧菌的细菌引起。和大多数细菌一样，霍乱弧菌通过自身分裂繁殖。

当一个细菌分裂后，分裂成的两半长到和原来的细菌一样大后继续分裂（一旦分裂成两半后的细菌长成原来细菌的大小，它们成为成年细菌，就可以繁殖了）。第一次分裂和第二次分裂的间隔时间叫做繁殖周期（reproduction cycle）。

不管一开始有多少细菌，如果细菌通过分裂变成两半进行繁殖，每经历一个繁殖周期，细菌数量就会翻倍。细菌样本中的单个细菌，并不是同时进行分裂的，但是如果你在每个繁殖周期数一次细菌，你会发现数量是上次的两倍。不同的菌种繁殖速度不同，所以繁殖周期的实际长度取决于菌种。

为了简化，让我们把繁殖周期作为我们的时间单位，而不是具体的分钟或小时。让我们规定细菌繁殖所需的时间——即它经历完整的繁殖周期所需时间为 t。如果在 t=0 时有一个细菌，在 1t 时，就会有两个细菌。在 2t 时，就会有四个细菌，3t 时，就会有八个细菌，以此类推（见图 6.15 和表 6.6）。

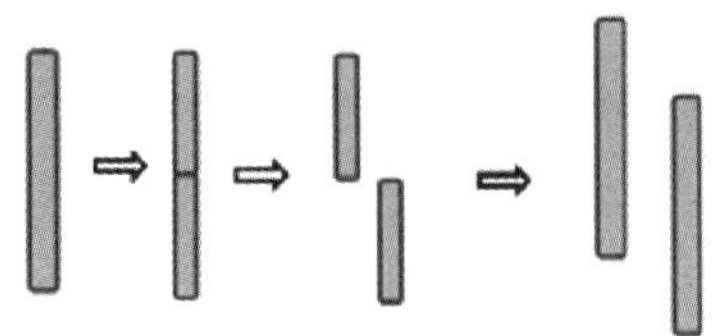

图 6.15 繁殖周期的表示

表 6.6 细菌生长数据

时间（t）	0	1	2	3	4	5	6	7	8	9	10	11
细菌数	1	2	4	8	16	32	64	128	256	512	1024	2048

如果我们要绘制霍乱弧菌数量和时间的图，那张图将向上倾斜，就像流量研究的斜率。然而，与流量研究不同的是，这张图看上去像 $y=2^x$，或者更确切地说，细菌 $=2^{自变量}$。自变量在这个方程中作为指数出现（见图 6.16）。

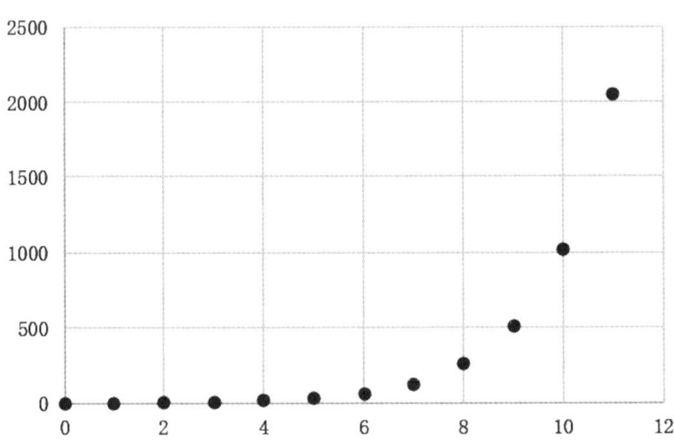

图 6.16 来自表 6.6 的细菌数据图

在图 6.16 中底数（base）是 2，指数的一般方程是 $y=b^x$（或者 $y=b^x+c$，c 是常数）。基数 b 在指数函数（exponential function）中可以是任何正数。例如，如果细菌分裂是一分为三，上面的图将看上去像 $y=3^x$；如果细菌分裂是一分为四，上面的图将看上去像 $y=4^x$，以此类推。然而，在所有这些情况下，y 的值，即我们表示的细菌数（或者其他东西的数值）会迅速增长。

在作图时，有时候 y 值增长得太快，不能在 $x-y$ 图上合适地表现出来。我们怎样标绘这些巨大的数字呢？我们可以使用对数（logarithms）描述它们。

5.3.1 对数图

与指数函数相反的函数被称为对数函数（logarithmic function）。更具体而言，一个数的对数是将底数变成这个数运算过程中涉及的指数。在方程 $y=b^x$ 中，x 是 b 的指数，x 还是 y 对于底数 b 的对数。我们可以用对数函数来表示指数关系和其他函数。

5.3.2 底数 10 和 e

虽然指数函数可以用任何底数表示，但在指数函数和对数函数中，科学家更广泛使用的两个底数是 10 和 e。

什么是 e？e 是约等于 2.718281828459 的数。就像 π，e 的使用是为了简化计算。特别是，用于计算双曲线图像中的相关面积，以及用数学方式处理渐进（与限制行为相关）函数。e 的命名是为了纪念数学家莱昂哈德·欧拉（Leonhard Euler），有时也被称作欧拉数（Euler's number）。

一个数以 10 为底数（记作 $\log_{10}$）的对数是这个数（我们称之为 y）的指数（我们称之为 x），即如果 $y=10^x$，那么 $\log_{10}y=x$。

虽然对数有可能以其他数作底数，但当科学家讨论对数时，他们几乎都在讨论以 10 为底数的对数。

一个数（我们称之为 y）的自然对数（记作 ln，有时读作 lon）是将 e 作为底数的指数（我们称之为 x）值，即如果 $y=e^x$，$\ln y=x$。

当科学家在讨论自然对数时，他们讨论的是以 e 为底数的对数。

5.3.3 使用对数作图

对数的第一个优势在于让科学家展现不能用普通的 $x-y$ 图表达的数据。

对数的第二个优势是帮助科学家简化数学过程。指数运算时，不用把两数相乘，而只需将对数相加。例如，10 × 100 也可以这么做：$\log_{10}10+\log_{10}100=1+2=3$，然后算出（或查出）$10^3=1000$。对于 10 次方，这个优势可能不明显，但是当牵涉到电子的质量或真空中光的速度等问题时，这可以减少很多计算过程，从而节省纸张的使用。

对数的第三个连 18 世纪的欧拉都没想到的优势是，人类的感知常常建立在对数层面上。贝尔［以电话发明者亚历山大·格拉汉姆·贝尔（Alexander Graham Bell）的名字命名］是压力波强度的测量单位。当贝尔被用来讨论声波时，按 1/10 比例缩放，称为分贝（简称 dB）。人类能听到的最微弱的声音被定义为 0 分贝，它的压力强度是 1×10^{-12}，也就是我们函数的平移量。表 6.7 列出了分贝强度的一些例子。

表 6.7 分贝强度的例子

dB	压力强度	描述
0	1×10^{-12}	人类听力的临界点
10	1×10^{-11}	树叶的沙沙声
60	1×10^{-6}	大声的谈话
100	1×10^{-2}	响亮的警报声
140	1×10^{4}	喷气式飞机发动机

6 线性回归

到目前为止，我们所讨论的数据集，其图表数据点都比较容易用一条直线或一条曲线表现。然而，有时数据集有很大的变化或随机误差，或者自变量变化率不一致，或者数据集不表示单射（即一对一）函数，或者甚至根本不是函数方程。在这些情况下，我们需要使用线性回归（linear regression）帮助我们从复杂的数据集中得到相应的数据图。

在本章开始的渗漏水管研究中，我们用平滑的直线帮助我们理解水管流量。但是我们也发现，在进行更为精确的测量时，流量会改变。我们可以提出一个假设：渗漏水管的流量取决于是否有坐便器刚刚冲水。为了测试这个假设，我们得找到流量和坐便器冲洗之间的关系。

我们怎么设计一个实验来发现流量和坐便器冲洗之间的关系呢？首先，我们得测量不同时间的流量，看它是否改变。为了计算简便，我们每隔一小时测一次。即我们每隔一小时测一次水桶里水的体积，就像先前研究中的那样，但是，我们不是要弄清楚整个实验期间的流量变化，而是不同小时内的流量变化。这很容易实现，我们只要看桶里水的体积变化就可以知道。例如，如果一小时内体积增加 0.5 升，该小时的流量就是 0.5 升 / 小时。

为了弄清楚坐便器冲洗的问题，我们可以让屋里的住户写下他们每次冲洗坐便器的时间。这样我们将得到第二个数据集，根据屋里所有坐便器的冲洗时间，我们可以从中弄清楚，每小时内坐便器被冲洗了几次。

为了了解一天的数据，让我们把实验延伸到过去的 24 小时。我们得把水桶倒空几次，或使用更大的水桶，但是因为我们在观察体积变化，而不单纯是体积，所以不会影响实验结果。首先我们选择在午夜测量。实验中，我们要记住的不是初始条件，而是基本流量：即近期没有冲洗坐便器得到的流量。收集的数据记录在表 6.8 中。

表 6.8 渗漏水管实验数据

测量时间	0:00	1:00	2:00	3:00	4:00	5:00	6:00	7:00	8:00	9:00	10:00	11:00
冲洗次数（1h 内）	1	0	0	0	0	0	0	5	2	2	3	0
流量	0.4	0.46	0.5	0.5	0.5	0.49	0.51	0.1	0.3	0.2	0.45	0.47
测量时间	12:00	13:00	14:00	15:00	16:00	17:00	18:00	19:00	20:00	21:00	22:00	23:00
冲洗次数（1h 内）	1	0	0	0	0	3	0	0	0	0	0	3
流量	0.4	0.5	0.5	0.5	0.5	0.2	0.5	0.5	0.5	0.5	0.5	0.4

每小时冲洗次数和每小时流量之间的关系图表不是一般函数。有时每小时的冲洗次数与超过一小时时间段内的冲洗次数是相同的，有时，每小时的流量与超过一小时时间段内的流量也都是相同的。然而，因为测量时间对应的值不重复，即使“每小时冲洗”和“每小时流量”的值有一定重复，我们可以把“我们测量的时间”的值与另两个值关联起来，每个小时产生 1 个数据点，x 是坐便器冲洗次数，y 是流量（见图 6.17）：

对于这个数据集，正如我们上面注意到的，在 x 轴上的一些值（即每小时坐便器冲洗次数）在 y 轴上对应多个值（即每小时流量），而 y 轴上的一些值（即每小时流量）也在 x 轴上对应多个值（即每小时冲洗次数）。数据点看上去不是一条直线，而是离散的。事实上，这种图表叫做散点图（scatter plot）。

我们如何找出最能拟合这个散点图的直线？为了实现最佳拟合，我们找出一条最接近所有散点的直线，这个方法叫做线性回归，选择拟合直线的过程叫做曲线拟合（取决于数据分布，结果可能是一条曲线，但是在这个例子中，我们选择的是直线）。

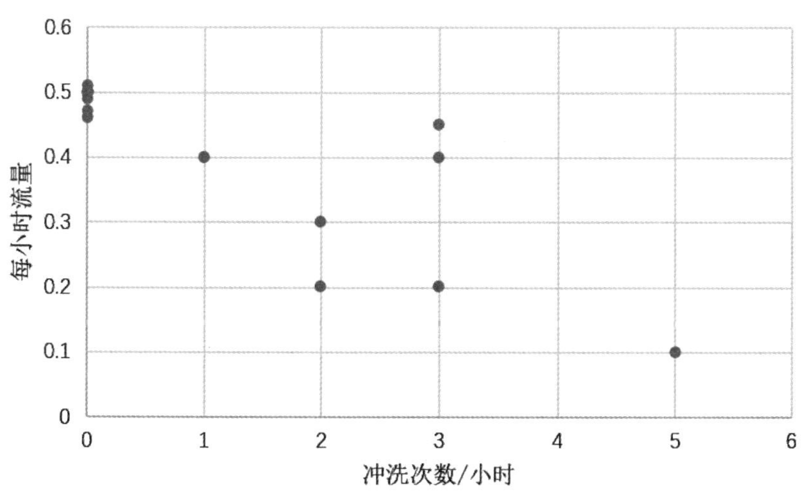

图 6.17 每小时流量 – 坐便器冲洗次数散点图

我们怎么评价拟合线和散点集的接近程度？一个简单的办法叫做最小二乘法（ least squares method ）。

在图 6.18 中，直线代表的是函数 $y=(-0.07)x+0.5$。

箭头表示数据集中的每个点到这条线的距离。

在数学上，我们可以通过比较直线的方程和数据集中的各散点找出这些点到线的距离。为了使距离为正（因为有些点在线下，有些在线上），我们要把距离平方。

表 6.9 列举了图上每个点的 x 值、y 值、直线的方程算出的每个 x 值对应的 y 值、x 值对应的实际 y 值、计算 y 值与实际 y 值之间的差，以及 y 值的差的平方。

这条线 y 值的差的平方的和是 0.082。要通过人工计算弄清楚这根线是否是拟合度最高的拟合线，我们还需要核对一些其他线、斜率、截距和插值。所以，还有一种利用标准偏差（ standard deviations ）和偏导数（ partial derivatives ）进行运算找出最佳拟合线的办法。

大多数统计类计算机程序提供这样的函数运算。把数据集输入这些程序后，实验者所要做的就是选择目标拟合曲线（上述例子中选择的是直线，对于其他数据集，可能是抛物线或正弦波，或更复杂的情况）。

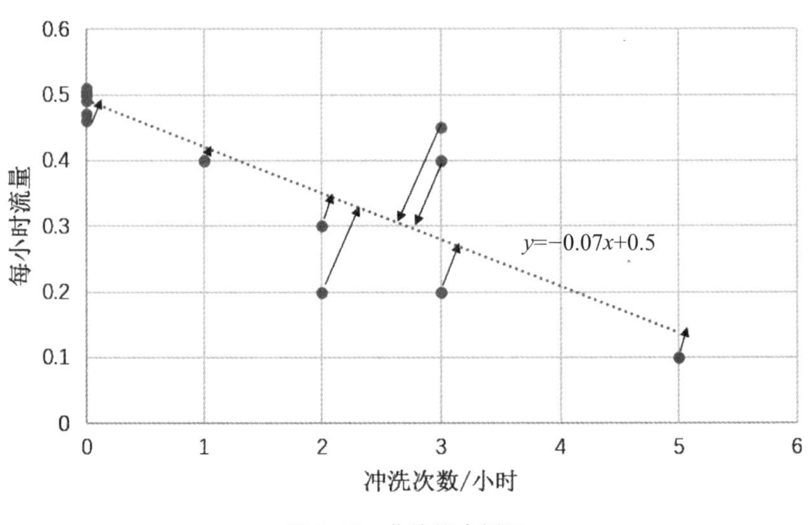

图 6.18　曲线拟合例子

统计程序还会算出这根线的 R^2 值，R^2 代表相关指数。R^2 值衡量线性回归线和数据点的拟合度。R^2 值为 0 意味着没有相关性。R^2 值为 1 意味着完全相关，即所有箭头的长度（为残差，residual）都是 0。这张图的 R^2 值是 0.74。R^2 值是 0.74 意味着什么？意味着可能还有一条更适合这些数据点的线。然而，它还可能意味着会有其他因素影响漏水的流量，而这些因素没有被这个实验考虑进去（例如，测流量时有住户在淋浴，或者在给鱼缸换水）。如果实验的基本量有较大变化，这表明还有其他因素在影响因变量。

表 6.9　最小二乘法计算结果统计表

时间	0:00	1:00	2:00	3:00	4:00	5:00	6:00	7:00
x 值	1	0	0	0	0	0	0	5
实际 y 值	0.4	0.46	0.5	0.5	0.5	0.49	0.51	0.1
计算 y 值	0.43	0.5	0.5	0.5	0.5	0.5	0.5	0.15
y 的差值	0.03	0	0	0	0	0.01	−0.01	0.05
差的平方	0.0009	0	0	0	0	0.0001	0.0001	0.0025

（续表）

时间	8:00	9:00	10:00	11:00	12:00	13:00	14:00	15:00
x 值	2	2	3	0	0	0	0	0
实际 y 值	0.3	0.2	0.45	0.47	0.5	0.5	0.5	0.5
计算 y 值	0.36	0.36	0.29	0.5	0.5	0.5	0.5	0.5
y 的差值	0.06	0.16	−0.16	0.03	0	0	0	0
差的平方	0.0036	0.0256	0.0256	0.0009	0	0	0	0
时间	16:00	17:00	18:00	19:00	20:00	21:00	22:00	23:00
x 值	0	3	0	0	0	1	0	3
实际 y 值	0.5	0.2	0.5	0.5	0.5	0.4	0.5	0.4
计算 y 值	0.5	0.29	0.5	0.5	0.5	0.43	0.5	0.29
Y 的差值	0	0.09	0	0	0	0.03	0	−0.11
差的平方	0	0.0081	0	0	0	0.0009	0	0.0121

7 直方图

前面已经讨论过的实验和科学研究的结果，几乎都可以在坐标系中作出相应的数据图（可能涉及对数据的缩放和平移）。那些数据图一般回答“多少”的问题：多少流量、多少空间、多少体积等。然而，有些科学家试图回答类别的多少，那么怎样用图像描述呢？他们可以采用细菌分裂案例中类似的数据图，也可以使用直方图（histogram）。

我们以木匠丽莎的木桩为例，它们是根据长度归类的，作图得到堆叠起来的图形，也称直方图，它告诉我们各种长度的木桩分别有多少根（见图 6.19）。

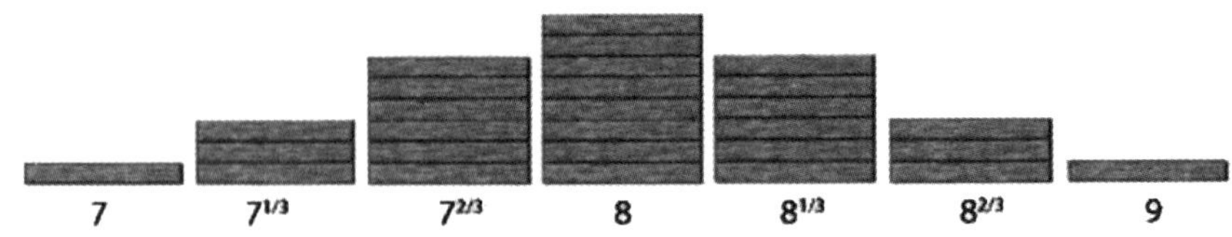

图 6.19 丽莎的木桩长度统计直方图

直方图告诉我们，在我们的数据集中，一个特定的或特定范围的 x 值（通常称作集合单元）出现多少次。与楼梯实验的柱状图不同，直方图中的集合单元是顺序排列的，即它们并非根据类别随机组合，它们表明了变量增加或减少的测量值。

7.1 绘制直方图

直方图是用来回答“多少”的问题的。事物的多少取决于实验，一般来说，直方图呈现的是一个特定的类别或者范围内中结果的数量（如丽莎的木桩例子中木桩的数量）。

当数据值有清晰的分类时，就可以根据类别绘制直方图了。例如，丽莎的木桩长度总是 7，$7^{1/3}$，$7^{2/3}$，8，$8^{1/3}$，$8^{2/3}$ 或 9，我们用这些长度给她的木桩进行分类。这种数据叫做非连续数据。而当数据值可以取区间内的任何值时，这种数据叫做连续数据。类别和区间在直方图中有时称为集合单元。在绘制连续数据的直方图时，科学家对集合单元的选择取决于实验的特征和需要回答的问题。

关于取值范围、均值、中位数和众数的解释

在先前部分，我们已经稍稍谈论了均值、众数和取值范围。中位数（median）是科学家用来描述数据集的一种方式。在用直方图表示数据集时，科学家常常会提到数据的取值范围、均值、众数和中位数。

取值范围（range）

又称值域，被计数或测量的变量的范围，是由变量的最高值和最低值来决定，包括区间内的所有数字。①

均值（mean）

当科学家讨论数据集中变量的均值，指的是那个变量所有值的平均数，不管变量是计数的还是测量。均值是平均数（average）的另一种说法。

中位数（median）

当科学家们讨论变量的中位数时，他们指的是一串有序的值的中间值。例如，x 的一串取值是“1、2、3、3、4、5、5、5、6、6、6、6、8、8、10”，那么中位数是 5。这是因为在这串数中有 15 项，5 是第 8 项。如果一串数有偶数项，中位数是中间两个值的平均数。计数或测量的变量有一个中位数。

众数（mode）

当科学家们讨论数据集中的众数时，他们指的是变量出现率最高的值。上面一串数的众数是 6。②

① 对于某些其他种类的数据集，值域这个词被用来指变量可能取的所有值。例如，在楼梯实验中，楼梯值的范围是 A、B、C、D。我们也可以写成“B、C、A 、D”或“C、A、D、B”或其他任意顺序，只要这四个字母被包括进去。这些字母只是类别的名称，并非相对的值。因为这些字母表示类型，而不是相对的值，楼梯实验中，我们用柱状图而非直方图绘制数据图。

② 在楼梯例子中，楼梯的众数值是 B。字母不是被计数或测量的，因此它们没有均值或中位数，但是字母常常被用来命名类别，因此用字母表示的值是可以有众数的。

让我们回到渗漏水管的实验。我们让房子里的居民记录他们冲洗坐便器的时间。我们得到的数据如表 6.10。

表 6.10 居民冲洗坐便器数据

居民 A	居民 B	居民 C	居民 D	居民 E
7:10，8:01，10:50，17:45，23:50	7:15，9:30，23:15	7:20，10:15，17:15，21:30	7:35，8:30，10:40，23:30	0:01，7:45，9:45，17:25

要绘制这份数据的直方图，我们首先需要确定分类的集合单元（这组数据并不是连续的，因为房子里的居民记录他们冲洗坐便器，没有精确到秒或二分之一秒，如果我们每一秒画一个集合单元，我们要用很多纸）。对于这份数据，最简单的集合单元选择是小时。

绘制的直方图是什么样子？（见图 6.20）

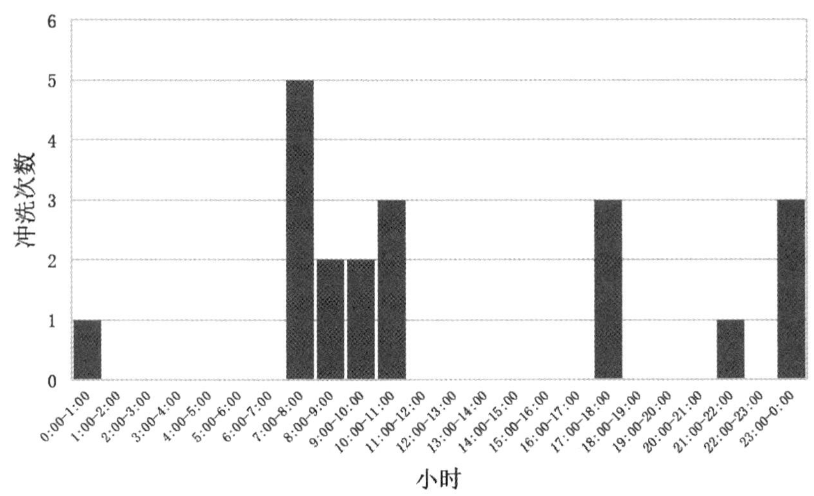

图 6.20 表 6.10 中数据的直方图

从数据集我们能判断众数（即冲洗坐便器最普遍的时间）是 7:00—8:00。我们还能看到，冲洗集中发生在 7:00—11:00，白天和晚上有些时间段没有冲洗（这些时间最适宜修复水管漏孔）。

7.2 对称

上面我们谈到了均值、众数、中位数和取值范围。科学家描述直方图和一般数据图像的另一个常用词是对称（symmetry）。图像对称意味着什么？它意味着图像的右边是左边的镜像（当然，反之亦然）。

在木匠丽莎的木桩例子中，横坐标的数字代表木桩的长度，纵坐标的数字代表不同长度木桩的数量。

如果我们在丽莎的木桩直方图中间竖起一面镜子，我们会看到一张与原先图形十分相像的图（除了木桩长度）。

丽莎的木桩例子中绘制的直方图是对称的。

通过观察直方图，我们很容易看到数据集的众数和取值范围。当直方图对称时，我们能获得更多的信息。丽莎的木桩直方图能告诉我们什么？

首先，我们很容易看到数据的取值范围，即集合单元的最高值和最低值（在丽莎的木桩中，集合单元为长度。在水管渗漏例子的直方图中，集合单元为小时）。木桩的长度范围是 7—9，我们不需要经过对称操作就可以获得这个信息。

第二，我们很容易看出数据集的众数，它就是对应集合单元出现频率最高的数值。在丽莎的木桩中，长度为 8 的图像最高，因此我们知道木桩长度的众数是 8。在水管渗漏的实验中，众数是 7:00—7:59 的时间段。我们不需要经过直方图对称操作就可以得到这个信息。

第三，我们能得出数据集的均值。因为直方图是以长度为 8 的木桩的图形为中心对称的，木桩长度的均值是 8。

第四，我们能看到数据集的中位数。因为直方图是对称的，中间以上的数据点数量和以下的数据点数量是相同的。因此，在直方图中间的值是 8（在这里，表示木桩长度），它不但是均值，还是中位数。

碰巧丽莎的木桩中间的最高，这就是众数与中位数和均值相同的原因。不是所有对称的直方图都有这种情况，但是对于一种非常重要的直方图是成立的，它叫钟形曲线（bell curve）。

7.3 钟形曲线

钟形曲线就是直方图表现出来的形状，在科学研究中经常出现。从成年人的身高到灯泡的寿命的统计制图都常常运用这种曲线或者它的变形。

图 6.21 显示了钟形曲线的基本形式。虽然两个图构成曲线的集合单元宽度不同，但是如果你把那些集合顶部连接起来，你会得到同样的形状。

钟形曲线的方程也称“正态分布”（normal distribution）：

$$P(x)=\frac{1}{\sigma\sqrt{2\pi}}e^{-(x-\mu)^2/(2\sigma)^2}$$

［这里 $P(x)$ 是 x 的概率，μ 是数据集的均值，σ 是标准偏差，我们会在下面讨论］。

然而，与托里拆利定律的方程一样，你不需要通过解方程来绘制曲线。如果你的数据集是标准正态分布，你所需要知道的是均值（曲线的中心）和标准偏差。上面显示的曲线围绕着 0，标准差为 1。标准偏差较小的钟形曲线是又高又窄的，标准偏差较大的钟形曲线是又矮又宽的。

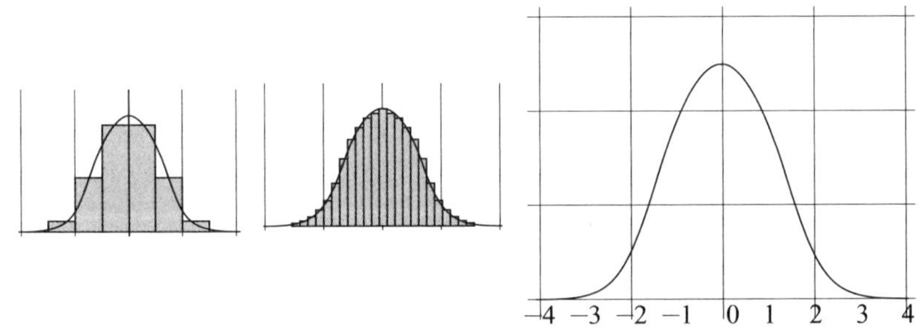

图 6.21　钟形曲线

标准偏差

数据集的标准偏差用于衡量在数据集中，各点（研究的变量的每次测量值）与所有点的均值的差别（偏差）程度。为了弄清楚这一点，科学家把所有的差别加起来，再除以数据集中的点的数量。数据集标准偏差的方程是：

$$\sigma=\sqrt{\frac{1}{N}\sum_{i=1}^{N}(x_i-\mu)^2}$$

在这里 σ 是标准偏差，N 是在数据集中数据点的数量，μ 是数据集的均值，$\sum$表示从 1 到 N 的所有数据点进行后面的运算，然后把结果相加。一旦你知道数据集的标准偏差，你马上也知道了关于你的数据集的下列信息：

大约 68% 的数据点落在均值的一个标准偏差范围内；

大约 95% 的数据点落在均值的两个标准偏差范围内；

大约 99.7% 的数据点落在均值的三个标准偏差范围内。

钟形曲线，也叫做正态分布，是用于统计分析的几种概率分布（probability distributions）之一。它们之所以被称为概率分布，是因为它们表示 x 落在一个特定的集合单元或值的范围的概率。那个概率是该范围内的曲线面积。

有些分布，如伯努利分布（bernoulli distribution）与泊松分布（poisson distribution），是用发现它们的数学家命名的。而钟形曲线名字不是以贝尔博士命名的，而是因为曲线形状看上去像钟。

8 总体和样本

到目前为止，我们只讨论了数据集本身。然而，当科学家研究庞大的总体时，他们几乎从来不从整个总体中获取数据，而是研究其中的样本。如何通过研究样本而得出关于总体问题的答案呢？

有时科学家通过数学校准与记号法，来区分来自样本的数据和他们期望从总体中获得的数据。例如，σ 不只是代表标准偏差，科学家可能用它代表总体，而用 S 或 σ_s 代表样本；μ 不只是代表均值，他们可能用 μ 代表总体均值，而用 x 或 M 代表样本均值。

实际上，在不同的领域（例如物理、医学和认知科学）使用不同的符号和数学校准。例如，在确定一个较大总体的样本标准偏差时，科学家在标准偏差方程中使用 $1/(N-1)$，而非 $1/N$（这种调整叫做贝塞尔校正，Bessel's correction）。

为什么有必要做出这些改变和区别？样本可能和所在总体的取值范围、均值、标准偏差和其他特征不尽相同。如果样本和总体差别很大，科学家可能不能正确地回答研究问题。许多研究实验还试图通过比较不同的样本小组（几组不同的病人服用不同的药物；两组猴子收听两种不同音调的曲子等）来回答科学问题。在确定不同的实验操作是否产生不同结果时，科学家必须考虑到差别是来自于随机误差还是概率事件。

9 不确定性

在发表或呈现研究结果时，科学家使用几种不同的方法说明他们测量值的不确定性，以及可能由此带来的科学发现中的不确定性。

9.1 中心极限定理和标准误差

木匠丽莎想增加测量准确度，她在锯木头前把每个长度测量三遍，通过计算测量值的平均值来增加准确度。当科学家对来自总体的样本做统计分析时，他们所做的内容和丽莎的三次测量相似。

单个样本的均值也许不匹配总体的均值。然而，如果抽取（作为样本被抽取的部分在下次取样前会被放回）足够数量的随机样本，所有样本均值的直方图将呈现钟形曲线。而且，钟形曲线的中心会集中在总体测量值的真正均值，这叫做中心极限定理（central limit theorem，或 CLS）。

重复取样形成的钟形曲线标准偏差被称为均值标准偏差，通常简称标准偏差。在呈现数据时，科学家把标准偏差包含进去，来说明样本能够在多大程度上代表所研究的总体。

9.2 置信区间

科学家在讨论样本和总体的潜在差别时，还可以采用置信区间（confidence interval）来描述。置信区间是指科学家对于总体的特征在规定的区间的信心。因此，例如，如果一个样本均值为 20，科学家说均值为 20 的 95% 的置信区间是 ± 5，也就是说总体的均值有 95% 的可能落在 15—25 之间。

当科学家在比较两个不同的小组时，所采用的确定它们是否不同的方法之一是看它们的置信区间是否重合。例如，一组数值的均值是 20，95% 的置信区间是 ± 5，另一组的均值是 22，同样 95% 置信区间也是 ± 5。这两组数据太接近了，不能说明它们之间有真正的差别。

9.3 误差条

当科学家用图像呈现他们的结果时，他们常常使用误差条（error bars）。它是在数据点上或直方图中添加不确定度的一种方式。虽然误差条普遍被用来表示置信区间，它也可以表示标准偏差、标准误差或者数据结果的其他方面。

在本章开头我们绘制了柱状图来表现某学校的学生使用各处楼梯的情况。然而，我们只画了一层楼的平面图。如果学校不仅考虑一层楼，而是四层楼的楼梯使用情况，结果会怎么样呢？我们通过抽样一层楼，从而可能确定学生使用楼梯的值的标准偏差是 13，并用样本信息回答四层楼的楼梯使用问题。在这种情况下，我们可能会说数值准确到标准偏差范围为 ±13，直方图见图 6.22。

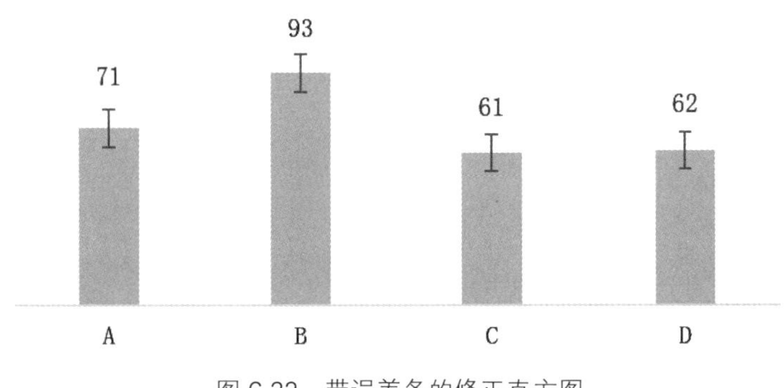

图 6.22　带误差条的修正直方图

10 总结

在第五章中，我们讨论了如何收集数据来建立数据集，还讨论了一些误差来源以及怎么避免误差。在本章，我们学习了怎么表示数据集，怎么利用数据集来回答诸如“多快”“多少”的问题。同时，即使数据集有时包含误差、函数方程有时很难解、图像有时并非直线，我们依然能够回答所研究的问题。

在科学家回答关于世界的问题时，所面临的问题可能处在一个混乱的、难以测量的体系。科学知识的一部分是对事实和数据的认知，知道怎么解方程，但是同样重要的是，在面临不确定性时，知道如何测量、建模和讨论科学数据。

在本书余下部分，我们将更多地讨论并展示科学发现过程中的相关问题。

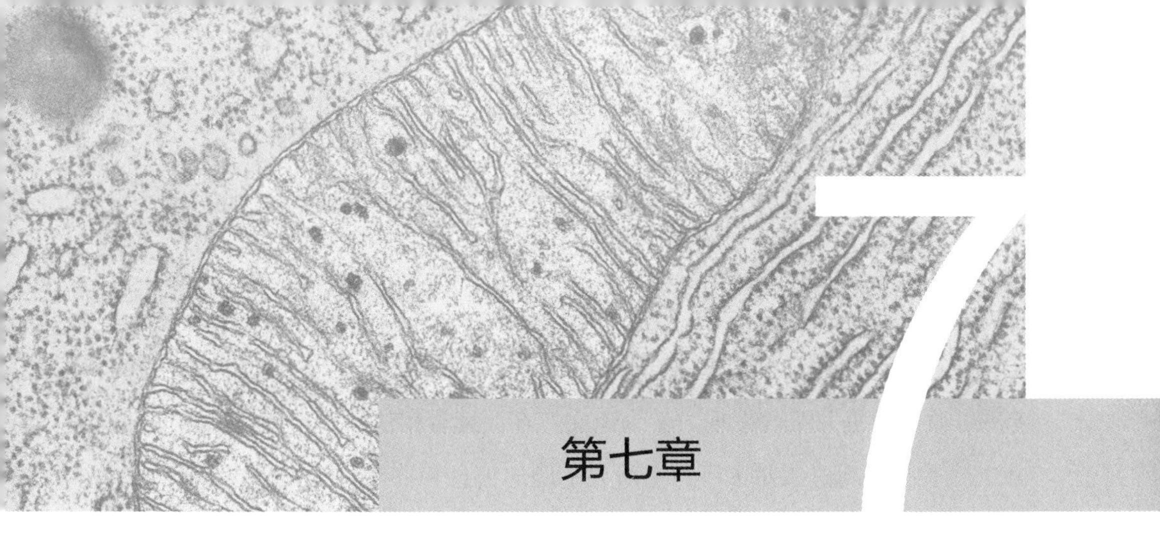

第七章

实验报告

1 关于实验报告

作为科学家，你需要撰写实验报告讨论你的实验发现。实验报告是呈现实验始终的正式书面文稿。你将记录你的实验议题、你使用的方法和材料、你做的观察并进一步分析你的实验的意义。

你的实验报告应该详细反映你的实验的方方面面。这将帮助你或其他科学家尽量准确地重复你的实验。重复是一个重要的科学准则。如果你的实验无法重复，科学家会认为它们无效。

在你做实验时做记录是很重要的，这样你就能用这些信息在你的实验报告上准确记录你的发现。你的笔记对于绘制图表极为有用。在后文中，你将进一步学习如何进行实验记录。

1.1 实验记录和学术论文

你可能已经注意到实验记录和研究论文的一些共性。它们都必须回答研究问题、收集数据并报告发现。学术论文意在让读者相信基于支持信息和证据的论点。实验报告通过展示关于某个研究主题的信息和数据，向读者说明结果。学术论文可能使用来自实验报告的信息以使读者信服。

实验报告的标题可能是这样的："在不同土壤中的萝卜种子的生长速度"。

学术论文的标题可能是这样的："在中性土壤中的野芥菜产量好于碱性土壤"。

实验报告标题的例子说明这是一项关于萝卜种子生长速度的实验。学术论文标题的例子展示了不同土壤和产量关系的结论。学术论文的作者会使用实验报告的信息作为证据，说服读者萝卜在某些条件下会长得更好。

实验报告可以被看作学术论文的一个组成部分。学术论文除了用到文献综述，还会用一个或多个实验报告作为证据支持作者提出的假设。记住：研究论文的目的是说服而实验报告的目的是提供信息。

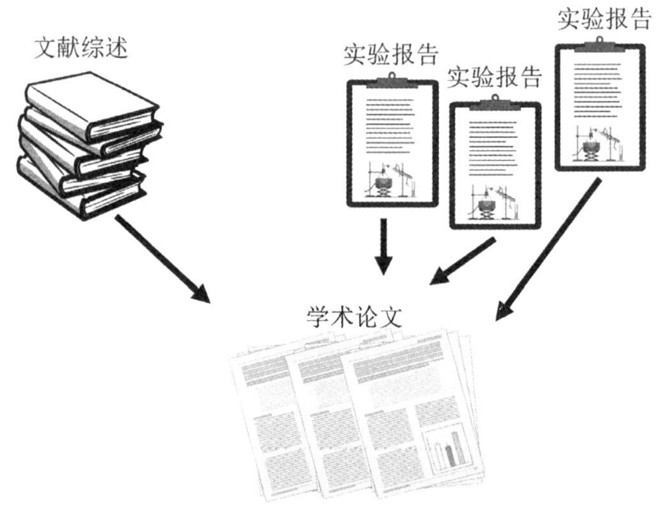

图 7.1　实验报告是学术论文的组成部分

1.2 信度和效度

具体和完整的实验记录也会帮助你尽可能接近地重复先前的实验。将来你可能想重复同样的实验来证实你的发现或确定你的结果是否可靠有效。而且，其他科学家可能想重复你的实验并／或确定它的可靠性和有效性。信度和效度是科学方法的两个基础。

信度的意思是每次进行实验能取得一致的结果。如果在第二次实验时结果不同，那么第一次实验的结果不具有信度。

杨想知道土壤类型是否会影响萝卜的生长速度。他的实验结果显示：种在泥炭土中的萝卜长得比黏土中的快 3 厘米。为了证实他的结果，杨又做了两个与第一个一模一样的实验。所有三个实验显示种在泥炭土中的萝卜长得比黏土中的快 3 厘米。因此，结果具有信度。

效度的意思是实验结果是准确的，因为每个实验在设计上是一致的。如果你的每次实验的安排不一样，那么即使结果具有信度，也不具有效度。

玛丽想知道土壤的酸碱性是否会影响萝卜的生长速度。她的第一个实验显示：在中性土壤中的萝卜比在碱性土壤中的萝卜长得快 1 厘米。在她的第二个实验中，玛丽给两种土壤中的萝卜都施了氮肥。玛丽第二个实验的结果和第一个实验的一致。然而，玛丽在第一个实验中没有使用化肥，所以她的实验无效。

尽管玛丽的实验不具有效度，但仍取得了一致的结果。一个实验可能信度高，但是效度很低，也可能信度低，但效度很高。

1.3 重复实验

你已经知道了实验中的信度和效度，以及科学研究中可重复性的重要性。重复实验（replication）不只关乎证实实验结果正确。重复实验能帮助科学家探寻自然界运行的规律。我们并非生而知之，我们需要通过测试和实验发现普遍规律、认识定律怎么以及为什么起作用，从而创建我们对于自然界运行规律的认知体系。

当科学家重复一个实验时，他们在测试是否每次观察的结果和收集的数据都相同。如果每次做实验的结果都相同，那么科学家可以确信实验准确地展示了一个普遍规律。

如果重复实验得出的结果不同，这也许暗示了几个可能的原因。科学家可能发现他们缺少关键信息或某个意料之外的变量没有被考虑进去。他们可能会发现实验中的偶然性或瑕疵。有时，他们甚至能发现欺诈性数据或违反学术道德的研究。在第九章中，你将了解更多关于学术道德的内容。

2 结构和格式

实验报告因其研究领域、所做实验的类型或者你的老师要求的形式不同而在细节上有所差别。在你的实验报告上，应该总是标注页码，并给所有附录单独命名以便参考。

表 7.1 实验报告的基本结构

题目（title）	描述你的研究对象
摘要（abstract）	概括你的实验报告
引言（introduction）	解释为什么你的实验是有用的
方法和材料（methods and materials）	描述你是怎么做实验的

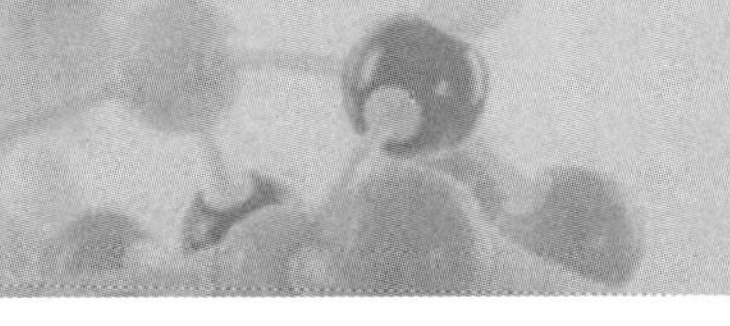

（续表）

结果（results）	展示你的实验结果
讨论（discussion）	在更广阔的背景下分析这些结果意味着什么
参考文献（references）	在你实验报告中引用其他研究
附录（appendix）	提供来自你的实验的具体数据或原始数据

本章后续会具体谈到方法和材料（methods and materials）、结果（results）、讨论（discussion）和附录（appendix）。

实验报告应该使用过去时，因为你在描述发生过的事，而不是将要发生或正在发生的事。你还应该避免使用人称代词和主动语态。例如，你应写作："Three seeds were placed in each sterilized rooting sponge"，而不是"I placed three radish seeds in each sterilized rooting sponge"。

不谈施动者而只提到行动是尴尬的，但是你写得多了就习惯了。阅读一些使用这种格式的实验报告和科学杂志，这会有助于你更好地了解实验报告中被动语态的作用。

你可能注意到学术性杂志里的研究论文常常使用人称代词和主动语态。虽然这种用法在出版的文章和论文中更多地被接受，实验报告应该总是使用被动语态，不用人称代词。

2.1 题目和摘要

题目应该简洁，描述实验报告的研究对象、研究主题或实验。玛丽的实验报告题目是"化肥变量对植物生长速度的影响"。

摘要有时被称作概要。这部分与学术论文的摘要相似。它是个简短的段落，概括你的实验报告内容、使用的方法、实验结果和得出的结论。

摘要示例：

五棵野芥菜分别置于氮、钾、磷、钙或5-20-10氮磷钾复合肥的蒸馏水溶液中，并在为期14天中每天测量植物的生长。使用氮磷钾复合肥的芥菜整体生长速度最快，每天长高1.5厘米。使用氮肥和磷肥的次之，每天长高1厘米，钙肥和钾肥第三，每天长高0.5厘米。对照组长势最慢，三天长了1.25厘米。

2.2 引言

你有时可能把引言看作目的陈述（purpose statement）或者就是目的（purpose）。引言和目的陈述都描述你做实验或研究的理由。你的读者需要知道你的实验背景来理解为什么这个信息是相关的。在这一部分中你也将提供更多关于实验体系和变量的信息。

玛丽在做一个关于不同化肥影响萝卜生长速度的实验。她在引言中会提供植物怎样利用营养生长的背景信息。她还可以概述萝卜的生长需要。玛丽从文献中了解到萝卜偏爱中性砂壤土，而砂壤土极可能含钾量很少。她将通过引言解释她的实验能证明：萝卜是因为它偏爱少钾条件而在砂壤土中生长得更好，还是增加钾会加快它的生长速度。

引言应该包括其他文献中信息，用以证明你做实验的理由和支持你在讨论部分提出的观点。其他文献中的信息应该在文中标注引用，并列入参考文献中。

学术论文回答一个假设，这个假设是更高层次的质疑。你可以从假设中提取研究问题。实验报告常常用于回答研究问题。实验报告和研究论文的引言都会包含假设，而实验报告还包括具体的研究问题。

2.3 方法和材料

在方法和材料部分，你会描述将怎样测试你的假设、回答你的研究问题或者收集资料。你还将为你选择的实验方法和材料做出解释。

方法部分越详细越好。你需要清楚地描述实验方法以便将来科学家能重复你的实验，这一点很重要。这部分应该使用记叙格式，而不是简单地罗列你在实验期间的步骤。有疑问时，可以遵循你的老师要求的格式。

你还要列出你的实验使用的材料。这对于以后重复你的实验也很重要。例如，如果玛丽不描述她把萝卜种在哪种土壤中，研究者不得不猜测实验使用的土壤。如果玛丽使用的是缺钾的砂壤土而另一个科学家使用的是肥沃的花园土壤重复这个实验，你可以想象实验结果会出现多大的差别。

如果你的材料单很长，需要几页纸，你应该把它放在你的实验报告末的附录里，并在方法和材料这部分做类似的声明："完整的实验材料单请参见附录 2"。

你可能看到方法和材料这部分被称作步骤（procedures）。里面的内容和方法中一样，材料单时有时无。有时，你不需要把你的实验记录再写成方法和材料格式。有些老师倾向于让你用实验记录替代方法和材料叙述。这是为何详细准确地记录实验很重要的又一原因。

表 7.2　材料单样例

基本用品	变量用品
塑料茶杯	蒸馏水，1 加仑大壶
遮蔽胶带	氮磷钾液体化肥
冰棍棒	骨粉肥料
生根海绵	血粉肥料

（续表）

基本用品	变量用品
20 瓦全光谱植物光	贝壳粉
1000 毫升烧杯	钾肥
量勺	
厘米尺	

2.4 结果

结果部分是展示你的数据的地方。这个部分应该用叙述格式，列出数据点来简明清晰地陈述结果。在你的实验报告中，这部分应该篇幅最小，通常只有一两段。然而，如果你的实验比较复杂，或者要求更详细的分析，结果部分的长度应按需决定。你应该总是确保简洁和清晰地呈现和陈述你的数据。

在结果部分，你将把原始数据转化成可读形式。

简单地把你的测量值或最后的数据点粘贴到这部分而不加以清楚的说明是很难让人读懂的，会令不善于解读你的数据的人迷惑。想象一下，一位科学家递给你一张数据点单子，告诉你这是实验结果，这会怎样？从原始数据解读结果需要时间，如果你对于那些数据的相互关系了解不足，解读也会遇到挫败。

在结果部分你可以展示根据数据绘制的图表。这将为后续的结果讨论提供重要的直观帮助。图表能传递有关数据之间关系的大量信息，常常能描述仅凭数据点无法直观显示的信息。

玛丽把植物生长速度的数据输入到制图工具中。她已经从数据了解到施过氮磷钾复合肥的萝卜比施过其他肥料的生长和成熟得更快。在看她所绘制的直线图时，她注意到六种萝卜中的四种生长速度一样。它们同一天发芽，发芽后的两天长得比较慢。然后在一星期内萝卜的生长速度加快，此后在第十一天慢了下来。相反，对照组和钾变量组从发芽的第一天起直到实验完成，保持同样的生长速度。她没有在她的原始数据或数据表中发现这个模式。线形图能帮助她更好地理解她的实验结果。

在结果部分你可以展示数据，大致描述收集到的数据的特征。所有你认为读者应该记住的关于图表或数据点的宽泛观察结果，你都可以写在这部分中。注意不要用你的解读“粉饰”数据，这应该写在下一部分“讨论（或分析）”中。

2.5 讨论（或分析）

讨论部分是你解读结果的地方，也被称为“分析（analysis）”。它不仅仅是对结果部分的重述。你要进行讨论并解释结果意味着什么。例如，玛丽的结果显示氮磷钾复合肥能促进萝卜更快生长，这为什么有意义？在讨论部分中你需要解读结果，并得到证据的支持，证据包括你的实验结果和其他科学家做的研究。

你还会讨论在实验期间出现的任何问题或下次应该纠正的不足之处，以及这个实验怎样才能产生更准确的结果、你的结果有没有其他解释。

玛丽发现在土壤中的植物上有霉菌生长。当霉菌开始在植物底部生长，对植物的生长速度产生了潜在影响。她在讨论中描述了霉菌生长怎么影响植物，她怎样试图解决这个问题，以及霉菌的来源。她还针对将来的实验怎么避免这个问题提出了建议，如把植物多暴露在紫外线下，减少土壤的水分含量，或在植物到达一定的生长阶段后换盆。

有些实验报告可能把讨论作为结论，有些会有单独的结论部分。如果你的老师要求有独立的结论部分，你在其中要概括实验期间发生的一切，并展示你对结果的解读。

2.6 参考文献和引用

如果你在引言或讨论部分参考了其他研究，你必须注明来源。对于引用的内容，你应该按照作者—日期的格式进行夹注（in-text citations）。你的实验报告末尾应该列出你在实验报告中使用的所有参考文献。即使你在文中没有直接引用某篇参考文献，但是如果你从中得到了很多信息，你也应该将它列入参考文献中。

杨在开始实验前在一本农业科学杂志上读了六篇关于萝卜的文章。他的引言中包含了来自其中三篇文章的信息，并作了夹注。剩下三篇文章中的两篇对他制定实验计划提供了帮助。即使他的实验报告没有直接引用来自这两篇文章的信息，他还是把它们列入了参考文献中。

你的老师会指导你选择参考文献的格式。本章采用的是美国心理协会（APA）规定格式。

2.7 附录和额外数据

在附录中会包含来自实验记录和观察的补充信息或数据。你可能会生成一大张数据表或几张表格，占据多页篇幅。在人类受试者研究中，研究者可能还要在附录中附上在研究期间给参与者的调查表或调查问卷。附录中还可能包含来自相关文献的插图、表格、地图、数据或文件摘录。

为了增强你的实验报告的可读性，大型表格和原始材料应该被放在位于参考文献部分之后、实验报告末尾的附录中。当你在撰写结果部分或在讨论部分谈论你的结果，你可以使用附录的数据作为参考而不需要写出所有细节。这里是一个例子：

除去废弃的不完整的数据，萝卜的平均生长速度为每天1厘米。要了解每棵植物每天的生长测量值，参见附录1的生长表。

关于更具体的实验报告样式，请参见本章末尾的样例。

3 进行实验记录

实验记录是你的实验报告的重要组成部分，否则你无法准确地记录你的发现。你的老师可能要求你把实验记录和实验报告一起交上去，或者之后你需要用你的实验记录证实你实验报告中的数据。

做实验记录最重要的是写下你所有的观察结果，即使没有发生变化。如果你有全部数据，你就有可能产生更准确的结果和结论。这一点在你或另一个科学家想重复你的实验时尤为重要。如果你之后回看你的实验记录，你还记得空白反映的是实验中没有变化吗？你将怎样判断一个空白处是表明没有变化还是表明你没有记录你的观察？

假设你在做萝卜生长速度实验。第三天你观察到对照组的植物高度是0.5厘米。第四天，你观察到对照组植物高度还是0.5厘米。第五天，你观察到对照组植物高度变成1厘米。如果你只在它们生长发生变化时进行记录，你之后可能根据它们第三天和第五天的高度，推测第四天植物高度长了0.75厘米，而实际高度是0.5厘米，这就会造成你之后得出的结果有误，尤其当你绘制植物高度图表时。

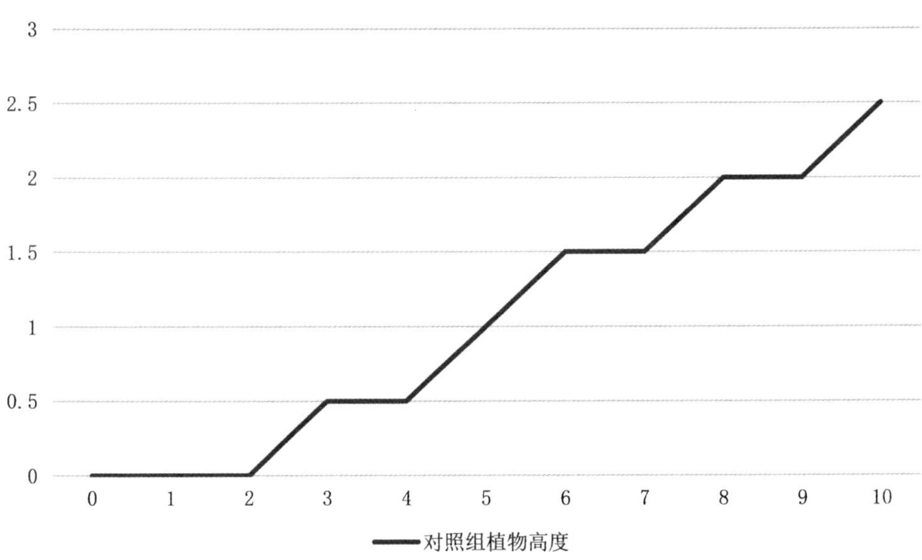

图 7.2　在这张图中，所有的观察都被记录下来，即使第四天、第七天和第九天没有观察到变化

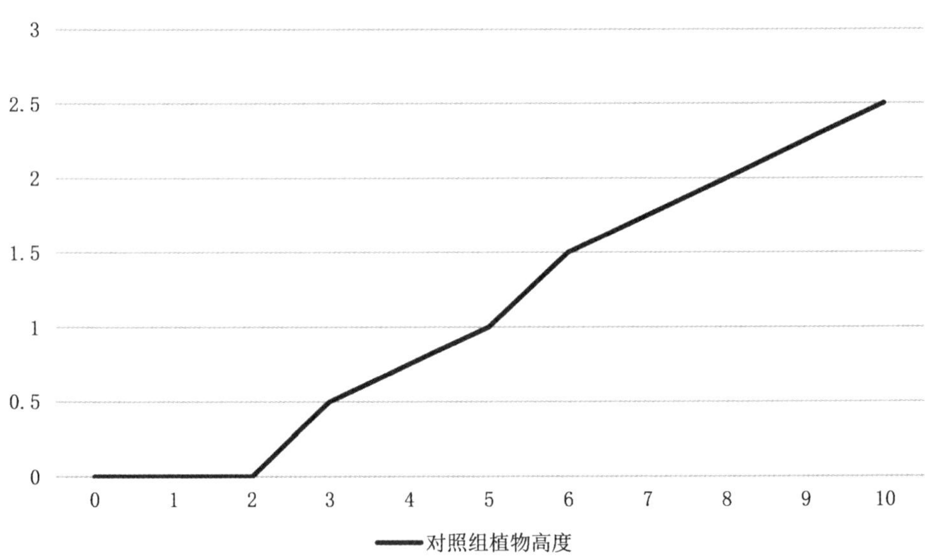

图 7.3　在这张图中，第四天、第七天和第九天的数据被推测为 0.75、1.75 和 2.25。看出绘制的两个图表有什么不一样了吗?

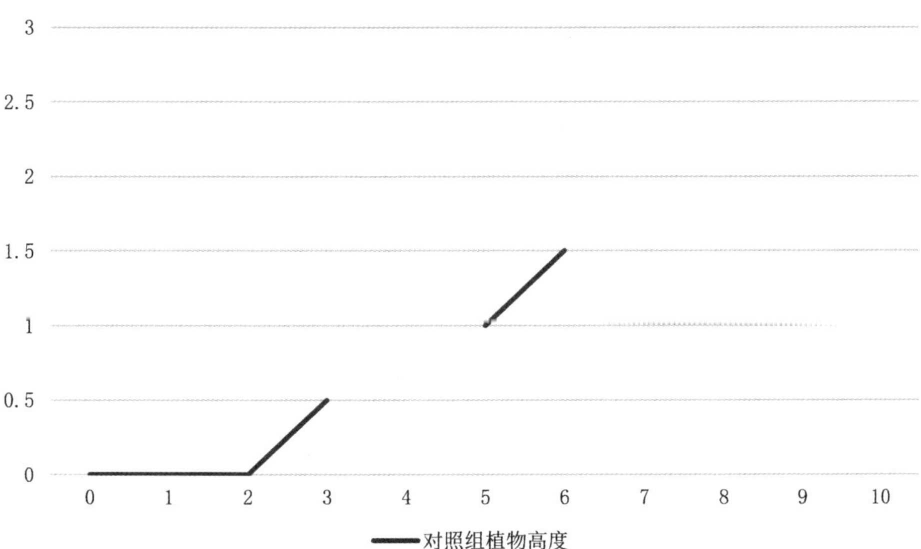

图 7.4　在这张图中，没有发生变化的日子的数据被剔除了。图表无法准确地标绘数据

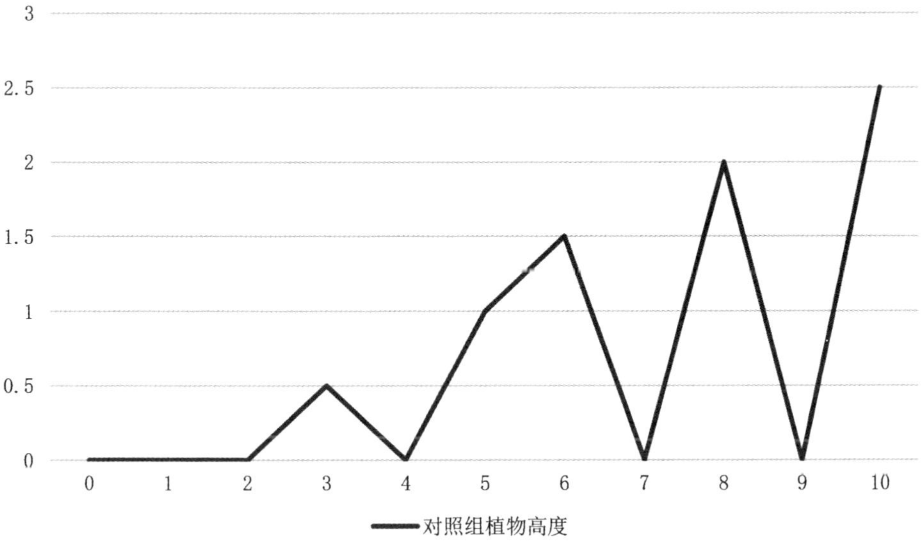

图 7.5　在这张图中，未记录的数据被当作零，这使得图表不准确

记住：即便数据没有变化，仍要进行记录！

实验记录可以采用不同的格式。你的老师可能要求你以某种方式做实验记录。所

有的实验记录页面都应该有个标题，包括你的姓名、班级、老师、日期和实验名称。实验记录的每一页应该都有同样的标题。这保证万一页面分散开，你仍能知道数据的出处。

封面这一页应该包括你的标题，还有实验意图的简短描述和实验方法的概要。你应该确定实验的对照条件和变量，包括在观察期间你可能用到的缩写。有些实验记录要求单独的目的陈述——描述你为什么做这个实验；有些会有假设（hypothesis）部分，你要简短陈述在实验结果中期待观察到什么。

机打的实验记录比手写的实验记录更容易辨认。然而，你在做实验时，不可能身边总是有计算机或移动设备。在不得不动笔记录数据时，建议你用预先做好的模板记录你的观察结果，这也会帮你节省时间。

根据实验不同，你可能需要在实验记录中记下不同类型的信息。有些实验要求在预定时间记录每天的观察结果，有的要求在有情况发生时进行记录。本节末尾提供两个标准的实验记录模板及一张实验记录封面页，以供参考。

你应该用最适合的方式记录你的观察结果，你的记录应该是详细的、准确的，并且书写清楚。记住，做好实验记录最重要的就是记下你全部的观察结果，即使什么也没有发生。

3.1 每日观测记录

每日观测记录适用于持续时间超过一天、要求每天做记录跟踪数据的实验。在观察日志中你会记录进行的所有测量、变量和对照组的变化以及你进行的观察，这些都会影响实验结果。

玛丽想知道萝卜生长速度是否取决于不同的光照水平。除了实验记录，她需要在日志上每天记录每棵植物的高度。她还需要记录她做的改变，如在光照下旋转植物以及实验期间发生的任何事。可能发生的事包括一棵植物死了，土壤可能受霉菌感染或者植物可能遭受昆虫攻击。

3.2 测量日志

如果你在做一个实验测试一系列不同变量，可以用测量日志记录数据。测量日志和每日观测记录类似，如果符合需要，测量日志可以包含在每日观测记录中。测量日志经常用在比玛丽的植物生长实验时间跨度小的实验中，适用于测试各种物质和材料的物理和化学属性的实验。

学化学的学生使用测量日志记录某种物质的属性，比如沸点、熔点、冰点、颜色变化、气味、是否放出蒸汽以及它如何与其他物质反应。学地质的学生使用测量日志记录不知名的矿物质的物理属性。他们会记录如硬度、划痕板颜色、晶体形状、光泽甚至矿物质的气味或味道等属性。

杨正在基于不同的变量实验撰写关于水的沸点的实验报告。他的第一个实验测量水的沸点如何随着盐和糖的添加而改变。他不需要长期做每日观测记录，因为他的实验是分次进行的。

对于杨的实验，他会使用测量日志记录他的结果。他会记下使用的水的体积、添加的盐或糖的量以及每种溶液达到沸点的摄氏温度。像玛丽一样，他也会记下实验期间发生的任何事。

一份实验报告中可能整合数个实验日志的数据。杨后来又做了一个测试水在不同的压力下的沸点实验。他使用类似的测量日志记录结果。当他写实验报告时，他会参考这两个测量日志来完成讨论或分析部分。如果玛丽做数组实验，测试影响萝卜生长的一系列不同变量，她可能也会在她最后的实验报告中整合数份每日观测记录。

表 7.3 实验记录封面页样例

<table>
<tr><td>姓名：玛丽·埃姆斯</td><td>日期：2018 年 10 月 11 日</td></tr>
<tr><td>班级：植物生理学，上午 10：10—11：00，202 教室</td><td>老师：托德先生</td></tr>
<tr><td colspan="2">题目：不同光变量条件下萝卜的生长速度</td></tr>
<tr><td colspan="2">假设：萝卜在更多光照下会生长得更快</td></tr>
<tr><td colspan="2">概述：这个实验会测试不同光照水平对萝卜的生长速度的影响。共有六个小组：一个对照组和五个变量组。每个小组包含两棵萝卜。所有的萝卜从种子开始，种在泥炭土中，用瓶装饮用水灌溉。使用土壤湿度计确保所有的植物小组处在相同的土壤湿度水平。在每天开始上课时测量一次所有的植物，共计测量 14 天。
萝卜每天需要至少 6 小时的光照以保证健康成长，但是在全天光照充足的日子里成长得更为茁壮。为了模拟充足的光照并控制每棵植物得到的光照，选用一个带计时器并可根据需要开关的全光谱植物灯泡作为光源。对照组每天有 8 小时光照，这是满足萝卜生长的所需的标准光照时间。</td></tr>
<tr><td>对照组</td><td>描述</td></tr>
<tr><td>对照组：8 小时全光谱光照</td><td>对照组萝卜将被放在实验凳上，在植物灯下方，定时 8 小时</td></tr>
<tr><td>变量组</td><td>描述</td></tr>
<tr><td>变量组 1：8 小时 50% 的全光谱光照</td><td>变量组 1 的萝卜将被放在实验凳上，在调暗 50% 的植物灯下方，定时 8 小时</td></tr>
<tr><td>变量组 2：16 小时全光谱光照</td><td>变量组 2 的萝卜将被放在实验凳上，在植物灯下方，定时 16 小时</td></tr>
<tr><td>变量组 3：24 小时全光谱光照</td><td>变量组 3 的萝卜将被放在实验凳上，在植物灯下方，灯每天 24 小时亮着</td></tr>
<tr><td>变量组 4：10 小时日光灯</td><td>变量组 4 的萝卜将被放在远离窗户和其他光源的架子上。唯一的光照是上课期间头顶上的日光灯。</td></tr>
<tr><td>变量组 5：无额外光照</td><td>变量组 5 的萝卜将被放在架子上的供应柜里。柜子里的灯将被关掉，除了每天有人拿东西时开几分钟</td></tr>
</table>

表 7.4　每日观测记录样例

姓名：玛丽·埃姆斯			日期：2018 年 10 月 11 日
班级：植物生理学，上午 10：10—11：00，202 教室			老师：托德先生
题目：不同光照条件下萝卜的生长			
植物小组：变量组 2—16 小时全光谱光照			
天	第一棵植物高度	第二棵植物高度	备注
0	0 厘米	0 厘米	先种下
1	0 厘米	0 厘米	没有变化
2	0.5 厘米	0.5 厘米	发芽
3	1.5 厘米	1.5 厘米	旋转了植物
4	3 厘米	3 厘米	
5	4 厘米	4 厘米	旋转了植物
6	5.5 厘米	5.5 厘米	
7	6 厘米	6 厘米	旋转了植物
8	7.5 厘米	7.5 厘米	
9	9 厘米	9 厘米	旋转了植物
10	10 厘米	9 厘米	第二棵植物出现霉菌
11	11.5 厘米	9 厘米	第二棵植物枯萎；在霉菌斑上用了稀过氧化氢，旋转了植物
12	12 厘米	9 厘米	在余下的霉菌斑上用了更多过氧化氢
13	12.5 厘米	9.5 厘米	第二棵植物恢复了。旋转植物
14	13 厘米	10 厘米	实验结束

表 7.5 测量日志样本

姓名: 杨·布鲁恩			日期: 2018 年 10 月 11 日
班级: 化学, 上午 9: 00—9: 50, 130 教室			老师: 卡森女士
题目: 水的沸点随着杂质的添加而改变			
液体	添加物	沸点	备注
水, 1 升	无	100℃	
水, 1 升	30 克盐	100.5℃	
水, 1 升	60 克盐	101℃	
水, 1 升	120 克盐	102℃	
水, 1 升	240 克盐	104℃	
水, 1 升	480 克盐	108℃	
水, 1 升	960 克盐	116℃	
水, 1 升	30 克糖	100.52℃	
水, 1 升	60 克糖	101.04℃	
水, 1 升	120 克糖	102.93℃	为了安全把罐子搬到第二个实验室
水, 1 升	240 克糖	105.86℃	因为第一次实验时在正确读温度数前沸腾结束了, 进行了第二次实验
水, 1 升	480 克糖	111.72℃	
水, 1 升	960 克糖	123.44℃	花了更长时间沸腾

这两种实验记录模板将是帮助你记录实验结果的有用工具。如果你需要为你的实验报告绘制图表, 这些信息条理清楚, 容易读懂。如果你或其他科学家想重复你的实验, 这些信息会使将来的实验效度更高。

4 方法和材料

在第 3 章你了解了科学研究背后的方法论。你学到的很多东西都可以在进行实验并撰写实验报告时加以运用。

正如在前文“2 结构和格式”里提到的，实验报告应该用被动语态，不用人称代词。你的实验报告应该详细描述你的实验使用的设备、供给物（材料）和你是怎么使用它们的（方法）。

有些人发现这部分最容易写，因为他们认为只需简单地描述所做的以及是怎么做的。但那只是在材料和方法中应写的一部分。在这部分，你需要证明你为何使用你描述的方法。这部分越详细越好，这样可以帮助将来的科学家重复你的实验。

实验期间做详细记录很重要，因为你可能会在实验中间调整你的方法或者在最后几分钟更换材料。即使你很自信会记住任何变化，做详细记录会确保你不需要完全依赖记忆。

4.1 搭建框架

在你一开始计划实验时，你应该开始构建方法和材料的框架，来帮助你计划并概念化你的实验方式。这将在你的实验期间起指导作用，来确保你使用的方法一致，实验具有很高的效度。当你的实验结束时，这个框架会简化你实验报告中方法和材料部分的写作。

首先，你需要回答下列基本问题：

1. 我打算做什么？
2. 我怎么去做？
3. 这个实验是什么样的？

4. 我需要什么？

在这个阶段，无需花心思记录所有的细节。一旦你回答了这些问题，你可以根据需要扩展你的问题，直到你形成描述实验的提纲。这个过程的概念是把每个问题分成小的组成部分，直到你得到需要的信息，遵循你在第二章中学到的科学原理做实验。它还将帮助你确定在引言和讨论部分将需要什么支撑信息。

杨想研究土壤湿度对种子萌发速度的影响。他回答了如下问题，作为他框架的基础，然后基于问题答案提出新的问题。

1. 我打算做什么？我打算测试土壤湿度对种子萌发速度的影响。

- 种子萌发的定义是什么？
- 湿度怎么影响种子萌发？
- 在标准条件下种子萌发有多快？

2. 我怎么去做？我将设置一个土壤湿度适中的对照组、两个水分减少的变量小组和两个水分增加的变量小组。

- 我将使用什么级别梯度来测试湿度？
- 我怎么确定适中湿度的等级？
- 我隔多久记录我的观察？
- 我怎么确定种子是否萌芽？

3. 这个实验是什么样的？我会准备培植器皿，使每一个里土壤的湿度不同，从干燥的到浸润的，然后观察种子需要多久萌芽。

- 怎么解释、说明我的器皿的排水问题？
- 种子的深度会影响萌芽吗？
- 我怎么解释种子已经萌芽但是还没破土？
- 我应该用什么灌溉方法？

4. 我需要什么？种子，培植器皿，土壤，湿度计，标签，水。

- 什么种子最适合我的实验？
- 哪种土壤是最中性的生长介质？
- 我应该用什么水？

4.2 撰写方法

正如本章之前所讨论的，你的方法部分应该越详细越好。正如实验记录应该精确、简洁，对方法的描述也应如此。

你的方法部分应该写成叙述格式而非一串步骤。叙述格式能更好地为读者解答可能产生的潜在问题。这部分将是实验报告中最长的部分之一，因为它需要包含大量细节。你的老师可能要求你把实验报告中的方法写成一串步骤，而不用叙述格式，或是要求你提交实验记录来代替方法和材料部分的写作。

你还需要说明选择这种实验方法的理由。这将有助于支持你在讨论部分得出的关于实验结果的结论。它还将帮助想重复你的实验的其他科学家理解你为什么更偏爱这种方法，为你的方法说明理由，还将向你的老师展示你对科学原理的理解，以及对实验的批判性思考。

杨的种子萌发速度实验中的变量是土壤湿度。依据典型的园艺湿度计上的读数，对照组的土壤湿度是 5.5。变量小组的湿度分别是 2、4、7 和 9。他解释 5.5 是适中的湿度，对于他测试的这类植物也是理想湿度。湿度为 2 和 4 代表干燥的土壤，湿度为 7 和 9 代表浸润的土壤。他没有测试湿度为 1（最干）或 10（最湿）的变量小组，因为那些湿度太极端，不易萌芽。

4.3 撰写材料

和方法部分一样，材料部分应该包含你为实验所选材料的理由。这对将来重复你的实验很重要，科学家们可以理解你的决定。如果在将来的实验中有所调整，或者你的一些材料有问题，这将帮助其他人理解一些可能影响实验的潜在变量。

杨选择了3种不同的植物种子做他的种子萌芽速度实验。在罗列他使用的材料时，他解释选择麦草、萝卜和万寿菊种子是因为每一种种子的萌芽速度不同。发芽慢的种子可能比发芽快的更容易受变量的影响。选择不同萌芽速度的植物物种可以为这个变量提供对照。

杨还解释他之所以选择了由50%泥炭土和50%有机菜园土构成的混合土壤，是因为这样最好地代表了3种植物的营养平衡的生长环境。如果为每种植物调整土壤营养水平到理想状态将牵涉太多潜在变量。

方法和材料部分应该包括一个材料清单。这将帮助你高效地准备材料，并容易跟踪实验的参数和你后续所作的更改。只要可能，你应该列出你所用材料，特别是所有可能引入变量、影响结果的材料的具体名称、品牌或类型。这将使得重复你的实验变得容易。

例如，在材料部分仅仅列出“土壤”并不能告诉读者你使用的是哪种土壤。土壤的种类有几十种，各有不同的用途。表土的属性和盆栽土的不同，许多公司在土壤中加各种营养成分制成特殊的混合土壤。这些变量都可能影响结果，并可能使其他科学家无法重复你的结果，或者降低你原先实验的效度。

杨在开始实验前回答了这个问题：“我需要什么？”从这里，他按照清单分类来准备材料。他尽可能列出品牌名称和物品类型。当他微调

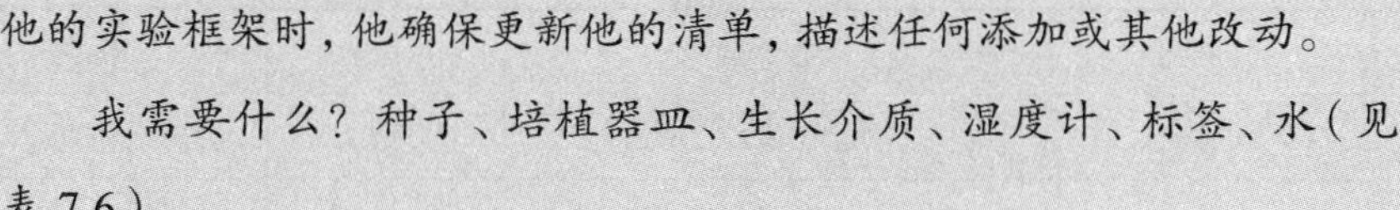

他的实验框架时，他确保更新他的清单，描述任何添加或其他改动。

我需要什么？种子、培植器皿、生长介质、湿度计、标签、水（见表 7.6）。

甚至在你已经选择了使用的材料后，直到最后一分钟都可能因为材料供应的问题做出调整。

杨发现他想用的湿度计买不到。他的唯一选择是使用另一种不同刻度的湿度计。杨在材料清单上记下了材料上的改变，并调整了实验方法以匹配新湿度计的刻度。

在实验期间你应该避免中途改换材料，因为这将引入变量并改变结果，会潜在地使你的实验效度降低。然而，如果不做出改变意味着你的实验不得不提前结束，这时改变方法或材料是必要的。

杨在实验开头用的那个品牌的瓶装水用完了。水是实验材料之一，会影响实验结果，没有水将导致实验提早结束。杨决定还是用另一个品牌的不含氯的瓶装水代替。

在杨的实验中，虽然这个改变可能不会影响结果，他还是应该在他的材料清单中标示这一点，因为他可能后来会发现新品牌的瓶装水被污染了，或添加了矿物质，改变了给种子的营养。即使一种材料或设备的替代品与原先的功能相同，你还是应该记录这个变化。

表 7.6 杨的材料清单

基本	种子	生长介质	装备	标贴
	麦草	50% 杰菲 7 泥炭土	透明塑料杯	金湖塑料 T 形标签
	萝卜	50% 生态废料有机菜园土	塑料碟	沙皮，黑色
	万寿菊		打孔机	
测试	**水**	**测试仪器**	**灌溉仪器**	**测量工具**
	瓶装饮用水，非氯化		塑料喷壶	100 毫升烧杯
			塑料喷瓶	

5 结果和讨论

设置结果部分的目的是以公正的态度平实地陈述你的实验结果。你之后还需要用实验结果为你在讨论中的结论辩护。你要确保讨论部分的结论受到结果里的数据的支持。

5.1 结果

正如本章之前提到的，你会在结果部分展示你在实验和研究期间收集的数据。你不是把原始数据放在结果部分。这部分应该是数据的概括，应该以可读格式出现，平实地陈述你的实验结果。这部分要包括所有有关数据，即使数据不支持你的假设；要简洁客观，用过去时态来避免可能的混淆。

结果部分通常采用一个文本段落来描述数据，应该包括图表甚至插图，这样读者能迅速、轻易地理解你的结果。在第 6 节中，你会了解更多有关用图表展示你的数据的信息。

5.1.1 文本段落

你的结果部分的文本应该只有一个段落，简洁地概括你的实验结果，尽量做到公正。有时，你可能发现你的数据中体现出的趋势或模式需要解读。虽然解读最好留到讨论部分，但结果部分也应该对这些趋势或模式加以说明。这将给读者提供他们在数据表或图表中可能看不到的信息。

> 如果你的数据显示 7 颗向日葵种子在不同的日子发芽，每 10 颗种子中有 3 颗不发芽，你可以说：对照组播种 4 天后开始萌芽，变量组 1 播种 2 天后萌芽，变量组 2 和组 3 播种 3 天后萌芽，变量组 4 播种 6 天后萌芽。30% 的种子没有萌芽，这在所有小组的记录中情况相同，显示矮向日葵的种子萌芽率为 70%，不受其他变量影响。

一些向日葵种子没有萌芽，这与你的实验中每组种子的发芽速度的结果不相关。然而，数据显示 30% 种子不发芽的趋势，在你的数据表或图中可能体现得不明显。

记住，在结果部分中不需要解释你为什么得到这些结果或它们在更广阔的背景下意味着什么。结果只是以平实的叙述格式陈述数据，包括展现关于结果的数据表、图或者其他直观描述。

5.1.2 数据表

结果部分的数据表（data tables）应该和实验的结果相关。数据表应该只包括在你的结果文本中报告的数据。如果你已经在文本段落陈述了所有包含在数据表中的信息，数据表就是多余的。然而，如果使用数据表能呈现在叙述文本中描述起来很累赘的信息，那么这是个更好的选择。

结果部分要避免列入统计非必要数据的表格。在关于萝卜生长速度的实验中，结果部分的数据表不需要包括种子发芽前那几天的测量值。然而，这个信息应该被包含在更大的数据表中，附在你的实验报告末尾的附录中。在你的讨论部分，这个信息可能有用或者有关，你可以使用图表说明这个信息和实验背景存在怎样的关联。

5.1.3 图表

实验的结果部分应该包括图表等数据的可视化表现形式。你的图表必须清晰地描述你的数据，不但确保读者看得懂，而且还要美观。

“美观”并非指图表要尽可能花哨。它指的是它们应该尽量可读、易懂。一张曲线图可能因为在很小的空间内展示太多的数据，而看上去乱七八糟。如果数据不是以图表形式展示，可能会使人迷惑。图表的优势在于它们在更大的背景下显示数据，包括多个数据点之间的关系。在第 6 节中，你会了解更多在实验报告中使用图表的信息。

5.2 讨论

正如在本章前面描述的，在讨论部分中你将解释实验结果、描述你在实验期间遇到的问题、就异常数据（明显处在数据的主要趋势外面的数据点）做出解释，并向想重复这个实验的科学家提供建议。在你的实验报告中，讨论部分和方法与材料部分的篇幅应该最长。

虽然你要力争简洁高效，但是讨论部分应该包含尽可能多的与你的实验结果相关的信息。和实验报告的其余部分一样，讨论部分应该用被动语态，不用人称代词。

5.2.1 “失败的”实验

大多数科学家希望他们的实验进行得顺利，但是在实践中并不会尽如人意。有时，你的实验结果可能不如你所愿，或者你因遇到问题而无法保证实验按照设计进行，还可能遇到设备损坏或材料变质的问题。虽然这些事让人沮丧，但这是个很好的机会，能让你学到你始料不及的东西。科学发展史上充满了偶然的发现。

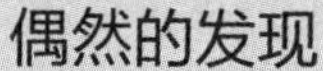

偶然的发现

1856 年，威廉·亨利·帕金（William Henry Perkin）试图合成奎宁来治疗疟疾。他没能合成奎宁，但是在清洁烧瓶时，他注意到一种紫色的残余物。这种紫色残余物后来被称为苯胺紫，是第一种合成的有机染料。

1964 年，杜邦的科学家斯特凡妮·科沃莱克（Stephanie Kwolek）参加了一个团队，研究采用非石油制品替代尼龙来制造轻便结实的汽车轮胎。她的实验中一直产生一种通常被扔掉的浑浊溶液，因为之前成功的研究显示溶液应该是清澈的。科沃莱克说服了一位技术员在喷丝头（把聚合物纺成线的机器）上试用这种溶液，并发现产生的纤维不但比尼龙牢固，而且按重量算还比钢铁坚固五倍。科沃莱克不仅发现了这种后来被称为凯夫拉的物质，而且促进了高分子化学的新领域的开创。

不是所有出错的实验都会导致新发现，但是我们都可以从中获取新的信息。你或许可以学到一种更高效的实验方法，或者发现一种值得探测的新变量，或者你可能知道了你选择的材料和设备不适用于这项研究，你的观察应该用另一种方法记录。

杨想通过测试不同的生长介质，从而找出最利于萝卜迅速生长的介质。他将对照组的两棵萝卜栽种在他的老师提供的灭菌土壤中。他设置的变量小组是：泥炭土、释水聚合物、泉水、盆栽土壤、砂土和水培生根海绵。在实验期间，他观察到，在释水聚合物和泉水中的萝卜快死了。他认为也许它们没有足够的营养，但是，砂土中的萝卜也处在营养不良的介质中。如果缺乏营养导致植物死亡，那么砂土中的植物应该也快死了。

为了消除缺乏营养这个可能的原因，杨给那三对植物中的每对中的一棵施肥，施肥后，泉水和释水聚合物中的萝卜继续枯萎，而砂土中的萝卜长势良好，长得比没施肥的砂土中的萝卜大。

杨担心他的实验的有效性，因此他查阅了关于园艺的书，发现植物的根需要氧气才能茁壮成长。有些植物把根伸到地面上——伸向空中或穿过土壤表面。而萝卜的根长在地下，特别是幼年时期，在萝卜的"球根"长出来之前。泥炭土、盆栽土壤、水培海绵和砂土允许氧气进入根部。泉水和释水聚合物不能保证氧气进入根部，因此萝卜"窒息"了。杨从阅读中了解到，水培园丁通过使用空气鼓泡器或类似仪器使水循环流动，给植物根部供氧。

杨在写实验报告时，讨论部分应该包括他的植物遇到的问题和可能的原因。他应该引用在研究中读到的水培园艺知识来支持他的陈述。如果其他科学家想做这个实验，他还应该向他们提出建议——可能的解决方案是使用空气鼓泡器或其他方法给生长在液体介质中的植物供氧，或使用其他类型的生长介质来代替水或释水聚合物。

杨可能会认为他的实验失败了，因为他不能在实验的整个过程中记录这两个变量小组的植物生长数据。然而，通过实验，他得到了之前不知道的信息。虽然杨得到的信息不是新发现，但他会把这个知识融入将来的实验中。随着杨通过研究和学习不断积累知识，他总有一天会获得新发现。在杨之后的科学家将使用他的发现来建立未来研究的知识基础。将前人的研究作为基础与做出新发现同样重要。

5.2.2 预期外的变量

科学家努力预想哪些意料之外的变量可能影响实验结果。研究气温变量的科学家可能不得不考虑除温度之外对湿度和亮度的控制。然而，你不可能预见影响实验的所有变量。当发生这种情况时，重要的是，你在实验报告中记录你的观察结果，并把这个信息纳入实验报告的结果和讨论部分。即使你不能解释这个出人意料的结果，这个信息还是重要的。如果你或另一个科学家在将来重复这个实验，这个信息很有价值。

玛丽想确定在不同酸碱度的生长介质中植物的生长速度。她用了4种不同的植物：豆瓣菜、萝卜、向日葵和万寿菊。她的对照组和每个变量组包含一种植物，每种两棵，都种在同样的泥炭土中。对于对照组，她把每种植物种在pH为7的中性土壤中。对于每个变量小组，她把土壤酸碱度控制在3—10的范围内。

在实验期间，不同变量小组中有两棵向日葵没有发芽。在实验期间她继续在实验笔记中记录她的观察结果。在实验完成时，她小心地找出没有发芽的两粒向日葵种子。一粒种子被毛茸茸的白色霉菌包围，已经腐烂。另一粒看不出有什么异样，只是没有发芽。

在玛丽写实验报告时，她将在她的结果部分写下两粒向日葵种子没发芽。在讨论部分，她可以讨论两粒向日葵种子没有发芽的可能原因。

6 展示数据：表格、图表和附录

图表（figures）是对你的实验结果的可视化描述，包括数据图、示意图、插图、照片和地图。实验报告中最常见的图表是数据图和示意图，有时也会需要其他类型的图表。你需要的图表类型取决于实验类型、研究对象的材质和你认为展示结果的最佳方式。

你可能在学术论文和一般性文章中看到过对图表的创造性使用。但在实验报告中，你应该避免这样做。在学术论文中，图表有更大的创新余地。记住：研究论文的目的是说服而实验报告的目的是提供信息。实验报告应该尽可能清楚地展示信息。

6.1 表格

本章已经介绍过用表格展示数据，你知道了数据表是实验期间你收集的数据的重要组成部分，你还知道为了提高可读性，数据表篇幅很大时，应该将其放在附录而非正文中。

有些实验报告写作指南可能建议你在实验报告正文中不使用数据表，仅在附录中使用。我们建议你的结果部分在必要或相关时使用数据表。数据表能把你的数据组织起来，让人一眼就能找到数据，远优于文本段落。

6.2 图表

在第 7 章，你学了怎么绘制数据图、示意图和其他直观描述结果的形式。你会常常需要对你的数据进行可视化处理，以帮助读者理解数据的来龙去脉。数据表能够显示每个数据点描述的内容，而数据图和示意图能够显示那些数据点之间的关系。

确保你选择的数据图和示意图适合你的数据，这一点很重要。例如，用饼图表示需要把点沿 $x-y$ 轴标绘出来的数据就不合适，用线形图表示描述整体中的百分含量的数据也不合适。柱状图常常用于描述整体中的占比，但是柱状图中数据点太多就会显得乱七八糟，造成阅读困难。

杨的不同化肥对萝卜生长速度的影响实验可以很容易地用线形图或柱状图表示。他设计用 x 轴表示天数，用 y 轴表示高度(厘米)。杨可以为每个变量画一张不同的线形图。然而，这样不便于读者比较数据。杨想把从所有变量和对照组处收集的数据放在一张图表或曲线图中，这样读者就能看到对结果清晰的直观描述。

杨不确定使用线形图、条形图还是面积图中的哪一种。他使用软件根据数据点生成了图表，预览结果，第一张生成的是面积图。

正如你从图 7.6 的例子中可以看到，面积图(area graph)不适合杨的数据。面积图最适宜表示描述在多个数据点之间的体积增减，关注它们之间的关系。如果你想显示沿着比例尺的两个数据点的相互关系，面积图是有用的。就是说如果你想显示夏天的气温和冰淇淋销量的相互关系，面积图就是一个好选择。

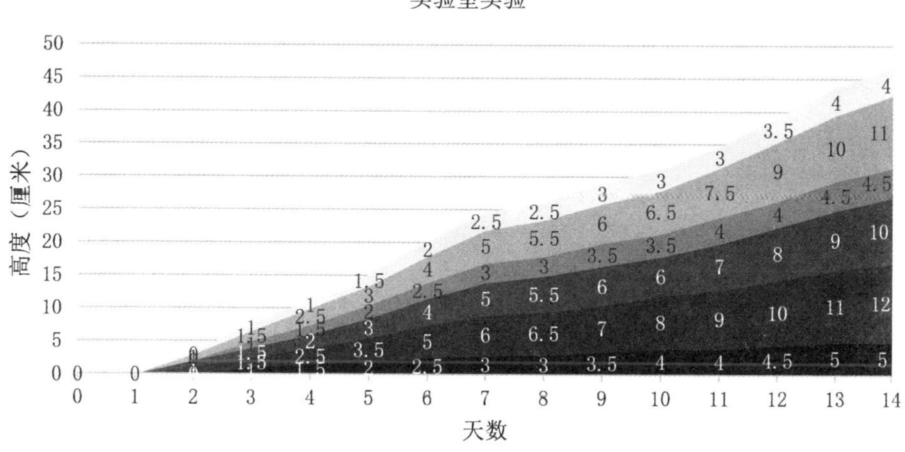

图 7.6　杨描述他的对照组和肥料变量组的面积图

杨决定接着创建一张柱形图，以更好地表示他的数据。他创制了一张二维柱形图(2D vertical bar graph)，但是意识到数据看上去乱七八糟，很难读懂。于是他创制了三维柱形图（3D vertical bar graph），看看是否那样会有助于他清晰地呈现数据。

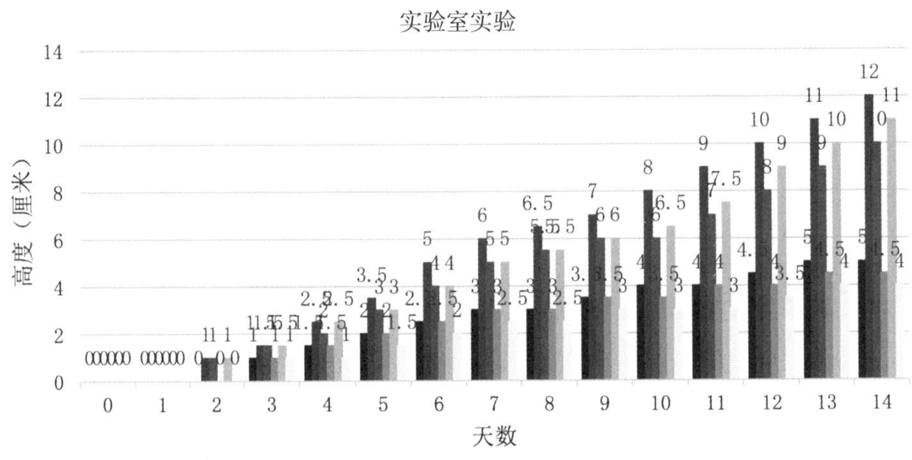

图 7.7　杨的二维柱形图

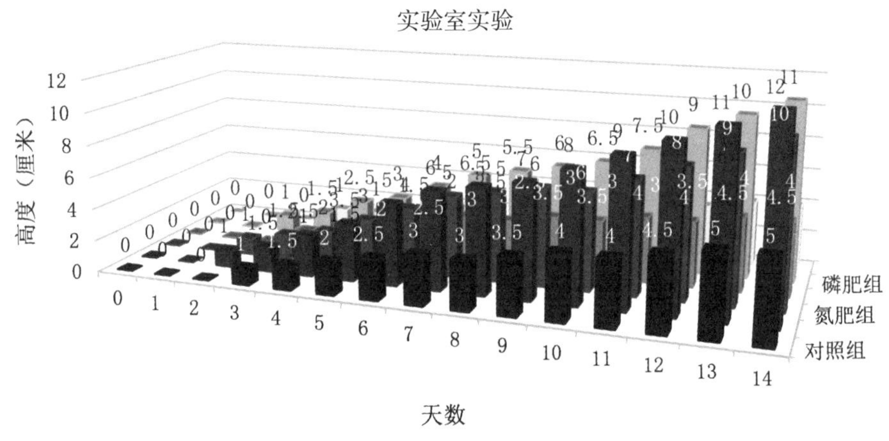

图 7.8　杨的三维柱形图

两张柱形图都不能很好地展示杨的数据，它们看上去乱七八糟。在三维柱形图中，有些变量组被藏在了后面。为了使杨的三维柱形图更直观，他得整理他的数据，把生长速度最慢的小组排在前面。

杨可能觉得把他的数据分别绘制几张柱形图会更好。他可能对显示氮磷钾变量小组与氮、磷变量小组的结果对比感兴趣。如果在实验中他还做了其他观察，如土壤湿度、土壤酸碱度或植物健康状况，他可以用条形图把那些观察结果与他对萝卜生长速度的观察结果相比较。这个信息可以在讨论部分展示或包含在附录里。

杨绘制了折线图，沿 $x-y$ 轴标绘数据。他的折线图与柱形图形状相似，但折线图在直观上更吸引人。扬将所有数据点都呈现在图表上，以厘米为单位显示每天观察到的每个高度，因为他认为这些信息是有用的。然而，杨已经在供参考的数据表中以厘米为单位列出了标在 y 轴上的高度数据。额外的数据点是不必要的，它们使这张图难以看懂。杨可以去掉这些数字，为他的数据创建一张折线型的视觉表现图。

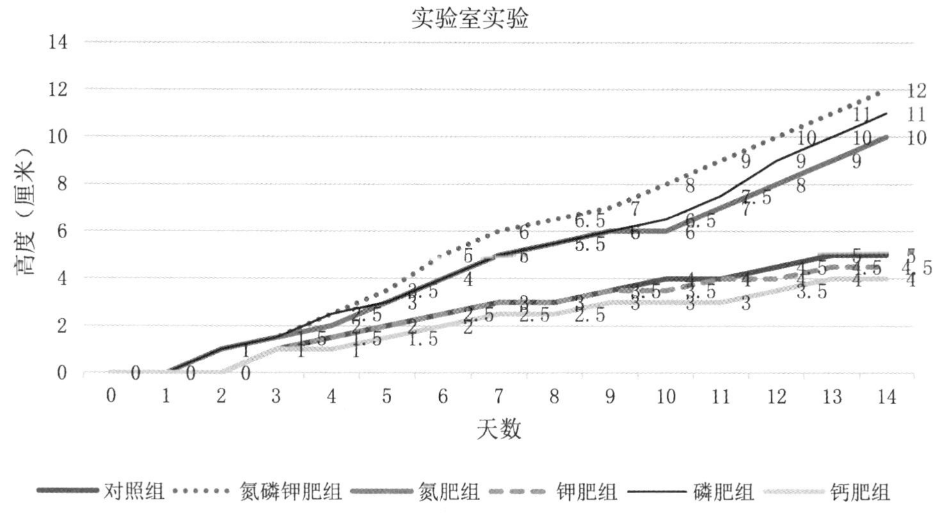

图 7.9 杨的带数据点的折线图

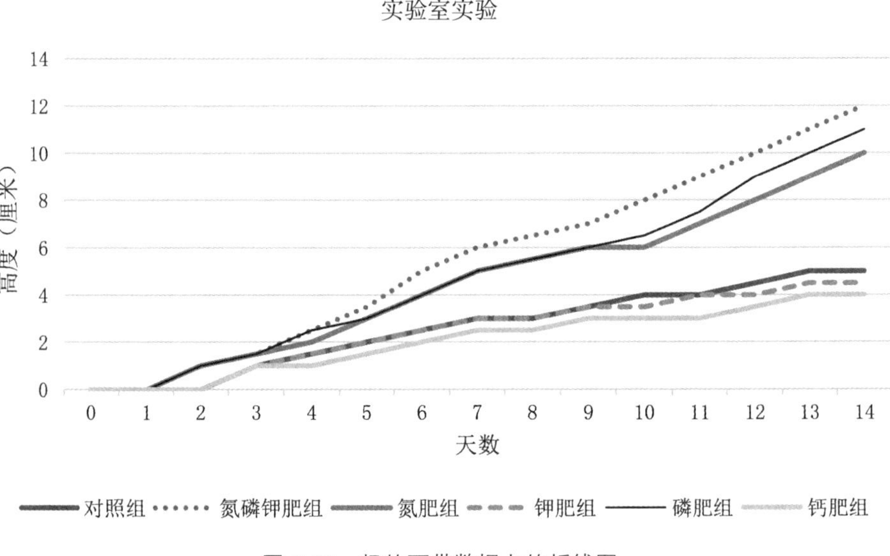

图 7.10　杨的不带数据点的折线图

杨的折线图包含了在他实验中观察不同肥料类型怎样影响萝卜生长速度的所有实验组。读者可以从这张图上一眼看到氮磷钾肥组的萝卜生长速度最快，磷和氮肥组的生长速度排第二。这张图还显示虽然对照组的萝卜比钙肥小组的萝卜略高，两者总体生长速度相同。

记住，创建曲线图的最重要原则是使数据直观清晰，这样读者能在整个背景下理解和比较你的数据。

6.3 其他类型的图表

照片：最适宜描述实际的实验对象、人工制品或其他实验中用到的物品。在萝卜实验中，照片可用来展示植物的生长阶段。

地图：最适宜用在展示位置信息对结果很重要的研究中。地质学和考古学研究经常用地图展示数据所处的大背景。

插图（illustrations）：如果没有照片进行描述，最适宜用插图。历史学和古生

图 7.11　植物生长阶段性照片

物学研究经常用插图来描述过去的生命体。没有显微镜下细胞的图像时，生物学中经常使用插画。

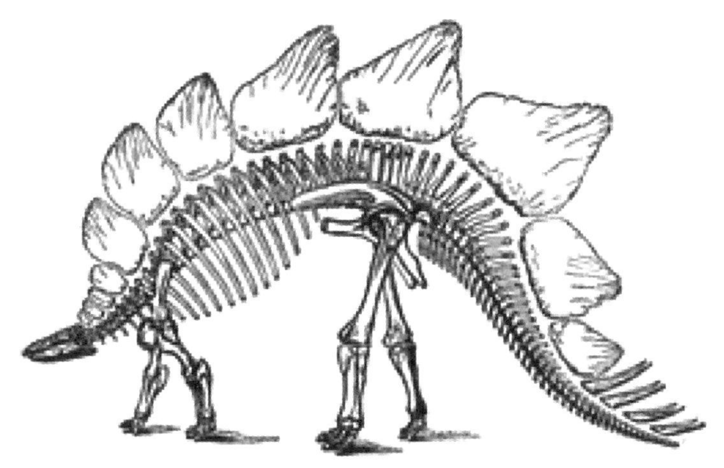

图 7.12　剑龙骨骼插图

原理图：最适宜用二维格式展示三维物品。例如，电器马达的工作图是原理图，描述建筑物的电路连接的是原理图。

图 7.13　电吹风原理图

示意图：最适宜展示照片或插图展示不出视觉差异的，简化的、二维的图。植物学上利用示意图描述植物生理，例如叶子形状比较、植物生殖系统或细胞结构。插图和原理图都属于示意图。

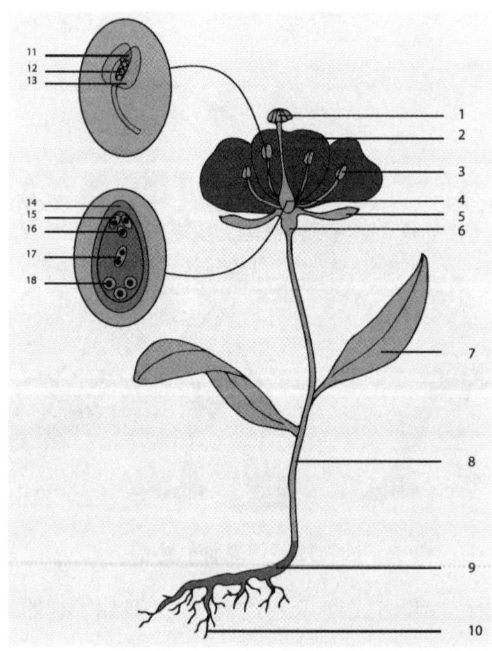

图 7.14　开花植物组成部分示意图

6.4 附录

实验报告经常利用附录提供原始数据，补充信息、照片以及从你的实验收集的其他数据。

6.4.1 附录中的数据表

在实验期间，你将收集关于许多不同变量的大量数据。这些数据包含你计划记录的观察结果和与你的实验目的相关的、次要的或补充性的信息或观察结果。

在实验期间收集的数据量能生成几大页的表格。为了增加实验报告的可读性，最好把这些表放在末尾的附录里。

玛丽的实验研究哪种溶液使萝卜生长得最快。她最初的观察是在预先确定的间隔记录每棵植物的高度。在记录她的测量结果时，她还记录每棵植物的叶子数量、叶子的尺寸和它们的颜色。玛丽在写实验报告时，在附录中收录了额外增加的数据。虽然玛丽的实验是观察植物高度，但她记录的其他信息对未来的研究者可能有用。

包含在附录中的数据还可能是不相关或未经使用的数据，即因为在实验过程中出现问题而丢弃的数据。还记得在玛丽的肥料实验中，有两颗向日葵种了没有发芽吗？玛丽本来要记录它们每天的生长速度为 0 厘米。她将在结果部分报告整体植物生长速度，但是会排除这两颗向日葵种子的信息，因为它们不发芽，与实验的变量无关。然而，她还是要在结果部分说明：两颗向日葵种子没发芽，数据没有收录。

玛丽的实验报告还需要展示有关向日葵的所有原始数据。正如在本章先前提到的，包含尽可能多的信息来帮助科学家将来尽可能精确地重复你的实验很重要。为了达到这个目的，玛丽的实验报告可以包含附录，展示她记录的所有数据，甚至因为种子没有发芽而放弃的数据。在她的讨论部分，玛丽将说明向日葵的情况，以及为何存在数据缺失。她可能还会解释种子不发芽的原因，会提及附录中的数据表中包含了没有发芽的种子的数据。

你的实验报告可以根据需要使用附录。然而请注意，不是所有收集的数据都有必要收录到实验报告中。比如说，如果你记录了实验期间每天的室外温度和天气情况，这种信息很可能与你做的室内实验不相关。

6.4.2 附录中的其他信息

附录是你提供撰写实验报告时产生的任何补充信息的地方。它可能包括设备和装置的示意图、实验不同阶段的照片甚至绘的图，还可能包括来自其他文献并与你的研究主题有关的数据和信息。

假设你在做灌溉方法的实验。在准备实验前，你调研灌溉方法，从一种贸易杂志上找到了几张显示灌溉系统的供水效率的曲线图。为了模拟不同的灌溉方法，你准备了四种不同的设备：喷水设备、水管、浸泡器和水渠。你每天在观测日志上记录测量值和观察到的现象，包括使用的水的体积、土壤湿度、植物健康状况和生长状况。在实验期间，你发现了喷水设备的瑕疵，为了让它正常运行而更换了一些设备。在你的实验后期，你发现在浸泡器中的植物底部的叶片变得畸形了。你描述叶片的样子并画了草图。

7 实验报告示例

玛丽·埃姆斯

植物生理学，202

不同肥料对植物生长速度的影响

摘要

五棵萝卜分别放置于氮、钾、磷、钙或 5-20-10 氮磷钾肥料的蒸馏水溶液中，在为期 14 天的周期内每天测量植物的生长高度。氮磷钾肥组显示了整体上最快的生长速度 0.8571 厘米。其次是磷肥组和氮肥组，分别为 0.7857 厘米和 0.714 厘米。再次为对照组和钾肥组，分别为 0.3571 厘米和 0.3214 厘米。钙肥小组长势最慢，为 0.2857 厘米。这些发现显示氮磷钾复合肥可能比单一营养的肥料更能促进萝卜的生长。

引言

钾是植物必不可少的营养元素，能帮助植物抵抗疾病、提高果树种子发育水平、运送糖和淀粉（NME，2018）。萝卜偏爱中性的砂壤土（Stephens & Thompson，1963）。砂壤土缺乏钾，这表明萝卜偏爱钾含量低的条件。提高钾含量可以显著降低土壤酸碱度，但这对于萝卜生长并不理想。因此，增加钾会导致萝卜的生长速度变慢。

其他营养元素对萝卜的生长速度有明显影响。氮对于促进植物生长是必不可少的（Lines-Kelly，1992），但是氮含量过剩可能导致植物的能量从促进根系生长转向促进叶子和茎的生长。作为块根农作物，种植萝卜本应该限制氮的水平，以促进根部的壮大。然而，这个实验研究的是植物地面部分的生长而非根部发育。

磷能帮助植物吸收太阳光的能量并用于细胞发育。磷也能促进植物快速成熟和迅速生长（Lines-Kelly，1992）。因为这些好处，在氮磷钾肥料中，磷的水平常常是钾和氮的两倍或更高（NME，2018）。钙对于新根系和叶子的发育是必不可少的（Lines-Kelly，1992）。然而，添加钙会改变土壤的酸碱度，使它碱化。萝卜在碱性土壤里不能茁壮成长，因此，钙可能抑制生长。

实验的目的是测试假设：对于萝卜，含磷的肥料和只含氮的肥料会显示最快的生长速度，而只含钾和只含钙的肥料将显示最慢的生长速度。

方法和材料

把 12 块无菌生根海绵分别放置在塑料杯内，每块海绵种 4 颗萝卜种子。所有小组都使用水培生根海绵来提供稳定一致的生长介质。每块海绵放 4 颗萝卜种子来增加发芽的可能性。根据种子包装上的信息，3—5 颗种子是理想的范围。每个实验组包含两套放有种子的杯子，用以提供辅助种植，以防出现因意外变量而造成的植物死亡。

5 对杯子中分别盛放不同的肥料溶液。变量组 1（氮磷钾）使用 5-20-10 氮磷钾复合肥，作为理想的生长组合，这是常用于草坪维护的标准肥料。变量组 2（氮）使用血粉作为只含氮的肥料。变量组 3（钾）使用硫酸钾作为只含钾的肥料。变量组 4 使用骨粉作为只含磷的肥料。变量组 5 使用贝壳粉作为只含钙的肥料。第 6 组对作为对照组，只使用蒸馏水。

所有的植物杯子都放在一个 20 瓦的全光谱生长灯下，上面倒扣一个杯子并用遮蔽胶带固定来营造潮湿的环境，以利于发芽。实验持续 14 天，使种子有时间充分萌发并进入最快的早期生长阶段。第 0 天是种子种下去的日子，因此第一天是指种子已在生长环境中放置 24 小时。

每天早上 10: 10 开始上课时测量一次。测量用的是厘米刻度的扁钢实验尺，从容器顶部测到茎的顶部。这排除了叶片高度变化和土壤体积变化对测量值的影响。因为每杯中有不止一株植物发芽，测量的是最高的植株。在第 5 天，除了每杯中最高的那棵，其他植物都被修剪掉，防止争夺营养。

第 14 天进行最后一次测量，实验完成。生长速度结果用公式（S_2-S_1）/ T_1 计算，S_1 是第一次观察到的高度，S_2 是最后观察到的高度，T_1 是总的观察期。生长速度分两个观察阶段计算：从第 1 天开始；从首次记录到植物高度超过 0 的那一天开始，即从种子萌芽那一天起。

材料清单如下：

表 1　材料清单

基本物资	变量物资
萝卜种子	蒸馏水，1 加仑壶
透明塑料饮水杯	“奇迹生长”氮磷钾液体肥料
遮蔽胶带 *	“奇迹生长”骨粉
棒冰棒	“奇迹生长”血粉

（续表）

基本物资	变量物资
水基生根海绵	太平洋珍珠贝壳粉
生长屋 20 瓦全光谱植物灯	
大盐湖矿物钾盐硫酸盐	
1000 毫升烧杯 *	
量匙 *	
厘米尺 *	
标注了星号（*）的物品来自于班级的供应柜	

结果

变量组 1- 氮磷钾肥组显示了最快的生长速度，从第一天起的生长速率为 0.8571 厘米，从发芽起计算为 0.923 厘米。接着是变量组 4- 磷肥组，从第一天起速率为 0.7857 厘米和从发芽起 0.8461 厘米；变量组 2- 氮肥组，从第一天起 0.714 厘米和从发芽起 0.7692 厘米；变量组 3- 钾肥组，从第一天起 0.3214 厘米和从发芽起 0.375 厘米；变量组 5- 钙肥组显示了最慢的生长速度，从第一天起速率为 0.2857 厘米和从发芽起 0.3333 厘米。对照组显示了从第一天起 0.3571 厘米和从发芽起 0.4166 厘米的生长速率。

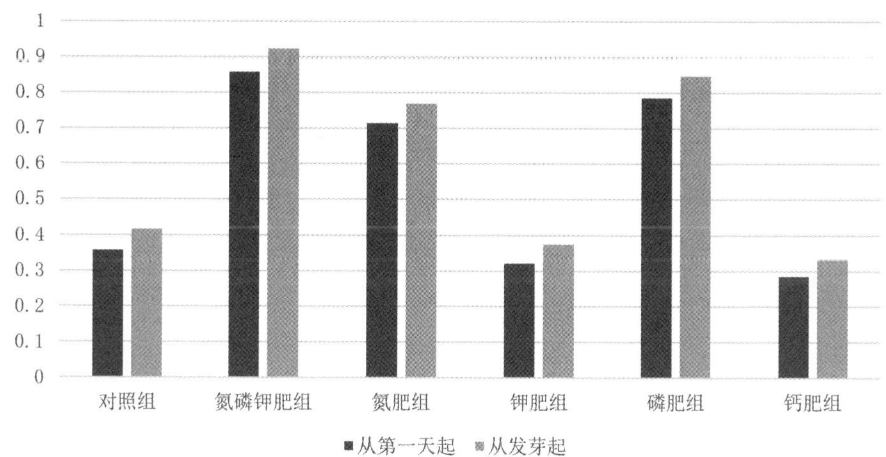

图 1　萝卜生长速度

表 2　萝卜生长速度记录表

	对照组	变量组 1–氮磷钾肥组	变量 2 组 –氮肥组	变量组 3–钾肥组	变量组 4–磷肥组	变量组 5–钙肥组
发芽	第 3 天	第 2 天	第 2 天	第 3 天	第 3 天	第 3 天
第 7 天高度（厘米）	3	6	5	3	5	2.5
第 14 天高度（厘米）	5	12	10	4.5	10	4
平均高度（厘米）	2.786	5.929	4.857	2.643	5.179	2.214
中位高度（厘米）	3	6.25	5.25	3	5.25	2.5
从第 1 天开始的生长速度	0.3571	0.8571	0.714	0.3214	0.7857	0.2857
发芽后的生长速度	0.4166	0.923	0.7692	0.375	0.8461	0.3333

讨论

实验中没有使用砂壤土。对照组的缓慢生长显示生根海绵可能酸碱度低和 / 或钾含量高于萝卜的需要。这个结果，加上变量组 3- 钾肥组的缓慢生长速度，都支持这个结论。

变量组 1- 氮磷钾肥组的萝卜得到的钾也多于砂壤土中钾含量，而且这一组显示了最快的整体生长速度。这些发现能显示钾的存在并不抑制萝卜生长，之前的结论不正确。然而，变量组 1- 氮磷钾肥组还含有大量的氮和磷。萝卜在变量组 2- 氮肥组和变量组 4- 磷肥组中显示了仅次于变量组 1- 氮磷钾肥组的生长速度，位列第二。这个结果支持前面的结论：钾可能对萝卜生长起抑制作用。在氮磷钾肥中，因为氮和磷的含量足够高，能促进萝卜更快生长。

变量组 5- 钙肥组里的萝卜比对照组和变量组 3- 钾肥组里的长得更慢。没有氮或磷的添加，在生根海绵中可能更高的钾含量继续起抑制作用。钙对于促进新的根和叶子的发育是必不可少的，但是，它还增加了土壤的酸碱度，使它更偏碱性。萝卜在碱性土壤中不如在中性土壤中长得好。

本实验的假设是使用只含钾和只含钙的肥料会使萝卜呈现最慢的生长速度，这得到了实验结果的支持。

参考文献

1. Lines-Kelly, R. (1992). Plant nutrients in the soil. Soil Science leaflet, pp 8.Retrieved from: https://www.dpi.nsw.gov.au/agriculture/soils/improvement/plant-nutrients .

2. NME. (2018). Potassium for crop production. University of Minnesota.Retrieved from: https://extension.umn.edu/phosphorus-and-potassium/potassium-crop-production .

3. Stephens, J.M. & Thompson, B.D. (1963). The effect of nitrogen, potassium, andmoisture levels on the yield and quality of radishes (Raphanus sativus L.)grown on organic soils. *Florida State Horticultural Society*. Retrieved from:http://www.fshs.org/proceedings-o/1963-vol- 76/139-143%20(STEPHENS).

附录 1– 生长表

天数	对照组	变量组 1–氮磷钾肥组	变量组 2–氮肥组	变量组 3–钾肥组	变量组 4–磷肥组	变量组 5–钙肥组
0	0	0	0	0	0	0
1	0	0	0	0	0	0
2	0	1	1	0	1	0
3	1	1.5	1.5	1	1.5	1
4	1.5	2.5	2	1.5	2.5	1
5	2	3.5	3	2	3	1.5
6	2.5	5	4	2.5	4	2

（续表）

天数	对照组	变量组 1–氮磷钾肥组	变量组 2–氮肥组	变量组 3–钾肥组	变量组 4–磷肥组	变量组 5–钙肥组
7	3	6	5	3	5	2.5
8	3	6.5	5.5	3	5.5	2.5
9	3.5	7	6	3.5	6	3
10	4	8	6	3.5	6.5	3
11	4	9	7	4	7.5	3
12	4.5	10	8	4	9	3.5
13	5	11	9	4.5	10	4
14	5	12	10	4.5	11	4

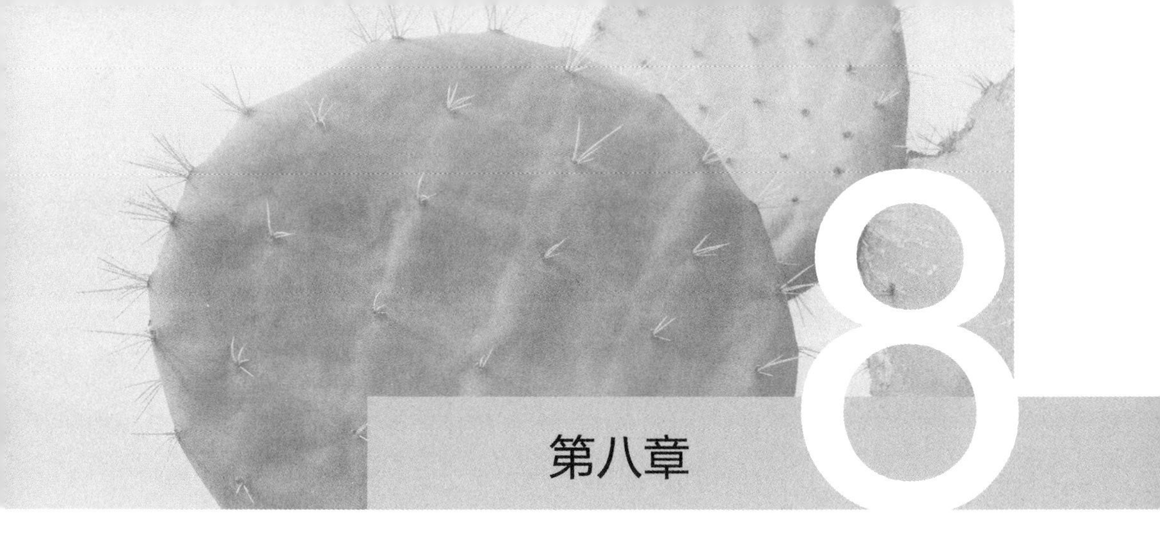

撰写学术论文

1 引言

目前你已经阅读了很多科学书籍和文章。你可能已经注意到学术论文包含不同的文体，这取决于文档格式（例如，是课本还是杂志文章）。你可能还注意到即使在谈论复杂的科学问题时，有些文章读起来也通俗易懂、趣味横生，而有些文章显得艰涩，这倒不是因为科学问题本身太深奥，而是写作的缘故。像其他任何活动一样（如学一门语言、演奏乐器或运动），写作需要练习才能达到炉火纯青。在本章，我们要学习怎样把实验和研究中收集的数据汇总起来，撰写学术论文，这包括：

- 列出论文的要素
- 关于如何清楚地撰写论文的基本指导方针
- 说明引用他人作品并注明信息来源的重要性
- 论文版式的基础知识
- 如何在论文中可视化地呈现数据（图表和其他图形等）

2 论文的要素

研究论文由几个板块组成：引言、文献综述 / 背景文献、方法、结果、讨论、结论 / 展望以及补充材料的附录，我们将在后文详细讨论。下面的表格将简洁地告诉你研究论文的每一部分是什么以及包含什么。

表 8.1 研究论文的要素

板块	它告诉读者什么
标题	论文是关于什么的
摘要	对研究的简短而完整的概述
引言	问题 / 假设、已知和未知的信息、研究目标和采用的方法
材料和方法	使用的材料和进行研究的方法
结果	发现的结果
讨论	对结果的解读
结论 / 展望	研究的影响和展望
参考文献	列出参考的论文 / 研究以供查询
附录	补充材料（公式、背景表、图表、附图）

我们将在怎样撰写学术论文部分深入讨论时态和语法，但是在下文解释“要素”时，我们会简短地说明在论文的每个部分可以用什么时态，帮助你大致了解。

2.1 标题

给文章取一个标题听上去似乎很简单，但取一个合适的标题并不容易。标题需要抓住读者的注意力和兴趣点，还要准确反映论文的内容。标题不要太长，最好控制在 15 个字之内（这里指英文单词），否则会让读者厌烦甚至都没兴趣看你的引言。

2.1.1 好标题的示例

放射性铅的相对原子质量

肥胖问题的恶化和低龄化：肥胖症的发展趋势

这两个标题都很直接：简洁地告诉你文章的内容，并使用醒目、强烈、活跃的名词和动词。

2.1.2 坏标题的示例

钙对于番茄耐盐性影响的研究

核腔菌中的蛋白质毒素在大麦网斑病中的作用的证据

研究和证据两个词都是多余的。既然你写论文，读者默认你已经做了研究，并会拿出相应的证据证明结果。所以，你可以去掉这些词，改成这样：

钙对番茄耐盐性的影响

核腔菌的蛋白质毒素在大麦网斑病中的作用

修改后的标题简洁、直接得多，更为醒目。

标题的“要”与“不要”

要：

在标题中描述研究主题，使其富有信息量。

在标题中体现研究的特点，使其与同样主题的其他研究区分开。

在标题中使用醒目的词汇：名词和动词。这些词汇能抓住读者的注意力，增加阅读兴趣。想想你最喜欢的小说，它的标题中很可能包含了许多醒目的词汇。正是因为标题吸引了你，你才会选择阅读。

适当使用专业术语（后文中会进行详细说明）。

不要：

使用专业术语，除非你能确保每个人都能理解。

繁复冗余：例如研究、观察、检验或调查等通用词。你将在论文中大量使用它们，有必要再用它们来描述你的论文标题吗？

2.2 摘要或概述

论文摘要是用简短的篇幅描述论文的内容，又称概述。在完成学校作业时你可能无需撰写摘要，但是了解它是什么、包含什么以及为什么需要，不无裨益。

在概括论文时，摘要中会包括论文的要点：研究目的、材料和方法、最重要的结果和结论。你要通过一个段落简洁明了地说明所有信息。摘要中的信息是完整的，通常不包括表格或附图，也不会有任何需要进一步解释的信息。从根本上说，摘要应该使读者产生阅读论文的兴趣（就像你最喜爱的书的封面推介广告），因此你应该强调研究的重点和有趣的部分。

摘要可以只使用过去时，或者过去时和现在时混用。在你描述你做过的事时，你可以用过去时：例如，"我们用了 A 方法来检验 B。"在描述你为什么做了某事（如研究动机）和你从研究得出的结论时，你可以用过去时 we wanted to test 或现在时 our results suggest that。

2.3 引言

引言部分介绍论文的内容。在引言中你会告诉读者你在干什么以及为什么它很有趣和 / 或重要。在这一部分你将讨论研究背景、解释研究 / 实验的基本原理，并清楚地陈述目标和使用的方法。引言相当于整篇论文的简要概括，无需详述细节。每个要点大约占据一个自然段。

背景：在这里你告诉读者你将测试什么假设或回答什么问题。你将简短地概括就同样的研究主题已经做过什么其他研究，是谁做的（文献综述）。这叫做定位你的研究：在更广阔的领域里，你的研究处于什么位置？

承认其他科学家的工作以及它们给你的研究提供了哪些信息很重要。否则会被视为剽窃——盗取别人的想法和作品。指出观点的来源，也能帮助读者在更广阔的领域中定位你的研究。你在开篇就应该提出试图通过你的研究解决的问题，并清楚地解释为什么这个问题和这项研究有意义。从一开始就抓住读者的注意力很重要，不要让他们等到第 4 页才读到你的假设。

实验 / 研究的理论基础：在这里，你要谈论其他科学家没有做过的事情，即你进行这项研究或实验的理由。你要思考现有研究的空白是什么，并清晰地告诉读者。

目标和途径：在这一部分你将告诉读者实验或研究的目标。它与你的假设不同，因为假设是你想回答的问题或预测，而目标和途径则是简短的说明，解释你打算怎样回答假设中提出的问题。它不同于材料和方法（materials& methods）部分，因为那部分中你需要详细叙述你怎么进行实验。

正如摘要一样，你可以在这部分混合使用过去时和现在时。动机和理由可以用现在时，例如：We are interested in discovering whether A contributes to C ... 然而，对于背景中的文献研究，你将用过去时，因为你已经读过那些论文了：Dawkin's studies showed that ... 目标可以用过去时或现在时，取决于你进行的研究类型。你需要思考，什么对于描述你的论文是最有意义的（是的，科学也需要讲故事，但这是关于你的实验 / 研究的故事，不是你发挥想象虚构的故事）。

2.4 材料和方法

在材料和方法部分中你将具体谈论如何进行实验 / 研究。这部分有两个目的。首先，它完整描述了你在实验 / 研究中进行的步骤和使用的物理材料，包括所有实验的步骤和分析结果的方法。其次，它向读者提供一套简洁明了的操作指南，这样他们能够重复你的实验并能期待得到和你一样的结果。

想要让别人了解你的研究，这部分就要结构合理，逻辑清晰。那么，你需要查阅你的研究中每个阶段的记录和实验报告，回忆你所做的工作内容和工作顺序。这个部分常常是按时间顺序构建的，按照你做事的顺序，但并不是绝对的。如果你使用许多相似的方法或工作有重叠，你可以考虑把相似的事情归在一起。

例如，你可以在一个部分中叙述所有实验室工作或计算机工作，而在另一部分中描述数据收集和采样工作。如果你决定采用这种结构，就要确保额外对工作顺序做出了解释。这一点很重要，这样如果读者得到不同的结果，他们可以将他们的实验与你的实验进行比较。

你可能想要详细、充分地描述你所采用的方法，但是如果类似的研究中已经有相关信息，你无需过多着墨。你只需要引用原始的参考文献并解释你对原来的研究方法进行了怎样的拓展和修改。

你需要清晰扼要地解释实验的设计和抽样的计划，并清楚地描述你的实验条件、测量方法、统计模型、数值和处理方式。你要陈述作出的所有假设，在说明使用的化合物时，要确保你清楚地陈述了它们是什么以及你是否对它们做了改变。如果你进行了调查，你需要描述你使用的抽样步骤和观察、分析研究对象的方法。

一般来说，撰写材料和方法部分完全使用过去时，你可以这样表达："We used X on Y" "The observation period was ..." "The treatment was ..."。

2.5 结果

结果部分呈现你研究中发现的结果，可以通过文字和表格、图表等可视化数据来概括你的发现。你需要展示足够的数据，让你的读者能解读和理解你的结果。与材料和方法这部分一样，你需要有逻辑性地呈现你的想法，不管你用什么方式，总之要能清楚说明你所从事的研究。

你要将可视化数据中显示的最重要的结果概括出来。然而，你需要确保你不仅仅是重复附图和表格中展示的信息，你必须把数据整合到文本中。例如，与其说"A 的均值是 1.5"，不如说"A 的均值（1.5）多 / 少于……"。如果你有几个相似或相等的结果，你只需要说它们相似 / 相等，不需要重复数值。你可将结果置于补充材料的附录中（详见 2.9），让读者自己阅读。结果描述要具体并有信息量，与其说

X 随着时间（或类似）而改变，不如说 X 随着时间 T 的改变增加了 10%。

与材料和方法一样，结果部分通常用过去时，因为你已经做了实验并得到了结果。在这部分用类似这样的表达："Our experiment showed that ..." 或 "We found that ..."。

2.6 讨论

在讨论中你会解释所展示的每个结果的意义，即它与目标的关系。例如，如果你的目标是回答一个科学问题或验证一个假设，在讨论部分，你展示所有的实验结果，解释它们怎么有助于回答问题或验证假设。有些结果可能不是结论性的，或者是出乎意料的——与你开始研究时的期待相反或不符。这在科学研究中是很正常的，最佳处理方式就是坦诚地对待你的结果。

结果部分只是陈述你的结果，而在讨论部分你还要从你读过的参考文献中引用证据来支持你在实验中的发现或指出矛盾所在。当你的结果和现有文献矛盾时，你需要解释这些矛盾。你需要识别有意义的结果，也要认识到与假设不符的或没有显著意义的结果的重要性。如果对你的观察还有另一种解释，你应该在这里提出并说明为什么你的解释更有说服力。而且，你需要描述你的研究的不足之处，比如与你的实验 / 研究设计有关的不足（时间、观察次数及其他）。你在结果部分已经陈述的内容（如结果、附图和表格）不需要在讨论部分重复。

讨论部分常常使用现在时，因为你正在解读你的结果，或者把他人研究结果与自己的作比较，如："on average" "X is greater than Y" "which is consistent with the finding of Hawkings（2013）"……

2.7 结论 / 展望

你将在结论或展望部分（可能其中之一或两者兼有）概括研究 / 实验的结果并描述它们的普遍意义。在这部分通常不提及任何新的信息。你只需要解释你的研究会带来的影响，但是当展望你的研究的意义时，注意不要夸大。

与讨论部分一样，在结论／展望部分你需要使用现在时进行表述：“Our results suggest that ...”。

2.8 参考文献／参考书目

参考文献（reference list）或参考书目（bibliography）即你在论文中引用的所有文献的清单。参考文献和参考书目这两个术语含义相同，不同的术语选择主要是出于不同偏好，取决于你的老师想要哪一种，或是你在写的研究论文类型。参考文献只包括论文中引用的，而参考书目还可能包括没有在论文中直接引用的相关背景材料。参考书目在艺术、人文和社会科学研究中更为常用，但有时也用在科学研究中，所以对于它们的差异最好能有所了解。

后文（参考书目和来源）中我们将探讨怎样规范地书写参考文献／参考书目，但是你需要确保你论文中引用的都在参考书目中罗列出来了，反之亦然。参考文献的出处包括所有的书籍、期刊文章、网络文献和其他材料，如网上的视频。不管什么时候，只要你使用了他人的观点，就必须在文中标注引用，并且列在参考文献中。

2.9 补充材料的附录

你的附录中可以列举实验／研究中涉及的，但在正文中没有空间容纳的资料，只要你认为这些材料与你的研究有关联，而你的读者也会感兴趣。补充材料可能包括化学或数学公式、统计资料、调查问卷、分析步骤的细节或者有新意的计算机程序。

3 怎么整合

虽然前文中我们按照论文的结构顺序列出了这些要素，但是，实际上这并不一定是最佳或最容易撰写论文的方式。在实际操作中存在许多不同的撰写论文的方式，因此你要弄清楚，哪一种最适合你或你的团队。

这里列举两种不同的撰写论文的方法。

你可以从一开始就：

- 草拟摘要
- 草拟引言，描述你要问的问题和你为什么要提出这个问题（理由）
- 撰写方法
- 根据结果，进行分析并起草写作
- 同时撰写结论和讨论，确保它们相符
- 修订摘要，确保它描述了你做的和发现的
- 修订引言，确保问题和理由与讨论和结论相吻合

采用同样的草拟和修订原则，你也可以从中间开始，向两头扩展：

- 方法和材料
- 结果
- 讨论
- 结论
- 引言
- 标题
- 摘要（如果需要）

从中间开始向两头扩展看上去好像有点怪。然而，从中间开始也有好处。你将在结束实验 / 研究前就开始撰写论文，因此材料和方法、结果在你头脑里记忆犹新。这两部分是你讨论部分的支柱，因此那是下一个容易写的部分。在你写完

讨论部分时，你也知道了你的结论和你实际做的（引言）。到这一步，你也很清楚怎样简洁明了地表述这个实验/研究，因此你的标题和摘要就水到渠成了。

这里列举的只是众多写论文方法中的两个，你可能找到其他更适合你的方式。

4 怎样撰写学术论文

正如之前指出的，有些科学作品读起来轻松有趣，有些则不然。阅读科学读物有时很困难，因为作者使用艰涩的词汇（必要的专业术语之外），含糊不清，并且毫不关心读者是否理解。这种晦涩的写作风格在某种程度上是受20世纪早期和中叶流行的写作传统的影响。幸好，这个传统在改变，科学家面向许多不同的读者，以典型学术论文之外的许多不同格式在写作。作为青年科学家，如果你在学校就掌握好的写作技巧和习惯，将来会受益匪浅。

本节聚焦于怎样进行简明扼要的学术写作，这种写作方式可以运用于科学之外的所有学科中。然而，正如引言中所说，写作需要练习才能炉火纯青。

4.1 谁、什么、为什么和怎么样?

在你落笔前，你需要问自己下列问题，因为它们将决定你怎样处理论文的写作与结构：

谁是你的观众（读者）？大多数时候（在这一点上），你的观众将是你的老师，但是你可能需要和你的同学交流，这两类人是不同的观众，在写作风格和交流方式上有不同的期待。

什么和为什么？你应该问自己几个相互关联的什么和为什么问题。你的研究主题是什么？它为什么是重要的？你想传达什么结果？为什么想传达它们？这些是你想传达给读者的信息的重要方面。你想让读者理解他们为什么要关注你想说的。最后问的问题——你为什么想传达你的结果？——也与怎样的问题紧密相连。

你想怎样传达你的研究主题和结果？怎样传达才是最有效的？这两个问题是让你思考你的论文结构，我们将在下面讨论它。

你怎样回答你的读者最可能问到的问题？好的读者总会有问题，你作为科学家和作者的一部分工作就是预想读者可能有的问题，并在论文中进行回答。在写作时把读者放在心里将有助于你写出生动活泼的文章。

4.2 从非正式写作到正式写作

写作有许多不同的方式。从给朋友或兄弟姊妹的非正式的信息，到课本上半正式的写作，到官方文件上非常正式的语句。你使用的语体取决于你的创作背景。

当你给朋友随意发消息时，你根本不需要担心正式性，你可以用缩写、表情符号等，知道你的朋友会懂。本章的写作语体接近半正式，使用看似随意的缩略语和会话风格，目的是为了便于读者理解。

官方的文件和许多学术写作可能非常正式。极端情况下，学术写作包含许多长的词汇和行话，常常干巴、抽象，没有人情味。写作时没有“我”或“我们”，主语变成了非人称的“个体”或“群体”。大量使用被动语态会使文章读起来吃力，有时读者会不由自主地打瞌睡，如“假设受到（某个）观察的支持……”，而非使用主动语态，如“沃德（2010）支持这个假设……”

你在你的研究论文中使用的文体总体上是正式的。它会比本章的写作风格还正式，但是比极度正式的官方文件更生动有趣。它们的主要区别在于你不使用缩略语（如“don’t”“I’m”“you’re”），偶尔使用拉丁语的通用缩写如“etc.”“i.e.”，或“e.g.”，但是你在使用前要确保知道它们的意思。你还将使用科学术语的缩写，但是你需要确保首次出现时写出全称，然后把缩写标注在括号中，除非是如DNA这种公知公用的缩写。你还可以在文章中使用我和我们，因为它们能使正式的文章更生动活泼。一般来说，你不会直呼人名（除非你在引用他人的作品），但是那只是传统。如果直呼其名更好，不妨这么做。

在下一节中，我们将探讨写作的技巧和造就文章优劣的因素。

5 论文结构和写作过程

5.1 提纲

在开始写作前，最好列个论文提纲，并标注要点和结果。正如在“2 论文的要素”中指出的那样，写论文有不同的方式，你在这一步需要考虑采用哪种方式。提纲可以很具体，带有标题和副标题这样的结构顺序，每个下面都简单标注要点。或者你可以画张思维导图或其他组织结构图，帮助你组织想法，最重要的是，不要遗漏重点。不管你用哪种方式列提纲，最重要的一点是：这是帮助你写论文的程序文件，这是你准备怎么写的计划，无需给读者阅读，它只需要为你服务。

5.2 结构

组织论文的正文结构不是件简单的事。你需要考虑什么方式最适合你强调提纲中的要点。论文的结构多样，你还可能用到不止一种结构。下列是一些构建论文的原则：

- 时间顺序（即按你在实验或研究中做事的顺序）
- 从最有趣 / 重要到最不有趣 / 重要（显然，你想从最有趣的开始，因为那能够吸引读者）
- 因果顺序（或相反：你看到结果，再弄清楚原因）

• 比较和对比（正反研究）

虽然时间顺序原则看上去最简单，实际并非如此，依据这里列出的其他原则构建论文可能更容易。

5.3 起草与修订

一气呵成的想法很诱人。然而，好的作者在提论文交之前都会几易其稿，因此要做好思想准备，在交稿前你需要写两三稿甚至更多。

5.3.1 初稿

初稿实质上是依据提纲填空。先把文字写下来，不用考虑语句、段落是否优美。你可以想象读者问你在本部分开头指出的，与“什么、为什么、怎么样”有关的问题：为什么这个问题很重要或有意义？你做了什么？为什么？你发现了什么？你怎么去解释？你为什么告诉我（读者）这个？这个研究的结果有什么用？这些问题（你能想到的任何其他问题）将帮助你记住研究中的要点以及为什么你想强调那些点。在完成初稿后检查一下你的拼写。

5.3.2 第二稿

第二稿产生在你读完初稿后，你想：不，我现在那一部分里说那个……我想把这个移到另一个部分……我为什么写了那个？你开始审视你的提纲和构建原则，判断什么可行、什么不可行，并弄明白为什么不可行。你的初稿可能激发了一些新想法，你想把它们包含进去，你需要弄清楚它们放在哪里最合适。然后你需要再问自己：我把意思表达清楚了吗？如果我第一次读到，我看得懂吗？有没有更好的表达方式？仔细思考你写的内容，以及什么才是发展你最初想法的最好方式。

你还需要审阅你的文章，思考怎么可以表达得更好、更清楚简洁。你将开始思考怎样让句子和段落更通顺，你将开始构建连贯的叙述来讲述你的实验或研究的故事。在这一稿，你还将开始检查你对词汇和主动 / 被动语态的使用，确保你在某一特定部分自始至终使用一致的时态。你还需要确保你的参考文献和来源引用准确、参考文献清单格式准确。再做一遍拼写检查，并检查你的语法。

这一稿中你也将开始考虑你的数据的视觉表现形式（图表、表格和曲线图，我们将在本章末尾讨论）和它们在文本中的功能。它们充分说明了你想表达的意思了吗？有没有办法让它们更清楚？文本和图表一致吗？这些图形元素怎么改善？

5.3.3 终稿

理想状况是，在第二稿之后，你还有时间写第三稿（或者可能更多）。终稿需要你把文章中所有的想法和要点按你想要的顺序排列并加以提炼：你把事情说清楚了吗？文章是否通顺？读者还有读不明白的地方吗？（你不希望读者去猜！）有没有更好的表达方式？一切是否都连贯和符合逻辑？有没有冗余的语句？有没有更好（更准确）的词句？有没有不必要的重复？有没有忘记什么来源或引用？再检查一遍参考文献，再彻底检查一遍拼写和语法（不要依赖于文字处理程序，它们的不准确是出了名的，你需要用“老式”的方式）。

5.4 写作和文字

写作的核心是文字，而同样重要的是我们怎么使用它们。科学上有许多令人着迷的故事可讲，但是科学写作经常变得乏味，因为作者受到老式传统的压制。正如在引言中指出的，科学写作可以读上去轻松有趣，但是需要练习才能写得好。本节将说明怎样清楚地表达，以让读者容易理解。

能否写得好部分取决于你的心态。把你要写的当作一个故事就是个好主意：正如在本章开头指出的，你写论文是为了讲述你实验或研究的故事。显然，这个故事并不源于你的想象，而是扎根于现实世界。但是好的作者常常用故事这个术语来描述一种向观众有效传达的方法。你可以参考故事的写法，用人物和行动来组织你的文章，让读者兴奋起来。

5.4.1 清楚和准确

清楚和准确是优秀的学术写作的第一准则。清楚和准确多半归结于你的遣词造句。你要选择能表达你意思的、恰当的、和论文中其他词相匹配并且通俗易懂的语句，使用语义明确的词语，因为它们容易让读者准确把握意思，不容易产生误解。

词汇是你清楚和准确地讲故事的工具。有时，这意味着你要用复杂的词，如表 8.2 左栏中的词语，有时最好使用简单的词，如右栏中的词语。弄清楚用哪类词是你作为作者要面临的挑战之一。这一点没有固定的做法，有时就凭借你的判断和读者的反馈（如果他们告诉你他们不懂，你就知道你的方向有误）。弄清楚用哪类词的一个好办法就是问你自己下列问题：我到底想与读者交流什么？我选择的词是最清楚、最准确的吗？事实上这个词传达了我想让它传达的意思了吗？它是个常见的词还是晦涩的词？（如果是晦涩的，它可能不是最佳选择，因为没有那么多人知道它）在这个语境中使用简单词或复杂词哪个更有意义？

表 8.2　词语示例

引人注目的大词	短小易懂的词
Adhere	Stick
Alteration	Change
Ascertain	Find
Develop	Make
Endeavour	Try
Facilitate	Help
Heterogeneous	Patchy
Initiate	Start
Retain	Keep
Subsequent	Next
Spatial	in space
Terminate	End
Transmit	Send

使用听起来更专业、看上去更引人注目的复杂词是诱人的，可能你总是想用它们，但是，有时它们会混淆（obfuscate）你想表达的意思。例如，我们刚刚使用的 obfuscate，你知道它的意思吗？你是不是感到困惑？我们本可以轻易地说那些复杂的词可能混淆（confuse）或模糊（obscure）了那些想法，让读者可以轻而易举地弄明白。虽然 obfuscate 听起来印象深刻，它不一定是让人理解的最佳选择。

相反，有时候你需要引人注目的长词，但是，不要只是为了给读者留下印象而使用它们。你需要确保你确切地理解了这个词，而且你的读者在你使用的语境中也能理解。有时，引人注目的长词实际上比短小的词更清楚、更恰当。这是你要做的判断。你的写作经验越丰富，写作背景越多样，判断也就越容易。

上述内容主要针对词汇，而一般来说科学语言的使用还有一些注意事项。你要熟悉一系列术语，有的是各门科学学科中常见的，有的是针对特定科学分支的。这些复杂的术语是你在写作过程中需要用到的，对你的工作是必不可少的，也许你的读者早已熟悉它们。然而即便如此，你也要小心，不要过度使用专业术语，因为那样它就变成了“行话”，会使你想表达的意思模糊，而不是更清楚。如果你需要使用读者不熟悉的术语，你必须在首次使用时对它进行定义，并在后面用到时再重新提及那个定义。

写作的基本规则是：简单的事情采用简单的写法。在使用某个词语时你要完全肯定这个词是最佳选择，能清楚准确地表达你的意思。例如，实验开始你最好用 began 而非 commenced on。相反地，你要表达实验的结果成分混杂，heterogeneous 比 patchy 更恰当。弄清楚用什么类型的词，需要实践和从一般写作和专门的科学写作中积累经验。

为了创作有趣、信息量大、清楚、准确的叙述，你需要熟悉词性——名词、动词、副词和形容词，以及掌握如何恰当地使用它们。你可能已经在语言班级熟悉这些术语了，但是，它们在正式的学术写作中的应用与你在说和非正式写作时的日常使用是有点区别的。

5.4.2 具体名词和抽象名词

具体的名词是事物的名称：地点、人、动物、化学品、物体等的名字。例如，花岗岩、松树、海豚、T 细胞。这些具体的名词实质上是你研究论文故事中的角色。你的人物（名词）越具体，他们的行动（动词，下面讨论）越有力，叙述（故事）就越有趣。

抽象名词来源于动词，有时也来源于形容词。它们是指情绪、想法或品质等无形的东西，但是作为特征效果就不尽如人意。表 8.3 对一些常用的抽象名词和它们的来源（动词或形容词）做了说明：

表 8.3　抽象名词示例

动词	抽象名词
Understand	Understanding
Observe	Observation
Demonstrate	Demonstration
Manipulate	Manipulation
Interpret	Interpretation
Assume	Assumption
Predict	Prediction
Exclude	Exclusion
Develop	Development
Adjective	Abstract Noun
Applicable	Applicability
Accurate	Accuracy
Efficient	Efficiency
Plausible	Plausibility
Regulate	Regulation

许多科学作者喜欢用抽象名词使他们的文章听起来更复杂，初涉写作的人很容易掉进这个陷阱（许多专业作家也犯同样的错误）。然而，这样做只是让作者自我感觉良好。抽象名词常常令读者迷惑，因为作者试图把它们用作具体名词，而抽象名词代表的是想法而非行动。

但是，抽象名词在科学写作中也有一席之地。它们能帮助你简洁地表达有时要一个短语才能说清楚的东西。例如，术语“突变”（mutation）或“进化”（evolution）是被普遍理解、确认和接受的抽象名词，它们把复杂的理念浓缩成了一个词。然而，在使用时要谨慎、精确，这样你可以避开听起来印象深刻却令人迷惑的陷阱。

5.4.3 主动动词和被动动词

在“从非正式写作到正式写作”这部分，我们提到了主动和被动语态。其实，动词也有主动和被动之分，这一区分至关重要，有助于写作生动、有趣且富含信息。当句子的主语是施动者，动词是主动的；当主语是受动者，动词是被动的。例如，“他们确立了这个协议”是主动语态，而“这个协议被他们确立了”是被动语态。在第一个例子中，主语（他们）是施动者（确立了协议），而在第二个例子中，主语（他们）是受动者（协议被确立了）。注意：使用主动动词的句子更简明扼要，而使用被动动词的句子往往读起来浮华无聊，谈论的内容也不够清楚。这是因为用主动动词的句子强调主语并且更高效，阅读时间短且容易懂。

这并不是说你需要一直使用主动动词。事实上，在描述你的实验 / 研究时，你需要用一些被动动词，因为你需要强调受动者，而非施动者——例如，个体每周被测量两次。如果实验出了问题，你也可能需要用它来避免责怪：例如，数据存在误差是可以被理解的。

小心，不要掉进过度使用被动语态的陷阱。这里有个很好警戒方式：如果你写得很无聊，它可能读起来也无聊！试着把写的朗读出来，你听起来觉得怎么样？你写的听起来有趣还是让你打瞌睡？

在你的文章中，你使用的动词不仅要是主动的，也要是强有力的，因为这种动词能使你的想法更易懂、更有趣。例如，“我们分析了数据”这个句子比“我们对数据进行了分析”更清楚有力。在第一个例子中，分析是一个强有力的主动动词，而在第二个例子中，动词是进行，但是重要的词是分析。第二个句子看上去就弱，不如第一个清楚有力。

不但在句子中选择合适的动词很重要，而且它们的位置也有讲究。在读英语时，你首先要找到主语（人物），然后，你开始寻找告诉你人物在做什么的动词。因此，你不希望主语在句子的一端，动词在另一端。尽量让它们紧挨着，因为那样你的句子更清晰易懂。例如，许多海鸟在小范围内捕食猎物（Many shorebirds deplete the prey in a small area.）。这里的名词是海鸟（shorebirds），动词是捕食（deplete）。

5.4.4 修饰词：副词和形容词

写作要考虑的第三部分是修饰词：副词和形容词。形容词是与名词和代词有关的修饰词或描述词。例如，“许多科学家已经在研究猎户座星云的美丽恒星保育室。”“许多”修饰“科学家”，“美丽”描述名词“恒星保育室”。

形容词的使用给句子增加了信息，更好地描绘了研究对象。

副词之于动词的作用也类似，副词可以修饰形容词、其他副词，甚至整个句子。它们通过回答在哪里、怎么样、什么时候、隔多久、什么程度这些问题定义或限定词句。换言之，你需要回答读者的一些问题（见起草和修订论文部分）。例如，“科学家更容易识别我们星系之外的恒星的诞生。”在这里，“容易”定义科学家怎样识别新恒星。

5.5 时态

我们在不同时候因为不同的原因需要使用不同的时态。然而，没有关于何时何地使用哪种时态的硬性规定或传统。每本关于科学写作的书上的讲法都稍有不同，所以很容易让人糊涂。虽然没有确定的模板，但是下列基本信息和常见方法能帮助你选择不同的英语时态。

时态（过去和现在）与你使用的动词直接相关，不管你是正在做、已经做还是将要做某事。在你的写作中，大多数情况下会使用过去时和现在时，当你提及常识性的东西时，偶尔也用过去完成时。

5.5.1 现在时

在你的论文中，每当你提及现在或在不明确的时间点发生的动作或事件，你会用现在时。因此，当你展示一般的事实、从其他来源转述信息、陈述研究目标、发表观点或撰写一些特定语句："我们的研究结果表明……（Our results suggest that ...）"时，你需要用现在时。

5.5.2 过去时

过去时指的是发生在过去的事件——具体并结束的动作。这可能包括你的实验和研究：你在写它们的时候，它们已经结束了。你在写特定语句时，如果你倾向于过去时，或者过去时比现在时更有意义，你也可以用过去时："生物多样性保护资源严重匮乏……（Resources for biodiversity conservation were severely limited ...）"

5.5.3 将来时

除了提及将来研究的可能性，或者你不得不超出实验直接范围对某事物未来的影响作出预测时，学术论文中极少用将来时："这个实验的结果将与将来的工作有关……（The results of this experiment will have relevance to future work on ...）"

表 8.4　在不同要素中使用的时态

部分	时态
摘要 / 概要	过去时：目标，材料，方法和结果 现在时：动机和理由，结果的解读和结论
引言	过去时：目标，文献综述 现在时：动机，理由
材料和方法	过去时
结果	过去时
讨论	现在时
结论 / 展望	现在时；可能用将来时

以上是一些指导原则，并不需要完全严格遵循。可能你的研究主题意味着你更多地使用过去时，或更多地使用现在时，不管怎样，你要确保论文自始至终在选择使用时态的方法和规则上保持一致，不要在段落中间加以改变。

5.6 句子、段落、语法、标点和引用

上文中我们讨论了词汇的类型以及使用方法，你还需要了解如何构造句子和段落、如何确保你的语法准确以及如何引用其他科学家的观点。

5.6.1 句子和段落

在研究论文中，基本的写作单位是句子。你在一个句子中如何排列词语对于你的作品是否清晰易懂起到重要作用。英语中句子的基本构成包括：主语、动词和宾语。例如，“约翰（主语）支付（动词）我们的参与者（间接宾语）一小笔钱（宾语）。”这个组合（主语、动词、宾语）组成了一个分句，是创造一个完整的句子所需的最小组合。在英语中，句子必须有至少一个完整的分句，但是在句子中也可以有更多的从属分句。主句能独立存在，而从属分句需要主句才能有语法意义。例如：“他们散步是因为他们需要锻炼（They walked because they needed the exercise.）。”

“他们散步（They walked）”是主句，它可以独立存在；但是句子的余下部分“因为他们需要锻炼（because they needed the exercise.）”不是完整的句子。

为了给读者更完整的图像，主语、动词和宾语之间往往会添加其他信息要素。这些要素可能包括时间、地点、对事物的描述等。

在英语中，有极为短小的句子，也有很长的句子。虽然短句不是问题，但是你不希望罗列太多短句，因为这样容易显得支离破碎和生硬。然而，长句子写起来容易，却有可能带来更多的问题。

在英语写作中你很容易在主句后添加从属分句，但是如果你一直这样做，会增加理解的难度。如果你发现自己在文章中使用很多逗号（清单以外），或者使用超过一个分号，那就是句子太长的警告。这里有一个好的方法，如果句子超过

三行，停止写作，看看你是否能够把句子分成两个或更多的短句。如果你不知道在哪里断开，再看看分句：什么能独立存在，什么需要更多信息？再看看你用分号的地方；虽然分号能充当语法上的胶带，将两个紧密相关的句子合在一起，如果你在分号处把句子断开，另起一个新句子，有时会更好。再读读那个句子。你看到了前面句子中使用的分号了吗？这就是分号的工作原理，但是同样也可以在“地方”一词后结句，并在“虽然”处另起新句。主要来说，如果你不十分确定分号是最好的选择，那么它可能就不是，你应该另起新句子。

一连串的长句或短句读起来都会很吃力。因此在写论文时，最好能够长短结合。这并不是说简单的想法就用短句，复杂的就用长句。事实上，考虑到一致性，你需要把复杂的想法分成几个较短的句子。

段落是由句子构成的。你写的每个段落会包含一个主题。有时主题会跨几个段落完成（但是尽量避免），但不要在一个段落里包含多个主题。在进入一个新的主题时，你需要另起一段。

段落的结构如下：

第一句是中心句，介绍这个段落的核心思想。之后的句子都是用来支持主题，通过提供更多的信息来解释或证明这个主题。你可以根据具体情境，通过引出下一段内容或者对本段主题作最后陈述来结尾。如果是一个短小的段落，你可以启下。如果是长段落，或者是一个部分的末尾（或者是论文末尾），你可能需要承上，在最后做出总结性陈述。

与句子一样，段落过短或过长也有问题。尽量避免一个或两个句子单独成段，除非是不需要额外支持的直接陈述（最好一个段落至少包含三个句子：主题、支持和结论 / 连接）。也要避免走上另一个极端，尽量不要让一个段落的篇幅超过一页，除非你在其中包含了数学 / 统计的表达和 / 或可视化的数据（图表 / 曲线图）。整整一页没有分段的写作会导致眼睛和大脑疲劳。

5.6.2 引用

在学术论文中，直接引用另一个学者的作品不如在人文学科的论文中常见。更好的引用方式是转述理念并在正文中给出参考文献（“参考书目和来源”中将深入讨论）。然而，如果你发现确实需要直接引用，你需要了解一些知识。引文要放在单引号或双引号中，你用哪一种取决于你遵循的引用格式，但是必须在论文中保持一致。一般来说，你会引用句子的一部分或整个句子。如果引用不超过三行，可仍用正文格式。如果超过三行，需要单独成段，两端缩进，但是不用引号。例如：

> 为什么科学写作水平低下会带来严重影响？一方面是因为它阻碍了学科间思想的交流。随着科学领域越来越细分，写作越来越复杂，不同领域的专家难以相互理解。低下的写作使一个领域中的发现很难运用于另一个领域……（格林，2013，p.2）

[From，Greene，A.E.（2012）.Writing science in plain English. Chicago IL：University of Chicago Press.]

在这两种情况下，引用时需在引文后注明作者名、出版日期和页码；如果你在引出引文的句子中提到了作者，就只要注明出版日期和页码；如果你在句子中提到了作者和出版日期，则只要注明页码。

5.7 文献综述

大多数科学文章和学术论文中并不包含正式的、独立成章的文献综述（正式的学位论文中会包含文献综述）。文献综述是研究背景的一部分，写在引言部分中，用来说明你进行实验的原因。文献综述会帮助你形成想法，理清研究的背景信息。

顾名思义，文献综述是对一个特定研究主题的文献的整理。你阅读他人的研究，然后简要概括他们工作的重要方面和它对你论文的潜在作用（如果有的话）。这将包括上面讨论的许多要素：假设、方法和材料、结果、怎样解读结果（讨论部分）和结论。

5.8 数字的使用

在学术论文中，你会用到很多数字，比如正文中的公式或是分析部分。在你的实验和研究数据中，你也将提及日期和次数。学术论文中数字的使用也有特定格式。大多数论文遵循 APA（American Psychological Association，美国心理协会）论文格式，然而除了下文描述的格式以外，还有其他可遵循的格式。你主要需要记住，不要将数字放在句首。如果有必要，数字应写成文字形式。

5.8.1 数字、日期和时间

在写作时你一直在使用数字，但是你可能没有真正注意到为什么有些数字是文字形式的，有些是阿拉伯数字。

日期：表示日期的方式多种多样：数字或文字表示的有日 / 月 / 年或月 / 日 / 年。为了确保读者不会混淆，写日期最好的做法是日期和年份用数字，月份用文字。例如，1 January 2015。如果你要提及很多年份，跨度超过十年，那么开始和结束的年代要写完整：2000—2010、1980—1995。然而，如果你要提及整个世纪，数字或文字均可：二十一世纪或 21 世纪。如何选择取决于语境和写作的文体（正式 / 非正式），以及哪种形式能够更好地表达你的论文。

时间：时间的描述方式也很复杂多样。如果你要描述某一天中实验持续的时间，那就用 24 小时表达，0：00 代表午夜，12：00 代表正午。例如，实验从 12：00 持续到 15：30。表示时间时你可以使用冒号或英文句号，或者不用标点符号（但是要注意与年份区别开来，比如避免 1945 与下午 19.45—7.45 混淆）。如果你想表达实验持续的时长，而不是开始和结束的时间点，可以使用 X 小时 X 分钟（hours and minutes）的形式。例如，3 小时 10 分钟（3 hours and 10 mins）。你可以使用缩写 “h” 表示小时，用缩写 “min” 表示分钟。

其他数字：测量值，如重量、长度或温度，可以用数字形式表达，如 15 公斤、12 天、50% 等。当数字用于命名时，也可以直接用数字形式，如实验 5 或第 10 组。如果一个数字并不是测量值，也不作为名称出现，并且数字在 10 以内或在句子开头，则需要用文字形式。然而，如果该数字并不位于句首，并且大于 10，则可以使用阿拉伯数字形式。分号和小数也应该用数字表示，但要避免把它们放在句首。

当多个数字连在一起时，可以交替使用文字和数字形式。例如，10 个 2 天大的 X（10 2-day-old X）会造成理解困难，但是 10 个两天大的 X（10 two-day-old X）就易懂些。当数字后面有很多个零（成千上万或百万量级）的时候，可以写成：一千万，而非 10，000，000。

记住，数字的使用规则背后的逻辑是确保这些数字清晰，帮助读者理解。

5.8.2 数学和统计学表达式

数学和统计学表达式是学术论文中必不可少的部分。你要在材料和方法部分清晰准确地描述你的数学 / 统计方法，让读者明白你是如何设计、操作和分析你的实验的。在结果（有时是讨论）部分，你需要提供足够的细节来帮助读者解读你的发现和你的解释。在这两个部分，你要包括足够的统计细节和数学细节，这样读者就不用猜测你做了什么以及怎么做的。你要详细说明你的模型、变量以及研究或实验中的各项因素对模型的影响。

我们通常将数学和统计学表达式单列一行。如果文中有多个表达式，你要确保它们易于辨认，彼此区分。你可以根据语境用圆括号（ ）、方括号 [] 或大括号 {} 标示。如果表达式很短或者不含数字，你可以写在正文中并加上括号。如果某个统计模型篇幅较长，对于读者理解来说又是必要的，那你可以考虑将其放在附录中，而在正文中进行简述。

然而，请注意，不要过度使用数学公式替代文字。数学表达式是用来迅速、清晰地表达非常复杂的概念的，但是它们不能替代你的文字解释。如果你要在论文中使用大量的数学或统计学表达式，可以将其放在附录中供读者参考，以确保正文简洁，指引明确。

学术论文中使用数学和统计学表达式的方式多种多样。如果你想要深入了解，你可以参照关于统计数据表达、统计数字写作和数据收集的文章和书籍。

6 参考书目及出处

6.1 为什么我需要引用?

正如本章前文所说，使用从他处得到的信息时标注引用是很重要的，否则会被视为违反学术道德（参见第九章《学术道德》），像是在剽窃（偷窃）另一个学者的辛勤劳动。想象一下，如果你发现有人拿走了你的东西，使用它，并声称是自己的，你会有怎样的感受。当学者发现自己的观点被他人使用而没有写明出处时，也会产生类似的感受。剽窃想法和信息与从商店里偷东西一样恶劣。

引用他人的成果也是在研究领域中自我定位、开阔视野的重要方式。把这个想象成学术家谱：你的研究是其他科学家研究的后代，你想通过在你的研究论文中引用它们来纪念前辈的辛勤劳动。你的研究源于前人的研究成果，但是你对这些成果的整合是创造性的。

但是，如果我不知道它的出处呢？然而，这个借口并不成立（这是偷懒），你需要再次检查你阅读的文章和书籍。如果你还没找到，可以在网上搜索相关想法和解释，看看能不能找到来源。你的老师很快就会发现你忘记或遗漏了某项引用，因此为了避免不必要的麻烦，还请查找信息，规范引用。

如果你不想被视为剽窃，所有你论文中使用的他人的观点和信息都需要标注引用，无一例外。你最好对研究中参考的所有材料进行存档，并且把你所需要的信息都整理好（我们将在“怎样引用材料”中作更多探讨），这样方便查找。你可以在文档处理文件中手动操作，或者使用基于计算机的或基于网络的参考文献管理器。

6.2 什么是引用

引用是指通过简短标注，告知读者信息的出处。学术论文中有不同的引用格式。你可能在阅读书本和文章时见过数种相似或是迥然不同的引用格式。最常见的可能是基于美国心理协会 APA 的引用格式。该格式要求夹注（in-text citation），即在句子当中，而不是脚注（在页面底部）或尾注（文档末尾）中引用参考文献。

夹注是简短的，它直接写在正文中，在征引的信息之后，以括号标注。夹注包括作者姓名和出版年份，以逗号隔开。如果是直接引用，还将列出引文的页码。例如，间接引用：月亮是用绿色的奶酪做的（达尔文，1860）；而直接引用会是："月亮是用绿色的奶酪做的"（达尔文，1860，p.226）。

6.3 怎样引用材料

夹注有多种格式，取决于你的文章内容和引用信息的出处。引用标注的主要信息是作者姓名和日期，但是要记住，作者可能不止一个，也可能是个单位（见下页方框）。

有些名字非常常见，有时，同一个学术领域的工作者会重名。为了解决同姓不同人的问题，可在引用标注中写出作者全名的首字母。例如，（J. Li，2001）；（X.J.Li，2014）。如果两个人的姓名首字母完全相同，那么就标注全名。同样，有些学者很多产，或者正好同时发表了好几篇文章，如果你需要引用同一个作者在同一年发表的不同文章，可在年份上添加小写字母（a，b，c 等）。例如，（萨冈，1984a），（萨冈，1984b），或者如果在同一个引用标注中，则为（萨冈，1984a，1984c）。

除上述基本方法外，你还可以把作者的名字写在正文中。例如：达尔文断言月亮是绿色的奶酪做的（1860）或达尔文（1860）表明月亮是用绿色的奶酪做的。

同样的方法也适用于直接引用，你只要在引用上添加 p. 和页码，例如，（奈伊，2001，p.64）。

如果你使用没有页码的网上资源，有时没有日期，那就用"n.d."表示没有日期，"n.p."表示没有页码。

6.4 参考文献和参考书目

正如“论文要素”中指出的，参考文献和参考书目尽管非常相似，但稍有不同。参考文献（你使用最多的）只是论文中引用的文献清单。然而，参考书目也可以包括没有在论文正文中直接引用，但是在研究过程中参考的文献。不管在你的论文中需要用哪一种，引用格式是一样的。

参考文献/参考书目通常按照文献第一作者的姓的字母顺序排列。如果你的参考文献中几个作者同姓，那么你需要按照他们名字的第一个首字母的顺序排列。如果你引用同一个作者的数篇文献，则按发表时间排列（从最早的到最新的），如果几篇文献在同一年中发表，就用上述的 a，b，c 加以标注。

不同类型的材料的引用格式稍有不同。通常主要有书籍、期刊文章和网上资源。

参考文献示例

Ganci, G, Vicari, A, Cappello, A, & Del Negro, C. (2012). An emergentstrategy for volcano hazard assessment: From thermal satellite monitoringto lava flow modelling. *Remote Sensing of Environment*, 119, 197—207.

Hunt, T. (2018). Could consciousness all come down to the waythings vibrate? *Live Science*. Retrieved from https://www.livescience.com/64057-consciousness-vibrations.html

Sword, H. (2012). *Stylish Academic Writing*. Cambridge,MA: Harvard University Press.

Ward, A. (2017). Going to town in the big jam: bridicial’ jam sessions in the 1940s and the development of the New Zealand jazz community. In M.Brown and S. Owens (Eds.), *Searches for tradition: Essays on New Zealandmusic, past and present.* Wellington, NZ: Victoria University Press.

6.4.1 引用的基本知识

1 个作者：月亮是用绿色的奶酪做的（Darwin，1860）

两个作者：月亮是用绿色的奶酪做的（Curie & Darwin，1872）

3—5 个作者：月亮是用绿色的奶酪做的（Darwin，Curie & Lovelace，1880）

注意：多个作者之间用“&”符号而不是“and”。“&”符号是美国心理协会 APA 夹注格式的一个特征，但是，除非是直接引用，否则你在正文中是不使用该符号的。

超过 5 个作者：月亮是用绿色的奶酪做的（Darwin，et al.，1862）

注意：词组 et al. 是拉丁语，意思是“及其他人”。这在引用可能有 10 个或更多作者的学术论文时是有用的表达。在这种情况下，你在引用中使用第一作者的姓，而其他人通过“et al.”示意。

关于多作者参考文献的另一个注意点：在多作者文章中，作者名字不用按字母顺序排列。列出的第一作者是最重要的，因为他（她）是项目的主导作者。最后的作者也是重要的，因为他（她）是项目的资深作者。

引用文献的作者是单位：格式一样，但是需要标注单位的全称。例如，月亮是用绿色的奶酪做的（Darwin Laboratories Incorporated，1860）。

当某一个引文的出处可能包含不止一篇参考文献时，你要遵循上述的基本规则，但是用分号隔开每个参考文献，并按照第一作者的姓的字母顺序排列。例如：月亮是用绿色的奶酪做的（Curie，1900；Darwin & Rutherford，1894；Lovelace，1888）。

注意：按照这种格式，当你同时引用多个参考文献时，字母顺序优于时间顺序。

6.4.2 引用书籍

Sword，H.（2012）. *Stylish Academic Writing*. Cambridge，MA：Harvard University Press.

- 出版日期写在作者名字之后
- 书名使用斜体

• 第一个词、冒号后的第一个词和所有名词首字母大写

• 书名后面标注英文句号

• 标明出版社的地点（如果需要，城市和州名可使用缩写）和出版社的名称，两者之间以冒号隔开

• 出版社名称后标注英文句号

• 章节页码写在书名后、出版信息前，以括号标注

6.4.3 引用书中的一个章节

Ward, A. (2017). Going to town in the big jam：'Official' jam sessions in the 1940s and the development of the New Zealand jazz community. In M. Brown and S. Owens (Eds.), *Searches for tradition: Essays on New Zealand music, past and present*. Wellington, NZ：Victoria University Press.

• 先写出章节作者

• 作者名字之后列出出版年份

• 章节标题使用正常字体

• 写编辑名字时先写名字的首字母，再写姓

• 编辑的名字后面标注缩写（Ed.）或（Eds.），后面标注逗号

• 编辑的名字之后写出书名，并使用斜体

• 只有第一个词和冒号后的第一个词需要首字母大写

• 章节页码写在书名后、出版信息前，以括号标注

6.4.4 引用期刊文章

Ganci, G, Vicari, A, Cappello, A, & Del Negro, C.(2012). An emergent strategy for volcano hazard assessment: From thermal satellite monitoring to lava flow modelling. *Remote Sensing of Environment, 119,* 197-207.

• 文章的作者不超过 7 个时，需列出所有作者名字。超过 7 个时，可使用三点省略号（...），然后列出最后一个作者名字

• 作者名字之后列出出版年份

- 文章标题和期刊 / 杂志的名称都需列出
- 文章标题使用正常字体
- 期刊 / 杂志名称使用斜体
- 文章标题仅有第一个词、冒号后的第一个词和专有名词需要首字母大写
- 期刊 / 杂志名称中所有主要词语（多于 3 个字母）的首字母都大写
- 需标注卷码并使用斜体，无需标注期数
- 需标明文章的页码和结束页，后面标注英文句号
- 如果有数字对象唯一标识符（DOI, digital object identifier），需在页码后列出

6.4.5 引用网络资源

Hunt, T. (2018). Could consciousness all come down to the waythings vibrate? *Live Science*. Retrieved from https://www.livescience.com/64057-consciousness-vibrations.html

- 网络资源的引用格式和杂志文章一样（包括斜体和正常字体的使用），文章、博客或页面标题作为“文章”标题，网站名称使用斜体。
- 在网站 / 来源标题之后、网址之前加上“来源于”（Retrieved from）。

6.4.6 撰写参考文献列表时请注意

正如上述案例所示，如果参考文献不止一行，需要设置悬挂缩进。通常缩进尺寸为 0.5—1 厘米。

7 论文版式

你可能已经注意到，在本章节中我们使用了不同样式的标题来区分内容模块，这被称为标题层级（heading levels）。在篇幅较长的论文和著作中我们采用这种方式来划分不同的内容，并显示出内容模块之间的关系。例如，你可以从标题

的不同样式上判断,"数字的使用"这一模块是"论文结构和写作过程"这一节的下级内容。标题就像是路标,让读者知道他在哪里、要到哪里去。你可能并不需要使用本章中这么多层级的标题和副标题,但最起码要通过标题层级明确区分上述的论文要素、附录以及参考文献列表。

7.1 标题样式

表 8.5 中列举了美国心理协会 APA 论文格式中不同标题样式的规定。你可以选择使用不同样式的标题来区分内容模块和层级。表格中没有列出全部的样式,但是,在现阶段这些基本样式已经差不多够用了。事实上,就连极为专业的学术论文也很少用到超过三层标题。如果你使用的是 Word 中默认的标题样式,看起来会与上述的案例不同,那不要紧,关键是你的样式要统一,这样读者能明白哪些是一级内容,哪些是二级内容。

表 8.5　美国心理协会标题样式

标题级别	样式
1	标题一设置为黑体,重要词的首字母大写
2	标题二设置为左对齐,粗体,重要词的首字母大写
3	标题三设置为缩进粗体,第一个词的首字母大写,结尾要用英文句号
4	标题四设置为缩进粗体,斜体,第一个词的首字母大写,结尾要用英文句号

论文标题,居中,16 磅,黑体

标题 1,居中,14 磅,黑体

标题 2,左对齐,12 磅,黑体

标题 3,左缩进,12 磅,黑体

标题 4,左缩进,12 磅,黑体,斜体

图 8.1　美国心理协会论文格式的标题模板示例

标题 1 显然是最重要的，它居中（根据美国心理协会标题样式），且字号最大，使用黑体。你最主要的一级标题（如材料和方法、结果以及讨论）需要使用这个样式。

标题 2 用于第二层级的内容标题。例如，在材料和方法中，如果你需要强调和详细说明你使用的某种特定方法，就有必要细分单列，加上标题。

标题 3 和 4 是第二层级内容的更下级细分内容，可能你不太会用到，但知道你有这些选择以及怎样和何时使用它们会有裨益。你最有可能需要使用这些标题的地方是在材料和方法部分，用于说明你采用的重要材料或进行的重要事项（如使用了一种特殊软件或进行了调查）。

这些标题要么都和你的正文使用一样的字号（12 磅），要么你可以把标题 1 设置为 14 磅，把标题 2—4 设置为 12 磅。还有一种标题我们尚未提及——论文标题！论文标题的字号要大于你的内容标题和正文，通常设置为 14—16 磅字号（标题字号要比标题 1 大，但也不能过大）。

7.2 图片和间距

阅读这本书时你也许也已经注意到，图片和图表一般放在页面的中下部，下方空白，后文另起一页。如果图片出现在页面顶部，图片与后文之间则要空出一定距离。图片与文字之间保持间距能让读者不会混淆内容。

当你发现某一个新的章节起始于页面的底部，剩余的空间只够写下标题时，分页符可以发挥作用，确保新的章节另起一页。

8 数据可视化

数据可视化是利用视觉元素（形状、颜色和图案）来传递信息。在现代科学交流中，当你解释方法和结果，或与其他研究进行比较时，数据可视化是你可以使用的一个重要技术，在本节中，我们将学习数据可视化的基本原理及其应用。

8.1 数据可视化的基本原理

当你使用曲线图、柱状图来展示你的结果，或者使用表格或流程图来说明你使用的方法时，你就在进行数据可视化。顾名思义，你在把你的数据（信息）变得更为清晰直观。教材常常通过数据可视化来概括文本中的要点，或者以不同的方式展示文本信息。而在你的报告中，你可以通过这种技术清楚简要地解释你的方法，并用适合你叙述的方式展示你的结果。

理想的数据可视化能实现下列目标：

- 以较小的篇幅概括大量信息
- 将复杂信息简单化
- 显示某个项目（步骤、概念或结果）与其他项目的关系
- 鼓励读者比较不同的结果
- 同时展示概览和细节
- 展示复杂的统计数字的来龙去脉并说明意义

相反，不理想的数据可视化可能会导致：

- 向读者呈现过多的信息，反而使他们迷惑
- 使数据看上去比实际更重要或没有那么重要，从而误导读者

8.2 选择合适的视觉表现形式

为了使数据可视化取得理想的效果，你要仔细思考在论文的不同部分要表达什么内容。在引言、方法和讨论部分，你可能要使用表格或流程图来简要地解释一系列步骤或概念。在结果部分，你可能会用曲线图、散点图或柱状图标绘数据。表 8.6 中列举了数据的几种视觉表现形式。

表 8.6　数据的几种视觉表现形式

任务	数据的视觉表现形式
描述按照特定顺序进行的一系列步骤（首先，其次，第三）	表格
概括某种方法或技术中不同决策会造成的不同流动路径（例如：取样的方法）	流程图或表格
展示一个或多个变量随着时间的变化	直线图 / 曲线图
展示不同类别的一个或多个变量的变化	柱状图或箱型图
展示两个不同变量间的关系	散点图

在用图表呈现数据时，你的老师可能会指导你使用某种具体的视觉表现形式，或者你可能需要根据你要展示的数据选择最有效的形式。所以，你需要思考你的数据最重要或显著的特征是什么。

• 你想探究某段时间内或某些类别间数据的变化（趋势）吗？如果是这样，适合使用曲线图或柱状图来展示这些变化。展示连续的数据（例如，高度、重量或距离）可以用曲线图，展示离散数据（例如，颜色或物种）可以用柱状图。

• 你想探究不同类别的某种同属性（例如，不同动物物种的体重）的数据分布吗？如果是这样，可以用箱型图。

• 你想探究两个不同变量之间的关系以及它们是否是同时被测量的吗？如果是这样，散点图最适合展示变量间的关系。

上述不同的图表类型的详细介绍和案例请参见第三章。不管你选择使用哪种类型的图表，你应该确保不要遗漏表 8.7 中的常见元素。

表 8.7　数据视觉表现形式中的常见元素

元素	举例
标题：描述数据内容及收集数据时的条件	在 Z 情况下 X 与 Y 的关系
坐标轴标签	“身高”与“年龄”
坐标轴单位	“以厘米为单位的身高”“以岁为单位的年龄”
如果图表中的数据类型不止一种，需使用图例解释每个元素代表的数据类型	“A 物种”“B 物种”“C 物种”

第九章

学术道德

1 引言

科学家所做的研究必须“合乎道德”。合乎道德是什么意思？可能与你预想得不同，这是个复杂的话题，简单来说就是你的研究决不能危害他人，必须具有原创性且保证实验可以重复，并且不能伪造数据、弄虚作假。

哲学家一直试图定义道德。有些哲学家终其一生，试图制定适用于一个人一生中每个伦理情境的规则和法律。

学术道德很重要，能确保不对研究对象（实验中研究的人和动物）造成危害。过去，对科学知识的探索有时忽略了个体的权利，甚至造成了惊人的伦理过失，以至于政府和科研机构需要通过明文来加以规定。

有时，科学家基于他们的观察和数据会得出错误的结论，但是，科学就是在这样的曲折中进步的。如果科学家并未篡改数据或伪造观察结果，那么即便他的结论是错误的，他的研究仍是合乎道德的。然而，如果他明知假设有误，但是他在研究中撒谎以证明他的假设是正确的，那样就违反了学术道德。

科学研究方法诞生以来，学术不端行为就一直存在。几个世纪之前就有不诚信的科学家发表造假的所谓“研究成果”。学术不端延缓了科学进步，浪费大量时间和金钱，并对商业、公众和想把发现用于自己工作的其他科学家都造成了伤害。

在我们今天讨论学术道德的意义之前，让我们回顾一下它在过去意味着什么。

2 历史上的道德观

道德理念的出现早于现代科学。即使我们认为总是做正确的事很容易，复杂的情况可能使我们并不能轻易做出正确的道德选择。“道德”这个词来源于一个古老的希腊词，意思是“习惯”或“习俗”。就像好习惯一样，正确的道德选择是被习得的。

过去的哲学家创造了关于道德的很多理论，我们无法在一个章节中全面罗列，不过可以大致了解一些：

孔子是中国最杰出的思想家。他生活在大约公元前551—479年。他本质上是一位伦理学家，主张用“礼”——一种积极向上的人类行为的形式和范例，来规范出于政治目的的武力使用。它的关键是自律和遵守“德”。正如他在《论语》中所说：“中庸之为德也，其至矣乎！民鲜久矣。”他对中庸的坚持，与亚里士多德（后文将会提及）的伦理美德相通。尽管孔子没有直接涉及科学，但他的有些原则适用于科学行为。首先，他崇尚“君君，臣臣，父父，子子”，认为每个层级都有对上忠诚和对下关爱的义务。在科学研究中，研究者必须关爱他的学生；反过来，学生应该忠诚、勤勉并尊重老师。孔子的思想与西方思想有一定冲突。在20世纪90年代就发生了这样一个案例：当时在美国一所重点大学里，一些利用课余时间做助教的研究生因收入低、工作时间长，而向主管研究的副校长投诉，这位来自中国的数学家说："我把你们都看作我的孩子。"研究生们回答道："我们不想做你的孩子，我们只想做你的雇员！"

12 世纪伟大的哲学家、理学的创始人朱熹（1130—1200）复兴了孔子的思想并把它变成系统的学说——不是科学，而是"万物的理论"。朱熹把孔子的"礼"从仪式、范例和恰当的行为扩展到宇宙和其中万事万物的形式，认为每个个体事物都有模式，一种容易理解的本质，这就是"理"。成人（高尚的人）接受"大学"教育，探究现象，修身养性。探究现象（格物）包含把事物分成相互依存的两个方面："理"和"气"。"理"是模式，是事物的规律；"气"是像灵魂一样的力量，存在于事物中，使它们更真实美好，更轮廓分明。"气"有点类似于亚里士多德的"实现"："气"越少，人离理想状态越远，"气"越多，人越接近理想状态。"气"与道德直接相关。不道德的君主被称作"气数"已尽，需要重新修习"大学"课程。

探究现象和修身养性的目的是"立志"，即让品行端正，但是它在某种程度上比孔子所提倡的"仁"（利他主义的快乐，博爱）和"忠"（忠诚）更贴近现实：根据周边事物，即他人的行为和性格，调整自身行为。朱熹把"格物致知"看作是深入、广泛地认识构成现实世界的规律的必由之路。

朱熹所注释的儒家的主要著述——"四书"（《论语》《大学》《中庸》和《孟子》）被纳入科举考试的必读书目。应试者必须背诵"四书"及其注解，并根据当时的形势加以应用，直到科举制度（和帝国）被废除。

苏格拉底是生活在公元前 470—399 年雅典城邦的古希腊哲学家。我们了解他是因为他的很多论述被他的学生柏拉图记录了下来。苏格拉底被看作西方文明的第一位伦理学家。他的生活丰富多彩，他当过士兵、法官，后来做了老师，办了学校。他向学生提出具有挑战性的问题来发现真理。他会不断提问，直到学生放弃并意识到自己并没有想象得那样博学，或者直到他在苏格拉底帮助下发现真理。这种不断提问的技术被称作苏格拉底产婆术。苏格拉底因为被控诉不敬城邦认可的神灵，并且用他的学说"腐蚀"城邦年轻人的思想等"离经叛道"的行为被判处死刑，随后服毒而亡。

苏格拉底讨论的是“德性伦理”，与自身品行有关。简言之，苏格拉底认为如果一个人有自知之明，在生活中遇到挑战时就不难做出正确选择。根据他的说法，一个没有做出正确道德选择的人是不快乐的，因为他没有文化，孤陋寡闻。一个毕生在了解人类境遇、自身需求以及什么对整个人类有益的人，在生活中能轻而易举地做出正确选择。

亚里士多德生活在公元前 382—322 年。他一生大部分时间在雅典生活，并在苏格拉底开办的那所学校就读。他在生物学、语言学、经济学、政治学和“自然哲学”等许多不同学科中发展了哲学思想，形成了科学观察的雏形，在其中他郑重论述，科学的真理可以通过观察和推断来确定。众所周知，在古时候通过军事征服创建了庞大帝国的亚历山大大帝，是亚里士多德的学生。

亚里士多德提炼了伦理美德，引入了“美德的中庸之道”，意思是一个人要处事得当，需要适量（“适中”）的美德。过与不及都将导致选择不当，而适中的美德才会指向正确的选择。例如，慷慨是美德，慷慨不足是吝啬自私，慷慨过头是粗俗炫富。人们通过锤炼自己的价值观以拥有适度的慷慨，就能做出正确选择。这种平衡适用于许多美德，如谦虚、真诚、睿智和雄心。

奥卡姆的威廉（William of Occam）（1280—1349），或称奥卡姆，是个有名的反对天主教的政治积极分子。他与教廷的冲突起于幼时，在他就读于牛津大学期间，曾因被指控异端信仰（与宗教学说相反的信仰）而被传唤到天主教最高法院，并因此中断学业。他从审判中逃离，前往德国慕尼黑生活并继续学术写作，一直没有获得学位。

奥卡姆以他的“奥卡姆剃刀原理（Occam’s Razor）”闻名。他的理念是：如果发生的事有两种解释（例如，你发现卧室窗户碎了），最简单的解释是最有可能的。我们应该根据证据或事实（玻璃碎片在房间里面还是外面），提出并不复杂和符合常理的解释（有东西砸穿了窗户，或有东西被碰翻了，砸坏了窗户）。因为在某种意义上，每个解释都可能是错的（有人扔东西砸破了窗户然后逃走了，有盗贼企图破窗行窃），我们应该选择最不可能出错的解释。

奥卡姆是“直接现实论(direct realism)”的倡导者。他的理论认为,我们通过自己的感官认知周围的世界,通过最简单的手段理解世界。通过我们的感官和观察,我们了解水的一切。没有感官,我们决不会知道世界是怎样运作的。我们可能通过间接方式获悉——读书或听其他人描述客观现象和人类行为,但是,真正的理解来自自身的感官。

大卫·休谟(David Hume)(1711—1776)是生活在爱丁堡的苏格兰哲学家。虽然他是个聪颖的学生,但是他时常因意见相左与教授们产生冲突,导致他未能从大学毕业。即使这样,他还是个受欢迎的作家,并在爱丁堡大学找到了一份图书管理员的工作。他的哲学著作在刚出版时遇冷,但是至今一直占据重要地位,产生了很大影响。他因出版了一本有关英国历史的流行书而声名鹊起。作为一名多产的作家,他的自传却只有5页。他说,对于那些对他的生活感兴趣的人来说,这个长度够了。

休谟是公式化哲学家,为人所知的理念是道德判断的基础是情感,而非理性。例如,生活中的一个不幸的经历,可能会让人变得自私或对他人造成伤害,不管相反的做法是多么理性。休谟认为,人不是理性的生物,所以不能指望他们做出理性的道德选择。这种思想被称为“元伦理学(metaethics)”,G. E. 摩尔(G.E. Moore)在1903年出版的《伦理学原理》(Principa Ethica)中响应了这一观点。与休谟一样,摩尔认为,“善良”和“美德”并不能以客观或逻辑的方式定义。这些是只能通过直觉把握的价值观。人们做出合乎道德的决定是因为它符合他们的审美和感情,而不是因为他们害怕不道德行为的后果。

伊曼努尔·康德(Immanuel Kant)(1742—1804)是德国哲学家,他的道德理念不同于元伦理学的思想流派。他在严格的宗教家庭成长,学习勤奋,擅长数学和科学。他提出了一个正确的假设:太阳系的行星是由旋转星云物质构成的团块,数百万计的天体共同构成圆盘状结构的有规则的天体系统。他很少出游,就算出门也不大远离家乡柯尼斯堡。他的最重要作品都发表于晚期。与苏格拉底相似,他因为宗教观与国王的审查员相抵触,但后来还是寿终正寝。他的临终遗言是“那很好”。

康德与休谟的道德观迥然不同。康德相信普遍的行为法则，即遵循“准则”。准则是行动和理由。例如，一个人感到饥饿会偷窃食物。如果世界上每个人都偷窃食物（行动），会产生可怕的后果。因此康德认为，即使饥饿的人，偷窃食物还是不对的。根据他的哲学观，每个人都应该有责任遵循道德社会的普遍法则。

乍一看，道德好像很简单，但是历史上最聪明的大脑已经在思考在不同情况下，道德正确的做法到底是什么。苏格拉底和休谟认为，如果一个人行为合乎道德，他就会快乐。休谟认为，我们不可能真正知道什么是道德的，因为人类不可能理性。而康德不同意，他认为通过理性思考可以提炼出世界上每个人都能遵循的绝对道德准则。

2.1 皮尔丹人骗局

1912 年，一个名叫查尔斯·道森（Charles Dawson）的科学家声称找到了类似人类的化石，证明了猿与人类的关系。道森声称在英格兰东萨塞克斯的一个名叫“皮尔丹”的小村庄的砾石坑里发现了不同寻常的头骨，因此他的发现被称作“皮尔丹人（The Piltdown Man）”。在 1912 年，科学家发现大猩猩和黑猩猩等猿类和人类有亲缘关系。他们认为应该有化石显示人是怎样从猿进化而来的。皮尔丹人就是“答案”：它几乎是半人半猿，是显示人类从和猿类共同的祖先进化而来的完美样本，恰好补上“缺少的一环”。

甚至在道森展示化石时，就有些科学家怀疑它是假的。不仅因为头骨的有些东西说不通，更因为这是发现的唯一样本。批判者怀疑皮尔丹人头骨是不同动物的混合：猩猩颚、看上去像人牙齿的锉过的黑猩猩牙齿，以及经化学溶液浸泡看上去年代久远的骨骼。

直到 1952 年，皮尔丹人头骨才被证实是骗局，当时科技已经发展到可以用化学方法检测化石的年代。头骨被证明只有几百年历史，远非号称拥有 50 万年历史的化石。

这场骗局带来了哪些负面影响？首先，它浪费了相信皮尔丹人是真实的那些科学家的时间和努力——基于皮尔丹人的证据催生了250多篇关于人类进化的科学论文。更糟糕的是，一些被发现的真化石因与皮尔丹人骗局相矛盾而被忽视，阻碍了相关主题科学研究的进展。人们花了好几十年才纠正所有因为相信伪造的化石是真实发现而导致的概念混乱和错误。

为什么道森蓄意造假？当时的种族偏见可以解释部分原因。有些英国居民认为，英格兰是世界上最好的国家，英国的居民也比其他国家的优越。当然，那是不对的。但是，证明人类首先在英格兰进化符合爱国的英国科学家、报纸编辑和政治家的期待。道森很可能知道，如果他拿出支持这个想法的化石，他将名利双收。皮尔丹人是个重要的教训，科学家也不能保证不受他们时代的社会政治压力影响。

2.2 小艾伯特实验

“小艾伯特”是个9个月的婴儿，也是1920年约翰·霍普金斯大学的一个科学实验的参与对象。约翰·霍普金斯以它的医院著称，那是发现治疗疾病的新方法的研究中心。它位于美国马里兰州的巴尔的摩，离华盛顿特区不远。

小艾伯特实验由约翰·布罗德斯·华生（John B. Watson）和他的助手罗莎莉·雷纳（Rosalie Rayner）实施。他们知道如果狗听到响声（如铃声）会习惯于等着食物的条件反射实验。狗在听到铃声时，即使还没有闻到或看到食物，也会开始流口水，这种反应叫做“经典条件反射”（classical conditioning）。

华生和雷纳观察到，婴儿生来害怕响声。如果他们听到警报，自然地表现出恐惧，开始哭并变得沮丧。然而，害怕响声的孩子不一定会害怕宠物鼠、兔子、狗或棉花、羊毛、面具，甚至着火的报纸。婴儿小艾伯特是当时的实验对象，开始时他对这些东西没有表现出恐惧，他天生不害怕这些东西。然而，他表现出对响声的惧怕。

一开始面对这些东西时小艾伯特表现得很平静，接下来一旦小艾伯特要去触碰老鼠、狗或其他动物，或者面具、羊毛甚至棉花球，实验者就会制造响声。几次三番后，即便没有响声惊吓，小艾伯特见到这些东西也会哭并害怕。实验成功了，它证明婴儿也能被“经典条件反射”训练，害怕他们原来不怕的东西。

实验哪里出了问题？批判者的担忧在于，实验过后小艾伯特回到母亲那里时还是害怕他受条件反射制约而害怕的东西。小艾伯特后来怎样了？他还害怕家里的狗和兔子吗？如果他看到一个棉花球或一堆羊毛，他还是会哭和害怕吗？这种害怕会持续一生吗？艾伯特的害怕确实持续了一生，而且是短暂得可怜的一生。他 6 岁时死于脑水肿。

华生和雷纳违反了学术道德，他们虽然实事求是地呈现了实验结果，但是，他们没有考虑在实验结束后对人的影响。

不幸的是，直到 20 世纪 70 年代，才有法律法规禁止对人做“小艾伯特”这样的实验，在此前类似的实验一直存在。现今，“小艾伯特”这样的实验完全不被允许进行，其实验结果也不被允许在科学杂志上发表。对这样的实验的反应证明，随着科学家对发现的新事物的影响和后果的思考，对学术道德的理解也是发展变化的。

2.3 塔斯基吉梅毒实验

梅毒是性传播疾病，会引起严重的健康并发症。人感染后，身体出现疮疹，然后消退。梅毒可能在体内潜伏几十年后突然爆发，侵蚀患者的器官系统，对大脑、肺和心脏造成损害，最终导致死亡。婴儿可能在出生时被母亲感染，这叫做先天性梅毒。幸好，梅毒能被青霉素和其他药物轻易治愈，尤其是早期阶段就被发现时。

塔斯基吉梅毒实验于 1932 年在阿拉巴马的梅肯县开始，用于研究黑人身上梅毒疾病的发展。该研究以参与研究的阿拉巴马一所黑人大学塔斯基吉大学命名。在那时，人们对梅毒的了解不多，参与的科学家对疾病的发展进程很感兴趣，招募了数百名大多为贫民的黑人作为研究对象，并承诺几个月后给他们免费治疗梅毒。实际上科学家不仅没有提供任何治疗，而是继续收集并发表研究数据。在他们看来，黑人是理想的研究对象，因为他们没受多少教育，看不懂报纸杂志，不知道梅毒是什么，只是被告知将得到能帮助他们改善生活的免费医疗。

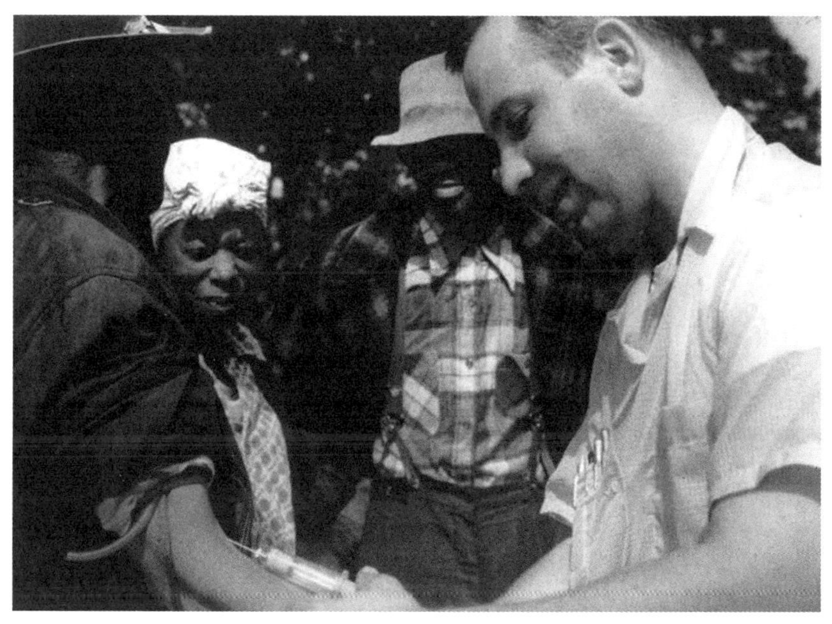

图 9.1 塔斯基吉梅毒实验中，实验对象正在接受注射

塔斯基吉梅毒实验没有保密，多年来关于实验进展的论文一直在发表。

1947 年，人们发现青霉素对梅毒疗效显著，但是科学家并没有告诉他们的实验对象他们患了梅毒或者他们可以被治愈。科学家热衷于了解梅毒怎样影响人体，他们计划等到实验对象死亡后，通过解剖尸体了解梅毒对人体产生了怎样的影响。结果，实验结束前，399 个实验对象中，有 28 人死于梅毒，有 40 名实验对象的妻子被感染梅毒，19 名儿童出生时因而患有先天性梅毒。

直到 1965 年，当其他科学家在读到塔斯基吉梅毒实验的论文时，才开始质疑这个为了了解疾病怎样影响人体，而等待实验对象死于能治愈的疾病的实验。彼得·巴克斯顿（Peter Buxton）是想结束实验的科学家之一，但他处在一个不寻常的职位上——供职于组织塔斯基吉梅毒实验的政府部门。他给组织实验的科学家写了批评信，但是起先并没人理睬。后来，他写信给政府要求停止实验，但是被告知实验要持续到所有的实验对象死亡。最后，在1972年，彼得·巴克斯顿写信给有影响力的报纸，披露该研究的道德问题。这件事激怒了读者，国会议员和负责制定国家法律的政府机构对实验目的作了特别调查。他们发现实验对象对于实验目的、科学家发现的实验结果以及他们的疾病随时能被青霉素治愈等信息一无所知。

研究被叫停，实验对象和他们的家人接受了梅毒治疗，参与实验的科学家因为违背学术道德被判罚给黑人家庭大笔经济补偿。

因为塔斯基吉梅毒实验，相关的法律出台了，其中最重要的是国家研究法案（National Research Act），它详细说明了学术道德规则。法律规定，科学家必须告知人体实验对象实验要达到的确切目标，他们有什么疾病或者测试结果对他们健康的描述，以及他们能得到什么样的医疗帮助来改善健康状况。

由于持续时间很长，并通过隐瞒重要信息使穷苦的没文化的实验对象受伤害，塔斯基吉梅毒实验被视作一个严重违反学术道德的案例。最糟糕的是，它为了得到一些无用或不必要的数据，让人死于一种容易治愈的疾病。如果一种疾病能轻易治愈，有必要知道它怎么致人于死地吗？如果科学家明知道实验对象不愿意死于某种疾病，隐瞒重要的治疗手段信息的做法是对的吗？

2.4 冷核聚变

核聚变（fusion）产生大量的核能量，我们每天看到的太阳和恒星的光芒都源于此反应。在太阳中，原子质量轻的元素，如氢，相互聚合成较重的氦原子，这个过程会释放少量光和热。万亿氦原子（和其他较重的原子）释放的能量使太阳闪耀，使地球万物生长。与核聚变相反的是核裂变（fission）。裂变是重元素如铀和钚原子分裂成较轻的原子，这是另一种产生能量的过程。现今核电厂均利用核裂变技术。

利用核裂变反应的核电站会产生难以处理的核废物。美国三里岛、乌克兰的切尔诺贝利和日本福岛的事故已经显示，有毒核材料对周围环境造成的污染很难修复，在核电厂关停后很长时期都会造成破坏。因此为了避免核裂变带来的问题，工程师和科学家希望建造采用核聚变的核电站。

另一方面，在产生能量方面核聚变反应更具优势。和核裂变一样，它不会产生二氧化碳或者污染空气的其他物质。核聚变发电站很容易控制进程，因此，如果有事故，核电厂可以马上停止工作。核聚变不会产生持久的放射性废料，原料氢和氦也远比铀和钚易得。

可惜的是，虽然核聚变前景美好，但是，科学家至今仍然无法建造采用核聚变的核电站。问题很艰巨，在技术方面仍有大量挑战存在。太阳能利用自身比地球大几十万倍的巨大质量产生的压力，引发聚变，把氢原子挤压在一起。到目前为止，这样的反应还无法在地球上完成。因此，科学家一直在尝试通过各种不同的方法把原子聚合在一起，时至今日，关于建设核聚变发电厂的研究仍在进行。

如果我们能够发现一种无需解决复杂工程问题就能得到核聚变能量的方式岂不是美事？

因此，在1989年，当马丁·弗莱希曼（Martin Fleischmann）和斯坦利·庞斯（Stanley Pons）两位科学家宣布他们发现了室温下发生核聚变的方法时，赢得了全球瞩目。因为太阳内部聚变反应发生的环境温度约为1500万摄氏度，这个新发现被称作“冷核聚变（cold fusion）”。

一开始，弗莱希曼和庞斯取得了“成功”，他们的论文被权威科学杂志发表。科学家们因为可能在实验室条件下实现核聚变反应激动不已，但是很快他们就失望了。论文中冷核聚变实验中产生的能量极少，更糟的是，不管如何努力，其他科学家都不能重复这个实验。随后发表的一些论文从理论上说明了冷核聚变的原理，但是，并没有实际的实验能达到期待的结果。最后，人们发现弗莱希曼和庞斯实际上并没有在他们的实验中检测到核聚变反应，他们不得不撤回论文。

冷核聚变很快淡出人们的视线，这类研究被称为“病态科学”（pathological science），即满足人们一厢情愿的愿望但是无法产生有用或期待的结果的科学。为什么知识广博的科学家也会轻易相信冷核聚变？部分原因是因为核聚变能解决与能源有关的许多问题，因此任何声称核聚变可能实现的声明都会吸引寻求解决我们星球能源短缺问题的科学家和领导人的注意。

弗莱希曼和庞斯违背学术道德的核心在于实验的可重复性。某项科学研究要得到认可，实验需要得到其他科学家的证实。实验的描述需要足够详细，这样，在其他地方重复进行实验可以得到同样的结果。当许多科学家都能得到一样的结果，该科学领域就取得了进步。弗莱希曼和庞斯宣布了令人惊叹的结果，但是，在发表论文时声称实验实际上实现了核聚变，却没有公开必要的细节，无法让其他科学家重复他们的实验。

结果，冷核聚变不再被视作严肃的研究课题。如果这个领域要有所突破，可能要过很长时间才会有科学家冒着名誉扫地的风险认真进行研究。

3 学术造假

学术造假是在数据上弄虚作假。相比于测量、收集和汇总数据，直接捏造数据是个诱人的“捷径”，特别是当编造出的数据能支持一个流行的或想要的假设时。令人遗憾的是，这种现象在科学界频繁发生，常常导致造假者身败名裂、研究受损甚至阻碍科学的进步。数据造假很难被发现，尤其当实验设置和测量的要求都难以达到的时候。只有当其他科学家一直得到不同的结果，数据造假才有可能被发现。

这会造成多严重的后果？让我们来看一些数据造假的案例及其引发的后果。我们先从一个恶行严重的科学家开始，他有183篇论文被撤销，这意味着被从科学界抹除，不能再被其他论文引用。

3.1 藤井善隆

藤井善隆（Yoshitaka Fujii）是一位科研工作者，麻醉学和医学博士，就职于日本东邦大学医学院。

藤井医生发表了关于药物盐酸格拉司琼的论文，论述它对于控制术后恶心和呕吐的有效性。这是病人术后的常见症状，因此，研究者对于有效的治疗方式颇感兴趣。藤井医生声称盐酸格拉司琼效果惊人，这使其他研究者生疑。其中有位研究者说，数据"好看得不可思议"，意思是，数据太完美了，不像是真实测量的。真实的数据几乎不会这么整齐美观：总是有统计异常点（远离数据中心趋势的数据点）、奇怪的值、测量错误、没有考虑在内的外部效应以及不同设备和操作者带来的系统差异。对藤井医生论文的统计分析显示，他的数据几乎没有随机因素，反而显示出正当的科学数据几乎无法呈现的完美度。

作为回应，藤井医生所在的日本麻醉师协会对研究做了调查。他们采访了进行研究的医院，试图得到研究笔记本、计算机文件以及有数据记录的论文。在访谈了一些该论文的共同作者后（一些人甚至并不知道自己被列为共同作者），调查者最终认定：藤井发表的大多数论文中，数据都是伪造的。这造成了严重后果：藤井医生发表或合作发表的249篇论文中，只有3篇的数据被确定是真实的。

尽管藤井医生因此被免去副教授的职位，但是破坏已经造成，其他引用了被撤论文的文章现在受到怀疑，导致大量的时间和努力化为泡影，耽误了治疗术后恶心的有效手段的发现。藤井医生消失在公众视野中，尽管他获得了两个学位，也不大可能在有生之年在医学研究中留下痕迹。

3.2 皮耶罗·安佛萨医生

这个案例在2018年真相大白。在此之前，心脏病医生皮耶罗·安佛萨（Piero Anversa）发表论文，声称可以通过注射干细胞促进心肌的自我修复。干细胞是胚胎中存在的未分化的细胞，在有机体内能分化成其他类型的细胞。当时就职于哈佛医学院和波士顿布里格姆妇女医院的安佛萨医生发表了几十篇论文，描述他的研究团队怎样通过向心脏注射干细胞培养新的健康的心脏组织。如果这能成真，心脏就能自我修复损伤的部分，病人将无需进行心脏移植。

自然，其他科学家也想亲自证实这一结果，但是不管他们如何努力，都不能重复安佛萨医生的实验结果。他们怀疑安佛萨医生的论文作假：也许篡改了数据，或者对图像进行了数字处理，使结果比事实好看。在一次会议上，一位科学家指控安佛萨医生数据造假，因为这位科学家得到了相反的实验结果。安佛萨医生团队的一位成员声称，其他人在实验中都无法像安佛萨医生那样娴熟灵巧。这就是知名的“大演奏家辩护”（Virtuoso Defense）。大演奏家是指技术高超的音乐家、乐器大师，“大演奏家辩护”即声称某位大家技术出类拔萃，其他人无法达到同样的水准，因此也无法重现其实验结果。

实验室的管理者并不认同，他们去了安佛萨医生的实验室，拿走了他的计算机和笔记本，希望找到用来证明安佛萨医生结论的原始数据。调查结果对安佛萨医生并不有利。他经常在初级研究者写的论文上作为论文作者署名。这是常见的做法：将一位著名的科学家列为主要作者，而实际上的作者则作为这位名人的助手。而这篇论文由一位初级研究者撰写，他故意篡改了心脏中留存的放射性碳的数据来证明安佛萨医生的理论。

经过长期调查，哈佛医学院解雇了安佛萨医生，并建议撤销他造假的31篇论文。这一举措非常严厉，以至于安佛萨医生做临床试验的布里格姆妇女医院向美国政府退回一千万美元来平息这起案子。这笔钱只是安佛萨医生收到的政府津贴的一部分，并不包括数百位误以为安佛萨医生的结果是真实的，而用他的论文来做进一步研究的科学家的花费。

纠正心脏研究的方向将需要很长的时间：科学研究的势头就像一艘大船，不能迅速转向或改变速度。旧思想需要时间消亡，而科学家常常需要时间采纳新思想。虽然我们通过复现实验结果的科学措施来确保研究的可信度，然而重复这些造假的研究也浪费了大量的时间和努力：这些资源本可以用于原创研究或证实其他真实的研究结果。

为什么会有这样的学术造假行为？安佛萨医生80多岁时在报纸上声称，他从无学术造假的企图，而是为他工作的初级研究者篡改数据并进行发表。如果这是真的，它彰显出人类想看到不同寻常的假设得到确证的强烈欲望，即使这意味着要放弃或无视与假设相悖的数据。也许安佛萨医生真的相信他走在正确的道路上，相信自己最终将被证明是对的，就像赌徒寄希望于挽回损失的得胜之手。我们不知道这些年安佛萨医生的心路历程，但是我们清楚地知道后果：职位不保、名誉扫地，更重要的是，耽误了成千上万心脏病和心力衰竭患者的有效治疗。

4 学术剽窃

剽窃，最简单的定义就是拿走他人的文章、研究结果和想法并把它们当作自己的。这是错误的欺诈行为，窃取他人本应获得的认可，可能摧毁一个人的学术生涯。但是，即便会造成危害，剽窃在研究界还是很普遍。为什么会这样？我们先来研究一些案例，再探讨可能的原因：

4.1 达努特·马尔库

达努特·马尔库（Dănuţ Marcu），布加勒斯特大学的数学博士，他在个人网站上声称已经发表了超过400篇有关计算机科学和数学的论文。然而，其中大量原封不动抄袭了他人的论文。他臭名昭著，被许多杂志终身禁止投稿。有些发表了他的论文的杂志也为此道歉：因为人手不够，他们无法证实每篇论文是否原创，只能寄望于作者秉承学术诚信。

2004年，罗马尼亚的巴比什-波雅依大学被迫在他们的杂志《信息学》上发表致歉信。他们发现马尔库博士的三篇论文几乎全篇抄袭了以前未经发表的论文。除了对读者道歉以外，《信息学》的编辑恳求科学研究者们“继续把我们的杂志作为他们考虑的选项”。马尔库也被禁止向《信息学》投稿。

2006年，科罗拉多大学出版的数学刊物《几何学》公布发现：马尔库博士提交的5篇论文是从他处剽窃的，并禁止他再投稿。《几何学》的编辑向那些在研究中引用了马尔库的文章的作者道歉。

运筹学刊物《4OR》为了防止他们收到的稿件中出现剽窃现象，公布了臭名昭著的剽窃者的名单，其中就有马尔库。《4OR》指出，刊物无法杜绝剽窃现象，但是在学术剽窃正在日益成为问题的今天，不同刊物的编辑需要共享资源与这种现象斗争，防止不诚实的作者提交剽窃来的论文。

为什么马尔库博士如此恶劣，把他人的作品当作自己的提交？他已于2017年去世，我们无从知道答案。向科学刊物提交抄袭的论文而被发现者，并不会像刑事罪犯那样有警察或其他官方介入。我们知道刊物在接受论文时对投稿者抱有极大的信任。刊物希望作者是诚信的，大多数作者无疑也如此。如果某位科学家很想发表论文，他很容易向多家刊物投稿，希望其中有一家会不经彻底核查就接受论文。

这样的行为会严重破坏该刊物的声誉。刊登了剽窃文章的刊物会给人选文马虎、不值得信赖的印象。正如刊物发表的道歉信所言，刊物倚重读者的信赖来保证发行量。如果科学家认为刊物上的文章并非原创，或是在自己的研究论文中引用这些文章会带来麻烦，以后就会避开这本刊物，不再引用其中的文章，并将自己的论文另投他处。

4.2 大卫·布瑞吉

在论文提交发表时，刊物的标准做法是招募审稿人进行审阅并证实文章达到科学标准。这种做法被叫做“同行评审（peer review）”，确保投稿者的同行们（在同一领域工作的其他科学家）认同论文中的结果是可信的，方法是合理的。

大卫·布瑞吉（C. David Bridges）曾作为审稿人审核一篇关于用于视觉的眼色素的论文。这篇论文发表在《美国国家科学院院刊》（Proceedings of the National Academy of Sciences）上。不过数月，布瑞吉博士在另一家顶级刊物《科学》（Science）上发表了同样题材的论文。虽然布瑞吉博士曾声称他正在从事同样主题的研究，并已经退回了他本应评审的论文，但是他仍涉嫌剽窃了他本应评审的论文中的数据。他任职的大学和美国政府作了调查，结论是布瑞吉博士剽窃了另一个科学家的数据，并为了发表这篇跟原作几乎一样的论文，篡改了数据获得日期以及如何获得数据等其他事实。

这造成了严重的后果。布瑞吉博士进一步实验的政府津贴被取消了，《科学》杂志不得不刊文，解释为何这位缺乏诚信的科学家能在这份享有盛誉的刊物上发表论文。具有讽刺意义的是，《科学》杂志最近发表了一篇文章，声称学术剽窃很少发生，科学家因为天生的好奇心和对真理的追求，不大会抄袭和捏造科学结果。在《科学》杂志自己的版面上发生的抄袭事件证明这个声称是错误的，刊物不得不承认科学家和其他职业一样，也会进行欺诈。

布瑞吉医生坚持自己是无辜的，声称他真的就同样的科学主题做了实验，但是调查者并不相信。为了科学的进步，我们只能希望《科学》杂志说对了：大多数科学家还是会诚实对待他们的研究和结论的。

5 利益冲突

很多人工作是为了谋生，科学家也一样寻求名利双收。毕竟他们也要付账单，想通过辛勤劳动获得安逸生活是再自然不过的。大多数科学家通过勤奋工作取得佳绩，从赏识他们的雇主处得到丰厚报酬。有的科学家把自己的发明商业化，通过销售产品获得丰厚的市场利润。也有不少科学家写书、上电视做科学节目或成为受追捧的演讲者。同样，越来越多的科学家将自己的研究发明注册专利，成立公司并生产和销售他们的发明。当然，也有些科学家潜心于他们的工作，淡泊名利，为了继续他们的研究而安于默默无闻的生活。

不幸的是，曾经也有科学家被贪婪支配。他们凭借自身的地位和权力，利用关系和机会干预研究的方向，赚取了个人的物质利益，却背叛了那些依赖科学提供客观真实结论的人们的信任。

何塞·巴塞尔加（José Baselga）是著名的癌症研究和治疗机构纪念斯隆-凯特琳癌症中心的癌症研究员。除了做研究员，他至少还是 20 个公司的顾问和董事会成员，其中两个在他名下或是与他人共有。科学家为私人、为追求利润的公司工作并不违背学术道德。开发新药、治疗方法和对病人有益的产品时都需要专业的指导，在实验室研发有效治疗手段的科学家，往往是把这些治疗手段商业化来满足人们的医疗需求的最佳人选。

然而，如果科学家接受了与研究有利益关系的公司的资助却选择隐瞒，这是违背学术道德的。《纽约时报》发现，巴塞尔加医生隐瞒了一些公司向他支付报酬这件事，而这些公司能否盈利取决于他们研发的药物的临床试验能否成功。科学家公开他们与公司之间的经济关系，其他科学家就能意识到研究中可能存在学术偏见或利益冲突，以确保自己的研究清晰透明。公开并不会使研究无效，也不意味着数据有误，但是它能提示人们，如果在数据可以以不同方式解释的情况下却朝着有利于某公司的方向解释，批评者可以将学术偏见考虑进来并探求为什么科学家会对研究结果作有利于公司的解释。反过来说，评审者也可以辩称数据与公司目标背道而驰，并说明理由。在科学中，辩论是有益的，而欺骗不是。

在这个案例中，巴塞尔加医生对自己的一些研究给出了非常乐观的结论，但是，他没有透露他收了以他的实验为基础开发药品的公司的钱。在其他参与研究的人员对实验结果并不看好时，他仍然表示出过度的乐观。这种冲突导致巴塞尔加医生被调查，他的论文因为隐瞒利益关联而受到仔细审查。一位记者发现，几乎巴塞尔加医生所有的论文，共计超过 100 篇，都隐瞒了背后的经济利益。即便这事损害了刊物的名誉，并使纪念斯隆 - 凯特琳癌症中心蒙羞，但是没有做出切实的结论或加以惩罚。巴塞尔加医生从癌症中心辞职，有问题的论文被重新审核，可能面临撤稿。

为什么巴塞尔加医生能发表对他供职的公司有利的论文并隐瞒他的经济联系？发表过巴塞尔加医生论文的科学刊物《JAMA 内科》表示，仅凭他们的员工人数和预算难以查清研究的利益关联，只能依赖投稿的科学家的荣誉感和正直操守。这是常态，期刊不可能调查每篇论文是否存在学术不端，只能指望科研群体的诚信。大多数严重的学术不端行为最终都会被纠正，但是，误导他人的“发现”可能在数年或数十年间都阻碍科学研究的发展。巴塞尔加医生，即使他认为自己无辜，也会误导他的科学同行们把他发表的结果当作是真实的，并把工作建立在他的数据基础上。

6 现代学术道德

如果历史上最好的哲学家也不能以一种简单方式确保做事总是合乎道德的，那么，当我们在科学研究中需要一些指导方针时该怎么办？针对这个问题，学术和科学机构决定发行学术道德准则，或者某个细分研究领域的规则。这些规则决定科学家的行为：应该怎样进行研究，发表结果。大学和研究机构很重视这些规则。刚入大学的新生常常会被要求阅读并签署学术道德准则，明白违反这些准则会受到停学或开除的惩罚。

为什么要制定如此严格的学术道德准则？这些准则常常在科学家通过研究或发表论文，引发了严重的阻碍科学进步或造成了学术机构蒙羞的事例后形成。

这些准则由谁制定？通常某个组织会成立委员会或小组，并邀请组织成员参与讨论并形成这些规则。有时会邀请外部的因遵守学术道德而知名的专家参与。这些委员会和小组会专注于实用道德（pragmatic ethics）。他们不可能像苏格拉底或伊曼努尔·康德那样花几年时间形成哲学，因此他们就接受了这么一套道德准则：

1. 适用于他们的研究领域
2. 容易理解，简单
3. 具体规定了不遵守规则的惩罚措施或后果
4. 具有变化空间，因为对学术道德的理解一直在变化

这套准则不能预见所有可能的情形，科学飞速进步，有时找不到针对特定情形的适用的道德准则。因此，这些规则需要与时俱进，不断进行修订或变更。

让我们来了解一些全球各地的科学组织制定的学术道德准则：

6.1 贝尔蒙报告

美国国家保护生物医学和行为研究人类受试者委员会（National Commission for the Protection of Human Services of Biomedical and Behavioral Research ），一家由美国政府资助的机构，于1978年召开会议，讨论规范人类受试者研究的新规则。因为塔斯基吉梅毒实验造成的问题，委员会成员想确保新规则能防止这样的实验再次发生。人类研究是科学发展的重要部分，随着医学上的新发现越来越多，研究者有必要对将来需要遵循的学术道德准则达成基本认识。

会议在贝尔蒙会议中心举行，发表的报告因此被命名为《贝尔蒙报告（The

Belmont Report)》，它一直是规范人类受试者研究的一个重要的道德基础。会议发表了很多报告，例如，如何以罪犯、精神病患者、残疾人、文盲等自主性削弱群体为对象进行研究。

历经了数月的讨论和四天的研讨后，《贝尔蒙报告》出炉。虽然讨论时间很长，但是报告本身短得惊人，只有 20 页，简短明晰。报告专注于哲学理念而非具体细节。报告模仿前哲然而专注于人类受试者研究的实际操作。

《贝尔蒙报告》分为三部分，分别是：尊重、有利、公正。让我们依次讨论它们：

6.1.1 尊重

报告特别提出“自主性”，这是一个人基于自身利益做出决定的能力。在了解某个程序或研究的相关事实和其他信息后，潜在的人类受试者就能在完全理解了风险和好处的基础上，决定是否参加研究。科学家绝对不可以隐瞒信息、编造谎言、夸大风险或好处胁迫他人参与研究。科学家必须尊重个人的权利和自主能力，不能强制他人参与可能影响健康的研究。科学家不仅需要告知信息，而且还必须保证人类受试者理解在研究期间会发生什么，以及他们有拒绝参与的权利。

那如果研究对象的自主性被削弱了呢？他们可能是没有正常生活能力的人、病人，或是他们正在接受的治疗使他们无法向科学家表达知情、同意。如果这样的人是有价值的研究对象，最高原则就是科学家必须尊重他们并保护他们免受伤害。

6.1.2 有利

“有利”这个词的意思是“友善”或“好处”，也可以指对某人的慈善。《贝尔蒙报告》从两方面定义了它：第一方面是科学家不得伤害研究对象，第二方面是科学家必须尽可能降低研究对象面临的风险，而为其寻求最大化的利益。研究有时面临风险，如果研究对象将受到巨大伤害，科学家必须停止研究，另寻方式得到研究需要的结果。没有什么科学结果值得拿研究对象的生命或健康冒险。

6.1.3 公正

《贝尔蒙报告》将“公正”定义为病人或研究对象受到的公平待遇，以及研究对象从研究中获益的重要权利。在西方，过去某些研究往往以医院里的穷人、囚犯、少数族裔和其他容易找到并胁迫参加科学研究的群体为受试者。富有和受良好教育的人通常不被当作研究对象，虽然他们从科学进步中获益最多。科学家必须公正：在选择研究对象时，必须超越经济、地理和种族界限，这样，每个人都作为研究对象做出贡献，每个人都从研究中获益。

《贝尔蒙报告》是给进行人类受试者研究的科学家制定的准则。通过遵循报告中的原则，如塔斯基吉梅毒实验或二战期间德国政府对囚犯的野蛮待遇这样的研究将不再发生。然而，报告承认没有哲学可以预见所有可能的境况，科学的进步可能会导致没有适用准则的道德问题产生。报告也声明科学家需要定期会面商讨科学的新发展，并确定是否做了必要的道德伦理决议。

历代哲学家试图通过把他们的推理浓缩成最少的文字来做出合乎道德的选择。《贝尔蒙报告》试图用一种简单的哲学解决复杂的问题。在未来科学研究出现不可预见的新问题时，只有时间能判断这种哲学会长久适用抑或被某种新的思想所代替。

6.2 阿西罗玛会议

DNA，或称脱氧核糖核酸，是一种最重要的生命基础分子。每个生命形式，从简单的植物到大象、蓝鲸和人类，都有自己独一无二的基因链。你的性别、皮肤和眼睛的颜色、你的身高和其他一切都编码在你的 DNA 中。除了双胞胎兄弟姐妹，没有人有与你一模一样的基因。然而，DNA 还携带遗传疾病编码，如镰形细胞贫血症和唐氏综合征。自从 1869 年 DNA 被发现（它的结构是 1953 年确定的），人们就知道如果在胚胎时期编辑 DNA 分子结构将改变有机体。DNA 的改变会使人类婴儿长成完全不同的成人。

1970 年，人们首次发现有些化学物质能影响 DNA，从遗传上改变有机体的伦理问题也随之而生。要是科学家通过改变细菌的遗传物质创造出一种可怕的疾病会怎么样？如果人造的 DNA 逃离实验室，可能在环境中广泛传播吗？改变人类基因会发生什么?

1975 年，为了确定 DNA 研究的道德指导方针，众多从事生物和分子研究的科学家在位于加利福尼亚的阿西罗玛会议中心举行会议。科学家们同意必须全力以赴防止人为编辑的 DNA 传播到实验室之外。他们认为必须在实验室使用如手套、面具和保护屏等生物屏障，并达成共识：不能使用来自产生毒素或致命疾病的有机体的 DNA，并且培养的数量也要受限制。除此之外，会议一年一度根据新的研究确定是否需要增加新的道德指导方针。

阿西罗玛会议（The Asilomar Conference）的特别之处在于会议是由科学家自主组织用以约束自身的，并没有政府机构或政治家参与决定。当科学家发现可能对环境或人类健康有害的新事物时，他们可能就会召开类似“阿西罗玛”的会议。我们真诚地希望，学术道德能和科学新发现一样受重视。

6.3 美国心理协会伦理守则

心理学是科学的一个分支，它通过理解有意识的想法、个性、社会行为、动机、情绪和其他思想过程检测大脑的功能。心理学是核心科学之一，因为神经学和生物学以心理学为依据解释大脑的物理和化学结构。心理学还探索治疗心理和行为紊乱的方法，并向在生活中经历创伤性事件的病人提供治疗。

正如我们在小艾伯特案例中读到的，心理学实验可能对人体受试者造成伤害。受困于情绪和心理问题而寻求帮助的人们常常会被社会污名化。如果他们接受治疗的细节被公开，会带来极大的难堪和影响。雇主、家人和朋友在得知一个人要寻求心理帮助时，常常出于无知和害怕而做出不好的反应。因为这一点，心理学家已经制定了严格的伦理守则，以最大程度地保障病人的权利。

美国心理学协会（American Psychological Association，APA）在 1953 年率先发表了心理学家伦理守则，后来随着技术和社会传统的进步进行了大幅修订。最新版本的《心理学工作者伦理准则和行为规范》（2017 年）大约有 20 页，其中有

1章是论述总则，还有10章根据心理学家不同的从业方向规范了他们的道德行为，即使对于某一个细分领域也有一套涵盖各种情况的成熟的规则和指南。

美国心理协会伦理准则概括如下：

6.3.1 总则

原则A——善行和非伤害："善行"指的是"使人受益"，而"非伤害"是指"不造成伤害"。心理学从业者必须使人受益，不伤害他们的病人。

原则B——忠诚和责任：心理学从业者必须理解他们所负的责任并确保他们不会因职业利益伤害病人。

原则C——正直：心理学从业者不应欺骗、剽窃或故意虚假陈述，并且必须使损害最小化和使利益最大化。

原则D——公正：心理学从业者对待所有的病人必须一视同仁，任何病人不会得到与其他病人不同的待遇。

原则E——尊重个体的权利和尊严：心理学从业者必须意识到并尊重个体差异，包括基于文化背景、年龄、国籍和其他方面的差异。

6.3.2 伦理守则

解决伦理道德争议：心理学从业者应配合执法人员、监督他们工作的组织和专业委员会一同解决问题。

专业水准：心理学从业者需要接受执业所需的培训，拥有学位和证书，并持续努力提高专业水准。

专业关系：心理学和精神病学的从业者与病人存在利益冲突时，应避免担任专业者角色。从业者与专业关系对象之间应避免发生多重关系。从业者不得剥削专业关系对象或利用工作为第三方谋利。

隐私与保密：病人有权保密记录，不对外公开。心理学工作者在取得病人同意后方可进行录音、录像等记录。心理学从业者在与他人讨论病例时不能透露能识别病人身份的信息。

广告与公开发表成果中的论述：心理学从业者不得在广告中对于自身资历和

背景做出欺诈、虚假、夸大的声明。禁止向正在接受治疗的病人索取推荐信，因为这会给病人带来压力，让他们觉得必须给出赞辞。

记录的保管与收费：心理学从业者必须做好记录，记录的数据和信息可以使其他心理学从业者重复或继续对病人的治疗。无论病人是否付费，他们都有权阅读记录。

教育与培训：在做讲座和讲课时，心理学从业者必须准确描述课程，提供解释课程内容的教学大纲，并解释它是否达到为学位修学分的要求。不得要求学生在课上或培训时公开个人信息。

科研与成果的发表：研究者必须得到研究对象的知情同意，并在研究开始后允许其退出。发表的研究成果必须数据准确，能被重复，并且不得剽窃。

评估：在测试病人或评估受试者时（如犯人），心理学从业者必须使用科学方法进行测试，解释他们是如何得到分数或其他结果的，并明确说明理由。他们的评估必须公正而缜密，得到其他心理学从业者的认同。

治疗：心理学从业者需告知病人预期结果与疗程，取得病人的知情同意才能进行治疗。从业者不得与跟病人有关系的人交往。在下列情况下从业者必须停止治疗：从业者确定病人不需要进一步的咨询、病人不能从治疗中获益、治疗对病人产生伤害。

7 同意书

在科学家招募人类受试者前，必须先发送同意书并取得对方同意（通常以签名的形式）。这些同意书是各国的审查委员会要求的。各国委员会名称不同，如美国的研究机构审查委员会（Institutional Review Board，简称 IRB），英国的伦理委员会（Ethics Committee），澳大利亚的人类研究伦理委员会（Human

Research Ethics Committee)或法国的人类保护委员会(Comités de Protection des Personnes)。所有这些委员会有着同样的任务:确保人类受试者研究合乎道德。委员会受资助和管理人类研究的政府机构约束。

同意书条款会根据所做的研究和研究对象特定条件进行调整。下面这份同意书样例是以芝加哥大学提供的模板为基础的:

研究同意书

研究题目:关于辛辣小吃和睡眠质量的研究

主要调查者:罗杰·布朗博士

机构审查委员会研究号:研究号 187

我是一位来自纽约睡眠机构的研究员,就职于睡眠研究部。我正在进行一项研究,想邀请你参与。该研究由来自曼哈顿医学院的史密斯博士、琼斯博士和我一起进行。这份同意书中说明了进行研究的原因,如果你决定参与这项研究,我们会让你做什么以及我们将如何使用与你有关的信息。

我为什么要参与这项研究?

这项研究的目的是理解上床前摄入辛辣小吃的影响和人们摄入后的睡眠状况。许多人夜晚入睡困难。通过这项调查,我们想知道睡前摄入辛辣小吃是否会改善睡眠、破坏睡眠或不产生任何影响。我们希望你能帮助我们进行研究,在此基础上得出结论,能就睡前摄入辛辣小吃给出指导。

如果参与研究,我将做什么?

如果你参与研究,我们将要求你在我们的睡眠实验室吃点小吃并睡一晚。小吃是流行小吃,如克力架、鸡翅、薯片、汤、辣椒和其他睡前常吃的东西。有很多小吃供你选择。小吃可能是辛辣的,也可能不是。如果你觉得辣,你可以喝水。你也可能被要求完全不吃任何小吃。

睡眠实验室有一张床,有典型的宾馆那样布置的房间,有舒适的床垫、亚麻织物和毯子。你将带上你平时穿的睡衣。我们会在你的手指上绑上血液脉冲传感器，以及用于监测你的呼吸的传感器。你会在黑暗中入眠，但是会有一台红外摄像机在夜间监控你的动作。这个记录仅用于实验目的，只有布朗博士、史密斯博士和琼斯博士能看。如果你不想被录像，我们会让一个学生监控你的动作并进行记录。录像带会保存在布朗博士办公室的保险箱里，并在研究发表十年后销毁。

你需要在正常睡觉前一小时到实验室报到，并在你正常的作息时间醒来。你到达时，如果你被安排吃小吃，我们会给你提供一份。你将遵循正常的上床程序，如刷牙、看书或看电视（实验室有电视机可看）。

有没有潜在的风险或不舒服之处？

为了确保最佳睡眠的可能性，我们会竭尽全力保证你在睡眠实验室的舒适度。根据每个人对辛辣食物的耐受度不一，有可能你得到的小吃的辛辣程度超过了你的口味。如果是这样，我们会给你提供饮用水，让你恢复。一开始，戴上传感器可能会让你有点不适，不过我们发现我们的研究对象都能很快适应。录像或进行记录的学生会侵犯你的隐私，但我们必须这么做才能比较你和其他实验对象的夜间行动。

对我和其他人的好处是什么？

你不大可能直接从这项研究获益，但是从你和其他人那里收集的数据可能有助于我们向有睡眠困难或想提高睡眠质量的人提出建议。我们还将洞察人体中的化学反应，为后续研究辛辣食品的影响提供可能。

如果我们发现辛辣食品和睡眠质量是相关的，我们或许在你参与研究时，能向你提供改善你的睡眠习惯的建议。

从我这里收集的数据将得到怎样的保护，这些信息将怎样被分享？

我们将收集如你的性别、年龄、体重、健康状况、你对辛辣食物的耐受度和你的睡眠史等信息。我们不会记录个人身份信息，即可以用来识别你的信息。我们将在科学刊物上发表我们的发现，而你的信息将会经过整理和归纳。

我们需要收集的信息中最敏感的是记录你晚上动作的睡眠录像带。正如声明的那样，你可以选择不进行录像，而让实习生进行观察并记录。在需要提供研究证据或为了收集进一步的数据时我们会分享资源，可能让其他研究者观看这些录像。我们会在得到你的书面同意后再分享录像。我们会给脸部打码以防止辨认。我们会在研究发表十年后销毁原始的录像带。

财务信息

参与这项研究是免费的，也没有报酬。

我作为研究的病人有什么权利?

参与研究全凭自愿。你不需要回答任何不愿回答的问题。你可以在任何时候停止睡眠研究并离开我们的实验场所，不会受到惩罚。你可以要求销毁你的所有录像。如果你在中途要求退出，我们可能要求使用你离开前收集的数据。

关于这个研究如果我有问题或担忧，我可以联系谁?

如果你有问题，你现在就可以询问工作人员。如果之后你有疑问，可以通过电话或电子邮件联系曼哈顿医学院的研究者。

如果你有需要进一步回答的问题，也可以联系大学的审查委员会。

同意

我已经阅读了这份同意书，并且听取了对研究的解释。我已经得到了提问的机会，我的问题也得到了回答。如果我还有问题，我已经被告知与谁联系。我同意参与上述研究，并将收到一份同意书的副本。

参与者的姓名

研究者需要把同意书和其他从研究中收集的文件放在一起，并给每位参与者一份副本。同意书是向道德审查委员会证明你的研究对象知情并同意参与研究的一种方式。在每位参与者签署同意书之后，你才能进行研究。

8 终章

道德伦理是古老、棘手的主题，但是，哲学家很早就已认识到它是文明的重要基石。一开始人们只是试图陈述一个普遍真理（“我们应该做使我们快乐的事”“我们不应该做危害他人的事”），很快随着时间推移扩展成更复杂的理论和机制。后来的哲学家和思想家开始考虑人类行为的微妙变化和后果，促进了人类道德的进化。国王和皇帝被抛弃，而民主政府建立的哲学基础是：对于管辖自身的法律，每个人都有发言权。

我们可能永远无法真正定义什么样的行为是合乎道德的，也无法指望能控制人性到科学家无需任何监督都不会学术不端的程度。最佳折中方案是针对每个特定专业制定一套规则，并期望科学界最终（可能在短时间内并不能）抓住所有违反学术道德或进行学术造假的科学家。尽管学术道德标准并不完美，但是通过遵循这些标准，我们确信虽然日常生活和科学研究总有混乱和犹疑，研究行为和成果终会随着时间推移回到正轨。违反学术道德的行为可能会为肆无忌惮者带来一时之利，但是，因为科学家们会对前人的假设和声明进行批判性思考，真相终会水落石出。

第十章

实践练习：科学项目

1 引言

你已经学了很多开展科学研究以及通过研究论文和实验报告交流研究结果的方法。本章将指导你如何应用这些学到的信息。正如你已经了解的，科学实验品类丰富，开展研究的方式多种多样。

本章将指导你进行第二章中所学习的应用研究实验。应用研究寻求解决问题的方法或具体疑问的答案，而理论研究则是探究事物的运作规律而非现实应用。两者相辅相成，缺一不可。

在本章中，我们将探究在不同条件下进行植物种植实验，来确定哪些条件对植物有利，哪些有害。我们将从现有的理论研究中了解植物是怎样生长的，并以此为基础来假设某种特定情况对植物的影响。

2 观察和提出研究问题

开展应用研究的第一步是观察你周围的世界。你会提出什么问题？你注意到了什么需求？

2.1 观察

我们想在明年春天培植一个花园，但是我们没想好栽种什么、什么时候开始种植。我们想尽己所能创造最好的花园，但是我们在开始种植前需要深入了解植物。我们首先需要在现实中观察植物，之后在此基础上开展背景研究。

我们观察到现值秋季，气温凉爽。许多显花植物和结实作物已经不再开花结果。一些农作物到了它们生命周期的尾声并被收割。有些植物被冻死了，而另一些继续存活。

我们还听说我们的邻居已经给植物做过冬准备。有些呈现枯萎状态的植物被施了肥。一个邻居告诉我们，施过肥的植物会利用这些营养在春天发芽开花。这告诉我们植物在春天可能需要额外补充营养。然而，这些植物在得到营养补充之前就已被种下了。我们不确定这个信息对我们是否有用，因为我们的花园还未开始栽种。

我们在当地的蔬菜水果店购物时，发现店里的水果、蔬菜和我们在夏天看到的不一样。在夏天，我们的果蔬店里出售的是当地的各种水果，但是现在，同样种类的水果都是从外国进口的。这表明，我们的本地水果过了夏季就不结果了。

我们还知道北半球处于冬季时，南半球处于夏季。水果标签上显示的一些国家要么在南半球，要么在赤道附近。从这些信息我们可以推断，秋冬季节的低温和日照缺乏会使某些植物生长欠佳。

我们在蔬果店看到的黄瓜大小不一：有些较长，而有些较细。所有的黄瓜产自同一个农场，因此，很可能存在一定因素影响了它们的大小。我们之前了解到，蔬果植物会先开花，需要授粉才能结果，我们蔬果店的水果和蔬菜都没有花，所以我们推断黄瓜在生长时，花朵受到了某些因素的影响。我们不确定这两个事实是否有关联，因此记录下这个信息并将其列入我们的背景研究中。

我们在观察的同时进行记录，这样就不会忘记我们的所见所闻。这些记录将供我们生成研究问题时参考。

2.2 生成研究问题

我们生成的研究问题将引导我们进行研究，并在后续阶段帮助我们建立假设并进行实验测试。我们并不需要先确定假设再开始我们的研究。通过观察、生成研究问题和背景研究，我们将收集需要的信息并把我们的问题提炼成假设。

我们的研究主题是我们想培植花园，但是我们不知道什么时候、从哪里开始做起，也不知道要用什么方法，为什么要用这些方法而摒弃其他方法。

我们在观察期间已经记下几个问题，因此我们将把那些问题和我们可能会问的新问题放在一起。我们写下的问题越多，就越容易集中精力进行背景研究。问“花有什么用？”是个非常笼统的问题，可能需要花很长时间寻找答案。我们可以聚焦我们对花的研究范畴，提出下面的问题：

花开得大，果实也结得大吗？

在果实或蔬菜茎叶开始生长时，花会怎么样？

我们也在思考植物在低温天气下会有哪些不同的反应。我们的问题不是“植物在寒冷时生长吗？”，而是：

为什么有的植物在冰冻温度下会死去而有的还存活？

怎样在零下温度时保护植物?

我们的问题不是:“植物什么时候生长?”,而是:

冬日白昼缩短会对植物生长产生怎样的影响?

为什么有的植物在夏季收获而有的在秋季收获?

我们开展研究和实验的道路会从问一个非常笼统的问题开始,走向回答一个非常具体的问题。我们以怎样成为更好的园丁以培育出一个花园这个问题开头,现在我们生成了有关植物生长需要的更具体的问题。在我们开展背景研究时,我们会回答这些问题,再在此基础上提出并回答更具体的问题。

3 背景研究和文献综述

3.1 背景研究

既然我们有了问题,就可以做背景研究了。在我们观察期间提出的大多数问题将被回答。但是,作为研究结果,我们将生成新的问题。通过观察我们大概知道我们可能有什么问题,而背景研究将帮助我们进一步提炼问题,形成假设。

我们的第一个问题“花开得大,果实也结得大吗?”把我们引向植物解剖学。我们了解到花的大小和果实的大小之间并不存在对应关系。结出果实和长成蔬菜的植物花朵常常比观赏植物的花朵小。我们还了解到,有多种植物要既有雄花又有雌花才能结果,如各种南瓜;还有许多植物是自花授粉,比如西红柿,一朵花可以自己授粉，长出果实。

这把我们带到下一个问题："在果实或蔬菜茎叶开始生长时，花会怎么样？"我们了解到，结果的植物如西红柿和苹果树，果实在植物的子房中成长。随着果实长大，花朵死去，最后凋零。

我们还了解有些到植物的"果实"是它们的种子。如西红柿和苹果之类的植物，"果实"内部含有种子。另一些植物，如向日葵，"果实"就是种子。这又把我们引向一个之前并未提出的问题："种子的内部结构是怎样的？"

我们了解了种子的构成部分，比如胚，它会发育成芽；子叶，用于储存养分供胚发育。随着种子萌芽，植物利用储存在子叶中的养分长大。最后，子叶被利用完，植物会从土壤、水和阳光中吸取营养（见图 10.1）。

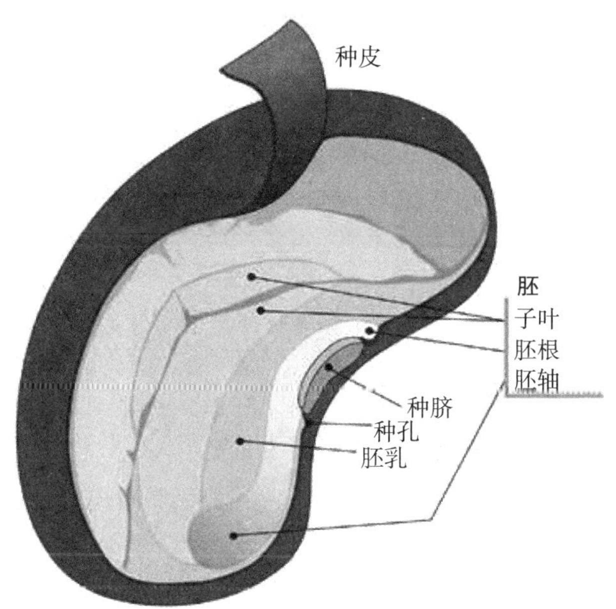

图 10.1　种子内部结构

这为我们提供了一个可能有用的新的实验思路：种子发芽测试。如果种子利用储存在子叶中的养分发芽，它可能具有在没有任何营养的环境中发芽的能力。我们可以做个实验来探索种子在不宜种植的环境中的发芽情况。

虽然我们的假设，甚至实验可能并不按照这个思路进行，这些关于我们潜在的实验可能性的思考都将有助于我们为设计实验做好准备。

3.2 文献综述

当我们撰写科学论文时，我们需要准备文献综述。它在实验环节之前呈现，目的是告知读者与我们实验有关的研究背景和其他信息。

例如，我们已经知道种子含有子叶。如果我们做一个关于种子在不同环境中的发芽率的实验，我们想让读者也了解种子中的子叶。我们不希望读者感到疑惑：为什么即使种子没有从生长介质或肥料中获得任何营养也能发芽。

在我们进行背景研究期间，我们将阅读大量关于植物的信息。我们需要整合这些信息，即将两个或两个以上的要素、概念结合起来形成一个新的整体。我们使用这样的综述对我们阅读的研究文献做出总结，这样我们将知道如何将这些研究信息应用于我们的课题和假设。

我们可以从我们的提纲上看出来：植物可能受病虫伤害，而温度是个外部因素。这让我们想到测试温度这个变量，探究其对植物是否受到伤害的影响。

文献综述通常需要具有全面性，但是，过量的信息会造成困扰。我们不需要向读者解释我们实验中所测试的所有植物的一切信息。我们想让读者在看了文献综述后记得两到三个重要概念，帮助他们理解为什么我们要做这个实验。如果我们的实验不测试与花朵或果实相关的变量，我们无需阐述植物的整个繁殖周期。解释种子的内部结构就已足够。

在进行背景研究期间我们了解了新的信息，并记录了信息的概要和来源。这份概要在我们之后写文献综述时将是有用的参考。不是所有的信息都会出现在文献综述里，但是，如果我们想再次讨论一个课题并需要很快找到信息，这将是很好的参考。

1. 关于
    a. 第二版的《植物学导论》中的分类组别
        i. 裸子植物
        ii. 被子植物
2. 植物营养
    a.《植物生理中的氧合作用》第6版
    b. 在《土壤中的植物营养》中，不同营养对植物的影响是不同的
    c. 在《土壤中的植物营养》中，水分和营养的量
3. 外部因素
    a. 水的使用
    b.《青山园丁》中的植物光照和水分
    c. 温度
    d. 湿度
    e.《花和植物的繁殖》中的发芽率
    f. 耐寒区 https：//planthardiness.ars.usda.gov/
4. 植物解剖
    a.《植物生理学》第6版中的子叶
    b. 叶片尺寸
    c.《植物生理学》第6版中的根茎膨大
    d. 植物颜色
    e.《花和植物的繁殖》中的花苞尺寸
    f.《植物生理学》第6版中的向光性
    g.《实验4：花、授粉和果实》中的花和果实
5. 问题
    a. 疾病 http：//vegetablemdonline.ppath.cornell.edu/
    b. 害虫

c.《蔬菜作物的常见疾病诊断》中的植物伤害

d.《植物学导论》第 2 版中的抑制其他植物生长的植物

e.《蔬菜作物的常见疾病诊断》中的因为盐水导致的叶子发黄

6. 测量

a. 通过干燥测量生长

b. 生长速度

文献综述没有具体的长度规定，可以有 2 页，也可以有 20 页。大体来说，建议文献综述的篇幅应该占据整篇论文的 20%。如果你的论文有 15 页，你的文献综述应该有 3 页。注意遵循你的老师的指导。如果你想投稿科学杂志，则应遵循刊物对长度和格式的要求。

4 形成假设

现在我们已经进行了观察，开展了背景研究，下面我们需要形成假设。我们的背景研究已经提供了丰富的植物信息，我们将基于这些信息形成假设。因为这是应用研究，我们要回答具体疑问或解决问题。

我们先来回顾我们观察时提出的问题、在我们进行背景研究期间找到的答案以及我们提出的新问题。

1. 花开得大，果实也结得大吗？
2. 在果实或蔬菜茎叶开始生长时，花会怎么样？
3. 种子的内部结构是怎样的？
4. 在植物需要外界营养前能长多大？
5. 为什么有的植物在冰冻温度下会死去而有的还能存活？
6. 怎样在零下温度时保护植物？

7. 冬日白昼缩短会对植物生长产生怎样的影响？

8. 什么对植物生长影响更大：光照还是温度？

9. 为什么有的植物在夏季收获而有的在秋季收获？

我们已经知道了前两个问题的答案。第 3 个和第 8 个问题太笼统，不适合做假设。我们要进行进一步的研究来聚焦研究主题。针对问题 4—8 我们已经有了些好的想法。这几个问题都与植物在不利环境中的生长有关。因为我们提出的问题一直围绕着这个主题，这为形成假设打下了良好基础。

现在我们来看问题 4—8，确定里面描述了哪些可被测试的变量。我们有 4 个变量：光照、温度和湿度、水和营养。这些是我们在家庭实验中可以测试的变量。通常我们会根据假设进行单一变量的实验，但是，我们在背景研究中了解到两个变量可能会在植物生长过程中相互作用并影响我们的结果，在设计实验时，我们要把这点考虑进去。

例如，如果我们要测试光照，我们需要说明接受不同光和热的植物水分蒸发量的差异。如果两棵植物得到同样多的水分，但是植物 B 因为接受光照多而使水分蒸发得快，我们就说植物 A 需要较少的光照就可以长得比植物 B 好是不准确的。如果我们给植物 B 的水分比植物 A 多，我们就改变了变量，可能会影响结果。

为了验证我们的假设，我们也可能决定测试不止一个变量。科学家在得出结论前常常进行多项实验，有时是重复第一项实验，有时会根据从第一项实验中得到的信息而做一组新实验。如果想了解怎样栽培植物最好，我们不想把同样的实验重复好几遍，也不想只做一项单一变量实验。

如果想测试所有三个变量——植物的光照、温度和营养，我们需要把植物置于不利的环境条件中。尽管我们并不会让将来的花园变成不利种植的环境，但是，我们确实想知道植物在什么条件下才能生存。明年夏季可能比正常情况更炎热，或者春季雨水可能更多。也许我们会提前遇到可能威胁植物生存的低温，甚至来不及做好准备。

现在我们可以提出一个简单假设。这只是假设的雏形，而不是最终版本。简单假设会较为概括地说明变量间的关系。

植物在不利环境条件下生长速度会放慢。

写下简单假设之后，我们要决定它的方向。我们的假设可以是定向的，也可以是非定向的。如果是非定向的，那么我们会说我们的变量是相关的，但是不说怎么相关。如果是定向的，我们会陈述变量间的相关程度。

非定向的：植物的生长速度与生长环境不利程度有关。

定向的：处于不利环境条件下的植物比处于有利条件下的植物生长速度慢。

我们的假设已经有了主体，但是还应包含关于测试对象和变量的具体信息。我们还应该从假设中做出至少一个清晰的预测，以“如果……那么”的形式进行陈述。例如，“处于极端寒冷环境中的芜菁，会比生活在温暖环境中的芜菁生长得慢。”

现在，我们形成了假设：

> 与在有利条件下生长的植物相比，在不利环境条件下的植物长势欠佳。如果我们把芜菁、绿豆、萝卜、万寿菊、吉诺维斯罗勒、矮葵花和豆瓣菜置于不同温度、光照和营养条件下，在不利环境条件下的植物长势会比在有利条件下的慢。

我们的零假设（Null Hypothesis）是我们的变量间之间不存在相关性。如果我们把植物置于极端的温度、光照和营养条件下，植物生长状况和在有利环境下一样。

之后，我们在设计和进行实验时，可能需要根据情况调整假设。例如，我们原定把豆瓣菜置于不同重力条件下，但是在设计实验阶段我们决定用另一种植物。如果假设预测的是重力对豆瓣菜生长的影响，而结果是重力对万寿菊生长的影响，这对于读者来说就不具有意义。

5 设计实验

既然形成了假设，我们需要设计实验来进行验证。我们可以设计一个同时测试几个变量的实验，或者设计一系列较小的实验，每个实验组测试一两个变量。两者各有利弊。

一个同时测试多个变量的单次实验可以显示变量间的相互作用。我们的背景研究告诉我们，植物需要的一些营养会增强植物的光合作用能力。我们可以进行单次实验测试光照和营养水平这两个相互关联的变量对植物生长的影响。然而，在一次实验中同时测量几个变量会很复杂。因为是在家里而不是实验室做实验，这会增加我们控制植物所处环境中的变量的难度。比如说我们的宠物猫可能会跳上桌子吃掉植物，破坏整个实验。

当某一变量可能会影响我们想测试的其他变量时，进行数组小实验更有助于测试。光和热可能使土壤变干，这会导致植物对水分的需求变大。如果我们在一个实验中测试光照和水分需求，我们得算上光照蒸发的因素。我们可以进行两个实验：一个针对光照，另一个针对水分需求。在光照实验中的植物将得到同样多的水分，在水分实验中的植物将得到同样多的光照。然而，做更多的小实验需要更多空间，因为每个实验都有一套植物对照组。如果我们的空间只够一次做一个实验，可能需要更长的时间得到所有的数据。

我们决定设置几组小实验，每组测试一到两个变量。考虑到家里现有的资源，这样我们能更准确地控制每个变量。在本章后续小节中，我们会讨论我们实验的变量控制。

不管我们是选择做一个单次实验测试几个变量还是做几组小实验分别测试不同变量，我们实验的设计应该具备较高的内部效度（internal validity）。内部效度是指实验结果与自变量之间关系的明确程度。简言之，如果实验“做得对”，对于研究结果的解释应该有且只有一种。

5.1 自变量的选择

我们设计的实验需要测试各种各样的变量，涵盖我们假设的所有方面。我们的假设没有具体说明测试哪一种不利环境条件，但是我们可以凭直觉从假设和我们的背景研究中知道什么是最有可能被测试的自变量。大多数植物需要光照、营养和水分。植物在不同的温度和湿度条件下长势不同。从这些信息我们可以进一步拓展这些变量。列个提纲或表格会很有帮助。我们也可以制作思维导图使我们的实验要素及其之间的关系可视化（见图 10.2）。

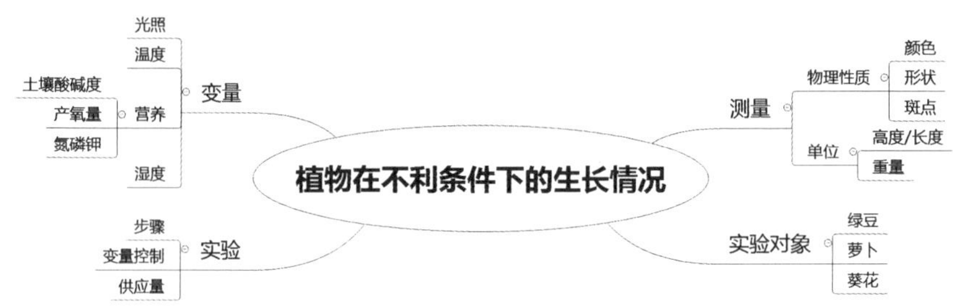

图 10.2　思维导图示例

光照：植物通常需要不同时长、不同强度的光照。光谱或波长有时也会有所影响（见表 10.1）。

表 10.1　光照变量

时间长度	光照强度	光谱
无	无	太阳光
几小时光照	微弱	全光谱人造光
好几小时光照	适度	标准白炽灯
白天大部分时间	明亮	标准荧光灯
24 小时光照	强烈	紫外线

营养：植物的营养需求各异。我们的背景研究告诉我们植物常用的营养是磷、钙、氮、镁和钾。植物从不同类型的土壤、生长介质和肥料等里面得到它们需要的营养。根的氧合作用对许多种植物也是必需的（见表 10.2）。

表 10.2　营养变量

营养类型	营养应用	生长介质	氧合
磷	肥料	“常规的”园艺土	无
钙	生长介质	肥沃土壤	低
氮	水	代替土壤的聚合物	适度
钾		水培海绵基质	高
镁		水	

水分：背景研究告诉我们有些植物在潮湿环境中能旺盛生长，而有些植物水分稍微多一点儿就会死亡。水的运用有时也是影响植物健康的一个因素（见表 10.3）。

表 10.3　水分变量

水分水平	灌溉频率	灌溉方法
极干	栽种后无灌溉	从上面灌溉土壤
干	低	从底部灌溉土壤
适度	适度	用喷瓶喷雾
湿	高	释水聚合物
极湿		

温度和湿度：有些植物只能在炎热的环境生长，而有些植物可以耐寒。植物耐寒分区图有助于确定植物耐受的温度范围。周围环境的湿度与土壤湿度不一定相关。有些植物如空气凤梨从空气中而不是土壤中吸收水分。有些品种的空气凤梨无需栽种在土壤中也能存活（见表 10.4）。

表 10.4 温度和湿度变量

温度	湿度
冰冻	干燥
寒冷	半干燥
温暖	适度
炎热	亚热带的
酷热	热带的

在假设中，我们对不利环境条件如何影响植物生长做出了预测。每组实验将测试一两个变量，以便更好地控制各个变量。我们将为每组实验建立单独的观察日志进行记录，并撰写实验报告。在之后撰写研究论文时，我们将通过实验报告中的数据得出结论，并讨论我们的假设是否得到证实或证伪。

我们进行实验的时间有限，因此不打算测试每个潜在变量。我们还必须考虑我们进行实验的环境，以及环境会对实验结果产生的影响。因为我们在家里进行实验，我们将无法像在实验室或温室里一样控制温度或湿度。

因此我们不打算像之前考虑的那样做关于温度和湿度的实验，我们可以选择添加新实验或只测试营养和光照变量。在背景研究中，我们了解了一些有关植物和光照的有趣信息。我们知道阳光对植物地面部分和对植物根部的影响是不同的，这将是一组可以测试的变量。我们还了解到不同植物喜欢不同酸碱度水平的土壤，以及不同的营养成分能改变土壤的酸碱度。我们的实验构想之一是测试不同营养成分对植物的影响，因此我们认为进行土壤酸碱度的实验会对我们的研究有所帮助。

我们的实验将测试下列变量：营养类型、根的暴露程度、土壤酸碱度和光照。

5.2 选择实验对象

我们意在测试不利环境条件对植物生长的潜在影响，因此我们将选择能提高实验设计效度的植物进行测试。如果在进行低湿条件测试时使用加利福尼亚刺柏，进行高湿条件测试时使用变色鸢尾，实验的内部效度将会很低。为了提高内部效度，我们需要将两种植物分别置于高、低湿条件下进行测试。

在这个实验中我们并不想采用加利福尼亚刺柏或变色鸢尾作为测试对象。这两种植物都能在极端条件下生长。它们的生长阶段和生长速度也不同。它们还分属不同类别：前者是裸子植物，在宽卵形球果中结子；后者是被子植物，属于开花植物。用加利福尼亚刺柏做实验收集到的数据不适用于开花植物，而从变色鸢尾实验中收集的数据也不适用于刺柏一类的植物。

就我们的实验而言，我们最好使用园艺植物，如香草、蔬菜类和花卉。我们很容易从苗圃或园艺店买到这些种子。而且，这些植物通常生长在更温和的气候中，意味着它们更适宜室内种植。这些植物生长速度也比较快。这一点很重要，因为这将缩短实验周期。加利福尼亚刺柏要多年才成熟，而变色鸢尾可能要几个月才发芽。它们的成长周期太长，不适宜用作短期实验的对象。

我们将在实验中使用绿豆、豆瓣菜、矮向日葵、芜菁、吉诺维斯罗勒、万寿菊和萝卜。我们并不打算在每个实验中都把所有种子测试一遍。我们的背景研究告诉我们不同植物对于水分和营养成分的需求是不同的，这与植物的大小、生长速度、细胞中水分的储存量、要多久开花结果、花朵或果实的尺寸等有关。

芜菁比矮向日葵发芽快，但是矮向日葵的花和叶子比芜菁的大得多。因为我们的实验空间有限，不同于花园环境，植物将紧挨着放置。矮向日葵可能会遮挡矮小植物的光照，抑制它们的生长。这是个可能影响我们整体结果的潜在变量。为了保证实验的内部效度，我们需要弥补这些变量造成的影响。

5.3 选择测量方法

我们已经选择了实验对象和被测试的变量，那么我们该怎样计量我们的实验结果？这不是一个容易回答的问题。因为每个被测试的变量会以不同方式影响植物。我们通过观察植物的外观来计量吗？还是测量植物的生长速度、叶片尺寸或者颜色？我们要寻找植物受损或畸形的部位吗？与不健康的植物相比，健康植物应该是长什么样的？

1. 植物的健康状况——植物是否显示出病态或畸形的迹象
    a. 有棕色的斑点或发黄
    b. 畸形的叶子或茎
    c. 凋落枯萎的叶子或茎
    d. 昆虫或真菌的存在
2. 植物的生长情况——植物在一定时间内的生长速度
    a. 高度
    b. 叶子尺寸
    c. 开花
3. 植物的外观——植物的整体外表，注意所有的潜在特征
    a. 叶子
        i. 颜色
        ii. 尺寸
        iii. 形状
    b. 茎
        i. 颜色
        ii. 长度
        iii. 粗细
    c. 花
        i. 颜色
        ii. 尺寸
    d. 根
        i. 颜色

ii. 长度

iii. 粗细

一旦确定了测量实验对象和变量的方式，我们就需要确定测量单位。背景研究告诉我们，测量植物生长速度的一种方法是使植物脱水，然后测量植物的重量。这将使植物死亡，意味着它无法继续生长，也不能进行进一步的实验。我们也可以通过测量植物高度的增加来衡量它的生长速度，以厘米为单位。这不会杀死植物，能使实验持续进行。然而，从背景研究中我们知道这样的测量结果会因为受土壤湿度的影响而变得不准确。而且，一棵植物长得高并不意味着长势很好，因为可能它的叶子会很瘦小。

我们将测量植物从根部末端到茎的末端（叶子开始生长的地方）的距离作为植物的高度。这不如在实验室的测量精确，但是，这是我们用现有工具能做的准确度最高的测量。

我们将通过观察种子破壳和萌芽的时间来衡量发芽速度。然而，这只适用于萌芽阶段可视的实验。对于种在不透明的生长介质中的种子，我们考虑把种芽到达土壤表面的时间定为萌芽时间。我们应该把所有种子种在同一深度，以确保它们到达土壤表面的距离相等。

6 实验步骤和控制

我们已经计划好了实验设计，该来确定实验步骤了。在实验前制定一套步骤对于保持内部效度具有重要作用。我们需要确保实验的每组植物按照同样的方式设置，否则我们将面临引入其他变量并影响实验结果的风险。

6.1 每天的记录和观察

每天，我们会记录实验的观察和测量结果，一天两次，早晚各一次，间隔 12 小时。如果我们每天只观察一次，我们将不知道观察到的变化发生在 2 小时前还是 22 小时前。在植物刚发芽和生长时，它们在短时间内会有很大变化。

我们先观察对照组，然后根据它们的编号顺次观察变量组。我们测量植物的生长情况，写下对植物健康状况的观察并记录任何影响植物的外部因素。所有这些数据都将被记录在日常观察日志上。

因为我们会同时开展多组实验，我们一次记录一组实验的测量值和观察结果，完成一组实验的记录后再进行下一组的观察。在每轮观察周期内，我们都会按照之前的顺序进行。这将有助于减小引入新变量的可能性。例如，我们每次进房间观察，会把外面的凉爽空气带进去。如果我们每次按照同样的顺序，那么每次都会有凉爽的空气进入房间，植物将和以前一样受到同样的影响。但如果我们改变观察顺序，凉爽的空气会随机对实验产生影响。

或许在我们的实验中，改变观察顺序并不会给实验造成显著变化。然而在实验室环境中，这样的变化更容易对实验结果造成影响。因此，在实验期间总是遵循同样的步骤是一种确保一致性及高内部效度的良好做法。

6.2 测量步骤

正如我们的观察步骤必须一致一样，我们的测量步骤也必须一致。如果我们用尺测量植物的高度，我们应该使用同一把尺测量同一个实验中的所有植物。我们在另一个实验中用不同的尺也是可以的，但是，最好在所有实验中采用同样的测量工具。我们家里的直尺或卷尺不如实验室的测量工具精确，因此我们应该尽可能保证工具的一致性。

我们在控制变量时也应该保证使用一致的测量方式。我们打算测试不同酸碱度土壤中的植物的发芽速度。我们给种子灌溉配制的酸性溶液和碱性溶液。为了使酸、碱的水平在所有的实验组中以同样速度上升，我们每次将加入等量的溶液。为了做到这一点，我们将使用精确刻度的注射器从每种溶液种取出特定的量。

在配制溶液时，我们需要确保对每种成分的量的测量是一致的。如果 A 溶液中含有 5 克柠檬酸，但是我们并没有测量就在 B 溶液中加入一勺柠檬酸，那就不能保证结果是有效的。

6.3 清理步骤

在开展实验时，清洁是特别重要的。实验室的一大优势是拥有为实验设置的无菌环境。大多数人家里没有实验室，所以要额外做些清洁工作。

在每次使用完一个容器或工具后，我们要先进行清洁才能在另一个实验里使用。每一样物品都要不停地清洗，这似乎很让人乏味，但是这是我们实验步骤的重要部分。交叉污染会影响我们的实验结果，特别是在可能导致病虫害传播的植物实验中。

清洁的重要性

在实验过程中，严重的雷暴雨曾导致停电数天。停电影响了建筑物的空调系统，导致气温升高，湿度显著增加。而且，我们在酸碱度实验中使用的植物生长灯也无法工作。这给霉菌生长创造了完美的条件。电力恢复后，在酸碱度实验中的所有生长介质上都显出了霉菌生长的迹象。我们没法在不影响生长介质的酸碱度的情况下处理霉菌，因此我们只好维持原状继续实验。

我们都会对在酸碱度实验中使用的工具先进行清洁再在其他实验中使用。在测量受影响的生长介质时霉菌孢子会附着在尺子上，然后再被带到其他实验小组中。这不但会影响实验结果，霉菌的生长还可能在我们的实验结束前就杀死植物，最后将导致所有实验中的植物都死于霉菌生长。我们的清洁步骤保证了其他的实验受到同一批霉菌感染的风险很低。

酸碱度实验结束后，我们把生长介质放置于室外的堆肥区中让它自然、安全地分解。

不管是园艺土壤、释水聚合物、纤维垫或是水培海绵，重复利用生长介质时上面附着的霉菌都有可能感染新的植物。在实验室中我们可以使用设备对生长介质进行消毒后再次利用，在家里我们可以尝试用冰冻、烘烤或微波的方法进行消毒。这将杀死附着在生长介质上的大部分霉菌，但是这不是万无一失的。许多种霉菌能长期存活在土壤中，因此，我们在实验中最好使用新鲜的生长介质。

我们还得清洁曾经装过含霉菌土壤的植物容器，否则重复使用时也会带来感染新植物的风险。为了防患于未然，我们决定将容器送去回收利用。它们是由生物降解塑料制成的，我们无法在不损坏容器的同时确保进行有效的清洁。

6.4 命名和识别

因为我们在项目中要进行多组实验，我们需要对每个实验加以区分。如果我们只进行单次实验，我们将每组实验分别命名为对照组、变量组 1、变量组 2 等。然而，我们在每个实验中都设置有对照组。如果不能区分我们在实验记录和科学论文中提到的对照组，我们会很容易混淆。虽然我们能从语境线索中得到提示（如使用的植物、生长介质和变量），但是我们数据的读者可没义务解读这些信息。

我们权衡了几种命名实验组的方式。在每个对照组实验中都使用“变量组 1”有点笨拙，在把数据输入表格呈现我们的结果时显得尤其如此。因此我们选择了简单的字母数字命名系统，它写起来容易，读起来也不别扭或易混淆。

我们把肥料实验命名为实验 A，根部健康实验是实验 B，土壤酸碱度实验是实验 C，光照实验是实验 D。当我们提及实验 C 的变量组 1 时，我们将称它变量组 1c。

6.5 实验组

我们通过实验组测试不同的变量。每组实验只测试一种变量，该组中的每个实验小组所控制的该变量的值不同。在实验 D 中，被测试的变量是植物与光源的距离，该项实验中每个实验小组都测试这一变量，但是植物放置位置距光源的距离不同。

除了选择测试的变量值不同，我们所有的实验小组的其他生长条件将保持一致。可以从下面的表格中看出，每个实验小组使用同样的对象和生长介质。在实验 A 中，所有的植物还将被给予同样的光照和水分。唯一的区别是自变量，即每个实验小组得到的营养类型。

表 10.5　实验 A– 肥料对生长的影响

小组	变量	对象	生长介质
对照组	无	绿豆	释水聚合物
变量组 1a	10-5-14 氮磷钾肥料	绿豆	释水聚合物
变量组 2a	4-3-6 氮磷钾肥料	绿豆	释水聚合物
变量组 3a	骨粉	绿豆	释水聚合物
变量组 4a	赤霉素	绿豆	释水聚合物

表 10.6　实验 B– 根部健康

小组	变量	对象	生长介质
变量组 1b	1 级紫外线暴露	吉诺维斯罗勒	水培系统
变量组 2b	2 级紫外线暴露	吉诺维斯罗勒	水培系统
变量组 3b	1 级静水	吉诺维斯罗勒	水培系统
变量组 4b	2 级静水	吉诺维斯罗勒	水培系统

表 10.7　实验 C– 土壤酸碱度

小组	变量	对象	生长介质
变量组 1c	1 级酸性	多种	椰子纤维土
变量组 2c	2 级酸性	多种	椰子纤维土
变量组 3c	1 级碱性	多种	椰子纤维土
变量组 4c	2 级碱性	多种	椰子纤维土

表 10.8　实验 D– 光照

小组	变量	对象	生长介质
变量组 1d	直接接触光源	吉诺维斯罗勒	椰子纤维土
变量组 2d	离光源 2 英寸	吉诺维斯罗勒	椰子纤维土
变量组 3d	离光源 5 英尺	吉诺维斯罗勒	椰子纤维土
变量组 4d	离光源 10 英尺	吉诺维斯罗勒	椰子纤维土

6.6 对照组

设置对照组是为了确保测试结果不受被测变量以外的无关变量的影响。对照组不引入被测试变量，其他环境条件与实验组保持一致。我们在每组实验中都设置了一棵或一系列没有引入变量的植物作为对照组（见下表 10.9）。

实验 B、C 和 D 中，植物将被置于各种不利环境条件下进行实验。实验 B 中吉诺维斯罗勒的根部将被施加压力，可能造成严重的根部损坏。实验 C 中土壤中被加入了高浓度的酸或碱，可能使种子不能发芽。实验 D 中植物将被置于极端光照条件下，可能会对植物造成损害。

实验 A 不是测试植物在极端条件下的反应，只是测试不同的施肥方法对植物的影响。我们的假设是测试不利环境条件对植物的影响，为什么我们要开展这项实验？

实验A将作为实验C的假性对照组。这不是真正的对照组，因为实验A和实验C测试的变量和条件不同。设置实验A的目的是展示在各种有利条件下的种子发芽、植物生长和植物健康情况。我们知道肥料可以改变土壤的酸碱度，但是在土壤酸碱度实验中，植物没有得到肥料或外部营养。实验结束后，我们可以检验实验A和实验C的数据是否具有相关性。

表10.9　对照组

对照组	对照条件
实验A	清水，无肥料
实验B	处在水培环境
实验C	中性水
实验D	位于生产商建议的光照距离

7 进行实验

我们已经决定开展多组实验，每组实验测试一到两个变量。每个实验根据测试变量的不同持续不同时间。例如。根部健康实验需要生长6周才能进行变量测试，而土壤酸碱度实验两周就能完成。根据我们的实验设计，我们可以同时进行数组实验，这样就节省了完成整个项目的时间。这也意味着如果有意外发生，我们还可以灵活调整。

我们将记录植物的变化和它们间的差异。如果植物的表现和我们期待的不一致，这表明可能有隐藏的变量在影响结果。我们决不能为了与植物的表现相符而改变我们的假设。我们的实验目标不是证明我们的假设是正确的或是证明假设是错误的。每次出现与我们的假设不符的实验结果都是宝贵的学习机会。如果有其他人进行类似的实验，这将帮助他们预知可能出现的结果。

7.1 实验测试中的思考与问题

每个实验都可能发生“怪事”和潜在问题。当我们的实验不遂我们所愿时，这也许令人懊恼。我们很可能想重新开始，但是除非实验彻底失败，一般不建议那么做。即使实验不遂我们所愿，数据也是有用的。在我们刚开始做实验时，实验 C 因为出人意料的环境而完全失败。在这种情况下，我们不得不开始一个新的实验。虽然我们可能在我们的科学论文中用不到失败的实验的数据，但是我们还是会将得到的数据收集起来。

7.1.1 实验 A：肥料对生长的影响

测试肥料对植物健康的影响可能是个挑战。肥料的营养成分不同，来源也各异。有些肥料基于植物激素，而另一些是土壤中自然生成的物质。有些肥料用于改善营养不足，而有些用于加强营养来帮助植物更茁壮地成长。

营养成分间的相互作用会使对植物的测量变得复杂。钙有助于刺激植物生长新的根系，而磷有助于促进植物早期的根系生长。植物一开始的迅速生长可能有赖于磷的含量，但是，如果不补充钙来维持新根的生长，植物的生长速度就会放慢。

7.1.2 实验 B：根部健康

大多数植物的根部都需要氧气。过于紧密的材料将使植物根部无法获得氧气，不利于植物生长。因此水培生长系统中会设置机械装置来促进水循环并增加氧气，相当于鱼缸中加的增氧泵。许多植物的根部还需要防光照保护。紫外线会损坏敏感的根部，土壤就是隔离紫外线辐射的屏障。

水培生长系统通常给根部提供黑暗的生长环境，保护它免受光照的伤害，并用循环水增加供氧。这些系统增加了可能影响这个实验的两个变量：水循环和光的遮挡。如果水循环的装置坏了，我们实验的内部效度就会降低。

7.1.3 实验 C：土壤酸碱度

土壤酸碱度会影响植物生长状态和种子萌芽速度。植物有不同的酸碱度需要，杜鹃花之类的植物偏爱酸性土壤，而百里香则偏爱碱性土壤。大多数植物能耐受比最适酸碱度略酸或略碱性的土壤，但是我们想知道它们的耐受酸碱度范围。

我们控制变量的方法是用酸性或碱性溶液灌溉植物。随着灌溉，不同实验组的土壤酸碱度会增大或减小。我们会定期检测土壤的酸碱度与植物可能发生的变化，探究两者间的关联。

7.1.4 实验 D：光照

实验 D 需要用电。我们不建议利用自然光，因为太阳和天气不是我们可控的变量。如果还有其他变量影响实验，我们就很难确定是否是被测试的变量造成了我们得到的结果。

8 建立数据模型和撰写实验报告

完成实验后，我们需要建立数据模型，生成图表，并撰写实验报告陈述实验结果。

8.1 数据模型

在我们的实验记录中有许多数据，但是数据自身不会说明实验结果前后的关联和意义。我们要在科学论文中绘制图表，使我们的数据可视化。因为我们进行了多项实验，这点尤为重要。我们需要比较实验 A 和 C 的数据，才能更好地理解我们的结果。

我们收集了在实验 A 和实验 C 中每棵绿豆的最终高度数据，并绘制了柱形图。这让我们对每个实验组植物之间的高度差异有了直观的认知。我们发现在所有植物中，对照组 A、变量组 1a、变量组 3c 和变量组 4c 长势最高。这些信息可能有助于我们理解为什么这些实验组的植物高度超出其他组。

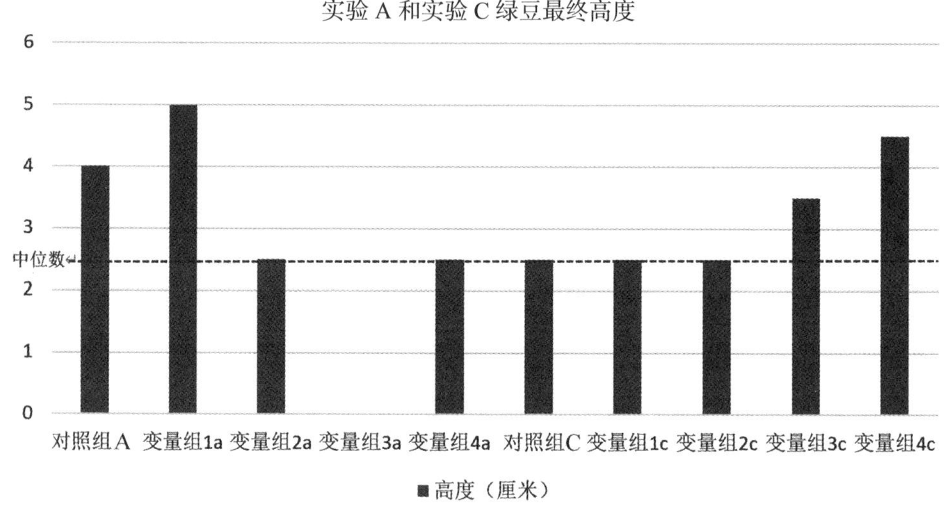

图 10.3 这张柱形图告诉我们什么实验信息?

8.2 撰写实验报告

在每个实验结束后，我们要撰写实验报告。因为我们进行了多项实验，所以要分别为每个实验撰写报告。实验报告需要包含实验原因、实验材料和方法等背景信息以及实验结果。在我们撰写科学论文的结果部分时也会用到上述信息。在论文中我们要使结果易读易懂，实验报告提供了一个条理清晰的模板。有了这个明确的结果，我们无需在写科学论文时再次解读我们实验记录的数据。实验报告的撰写还有助于充实我们从实验中得到的信息。

9 做出推断和得出结论

既然我们建立了数据模型并绘制了图表，我们将根据它们进行推理并得出结论。我们的推断和结论应该得到文献综述中的背景研究和实验数据的支持。我们可以基于数据得出结论或做出对有关实验结果的推断。

9.1 做出推断

我们使用数据和事实来推断在特定情况下的其他事实。推断是得出结论的一部分。在实验 B 中我们观察到，变量组 4b 中植物的根又黑又细，味道难闻。我们可以根据这个信息推断根已经腐烂了。我们用了我们的所见所闻确定关于根的一个事实，这就是推断。

推断是结论的基石。我们可能需要对变量组 4b 中植物的根做出数个推断才能得出结论。

9.2 得出结论

结论是我们用数据和证据对事实做出的最后的判断或决定。

我们根据事实推断，变量组 4b 中的根腐烂了。我们还根据事实推断，对照组 B 中的根没有腐烂。我们用两个推断和其他事实——如植物所处的变量——联系起来，就能得出结论。我们的结论是：变量组 4b 中植物所处的条件造成了根的腐烂。

虚假相关（spurious correlations）：虽然有些有趣的数据表明变量间的相关性，但我们无法认定变量间的因果联系。相关性（correlation）并不代表因果性，即便变量 A 与变量 B 的变化趋势一致，并不意味着是变量 A 的变化引起了变量 B 变化。

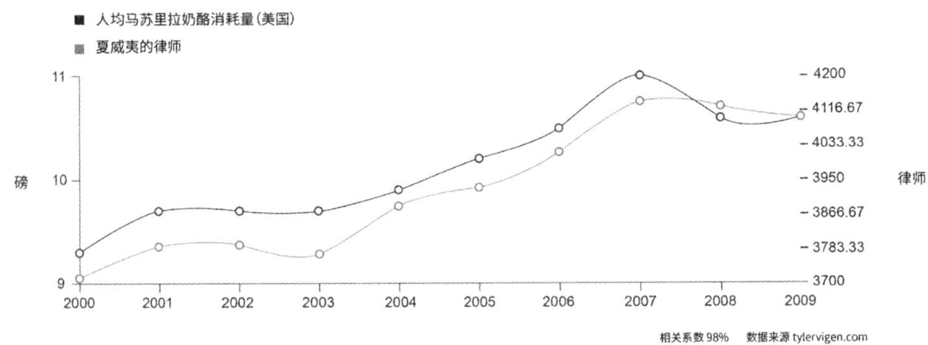

图 10.4　美国人均马苏里拉奶酪消费与夏威夷的律师数量相关

虽然推测美国马苏里拉奶酪的消耗量对夏威夷的律师数量会产生怎样的影响很有意思，但是这两者之间并不存在因果关系。

负相关（inverse correlations）指的是随着自变量值的增大，因变量值反而会减小。

有时，变量间的相关关系“说得通”是因为两个变量间存在紧密联系。在下面的图中，随着马萨诸塞州的降水量的减少，由于割草机使用不当而致死的人数就上升。天不下雨人们就更可能使用（误用）割草机。然而，并不只有马萨诸塞州存在误用割草机致死的人。马萨诸塞州的天气不会影响加利福尼亚州使用割草机的人数。

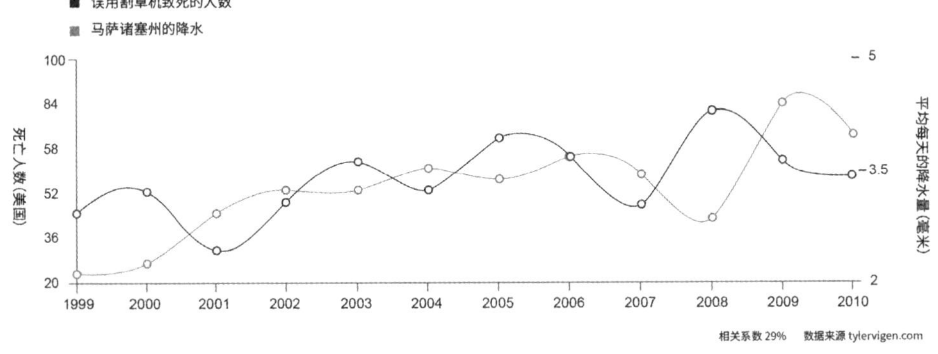

图 10.5　误用割草机致死的人数与马萨诸塞州降水量呈负相关

虽然相关性不等于因果性，有些相关的变量间确实存在因果关系。如图 10.6 所示，在美国日本轿车的销量与美国进口原油总量有关。汽车销量的增减可能影响美国原油的进口量。使用的车越多，对石油的需求就越高。因为石油产业和汽车生产是有经济关系的，这两个变量间有密切联系。

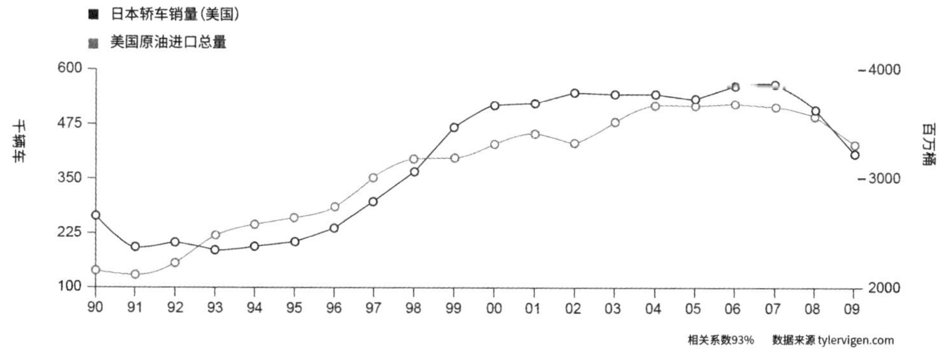

图 10.6 美国境内日本轿车的销量与美国原油进口总量相关

然而，正如下图显示，美国的新车销售总量与美国原油进口总量无关。如果我们只看日本轿车在美国的销售数据，我们可能就得出了错误的结论。

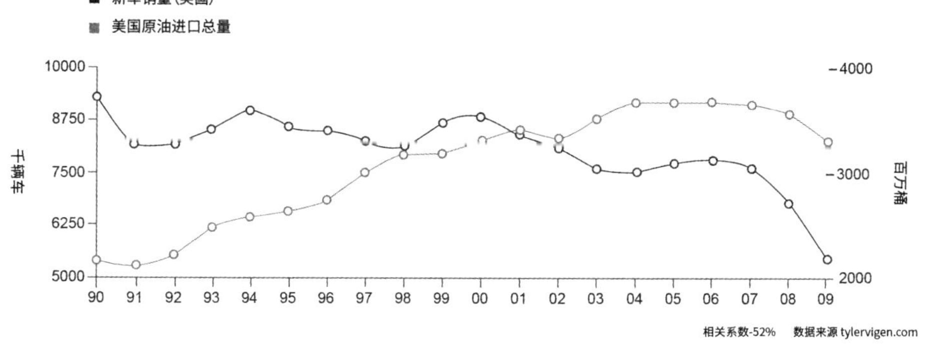

图 10.7 美国新车销售数量与美国原油进口总量无关

10 撰写科学论文

我们已经完成了实验，基于数据得出了结论并撰写了实验报告，该把这些信息整理进科学论文中了。假设我们要把论文投给名为《生物学报》的刊物。我们的论文将被同行评审，即它将接受植物学领域的专家的检验。我们的论文可能会被退回并要求进行修改或说明，因此，我们的论文需要清晰、完整地描述我们的研究。

标题

不利环境条件对芜菁、绿豆（豇豆）、豆瓣菜（水田芥）、萝卜（莱菔子）、向日葵（圆叶向日葵的变种矮向日葵）和万寿菊的发芽和生长的影响。

摘要

为了确定不利环境条件对植物的影响，我们测试了四组变量。实验 A 测试营养来源对于植物发芽和生长的影响。实验 B 测试了光照和水分条件对根的健康的影响。实验 C 测试了土壤酸碱度对植物发芽和生长的影响。实验 D 测试了光照对植物健康的影响。实验 B、C 和 D 测试了在一系列不利环境条件下植物的反应，而实验 A 作为实验 C 的假性对照组。我们在实验 A、B 和 D 中的发现表明植物可以在不利环境条件下生存，但是在有利环境条件下植物能达到最佳健康和生长状态。然而，我们在实验 C 中的发现与我们的假设并不相符。

引言

在达不到适宜生长条件时，植物可以在不利环境条件下生存。但是，不同植物的适宜生长条件并不相同。植物有不同需要，把让一种植物欣欣向荣的光照、水分和营养等量用在另一种植物上，可能会伤害这一植物甚至致其死亡。误用这些因素会影响植物生长。

对于任何有室内花园的人来说，光照是重要的考虑因素，因为如果使用不当，人造光也同样会造成问题。一盏人造植物灯也许不会发出和阳光等量的紫外线，但是，它在发出热辐射的同时仍然会产生紫外线辐射。过多的光照会伤害植物，造成植物畸形、茎叶晒伤或变色。同样，为了健康生长，植物也有最低限度的光照需求。植物距离光源太远会导致生长缓慢，给植物带来生存压力。有压力的植物比健康植物更容易得病、遭受虫害和滋生真菌。

与在有利环境条件下生长的植物相比，在不利条件下生长的植物长势欠佳。如果我们把芜菁、绿豆、萝卜、万寿菊、吉诺维斯罗勒、矮向日葵和豆瓣菜置于不同的温度、光照和营养条件下，在不利环境条件下植物都比在有利条件下长得慢。

材料和方法

实验 A：肥料对生长的影响

为了测试营养成分对植物生长的影响，绿豆被分别栽种于 5 个装着释水聚合物的杯子中。之所以选择这种聚合物作为生长介质，是因为它的 pH 呈相对中性，且不含有其他营养因素。5 个杯子都用同样的瓶装矿泉水灌溉。对照组 A 中除了水中的营养和作为一开始的养料来源——种子的子叶之外，没有添加任何营养成分。

变量组 1a 中添加了 10-5-14 氮磷钾肥料溶液。变量组 2a 中添加了 4-3-6 氮磷钾肥料溶液。变量组 3a 中添加了骨粉肥料。变量组 4a 中添加了一种植物生长激素赤霉素。我们每天观察两次这些植物的发芽和生长迹象，两次之间间隔 12 小时。生长速度以厘米为单位进行测量。实验持续 14 天。

实验 B：根的健康

为了测试光照和水的流动性对根的健康的影响，我们在水培环境中栽种了 5 丛吉诺维斯罗勒，并等到它们长到成熟。六周后，我们拔出了 4 丛吉诺维斯罗勒，只保留一丛作为对照组 B。在实验前就我们测量了每组植物的根的长度，对照组、变量组 2b、变量组 3b 测得长度为 33 厘米，变量组 1b 和变量组 4b 测得长度为 33.5 厘米。

我们将变量组 1b 的植物置于一个透明的容器中，使阳光和其他周围环境的光能照到根部。变量组 2b 的植物也被置于一个透明容器中，完全暴露在阳光下。我们每两天会将这两组植物容器中的水抽干并换新鲜的水，以此模拟对照组 B 中的水循环机制。变量组 3b 和变量组 4b 中的植物被置于不透明的容器中，遮挡光线使其无法照射到根部，以此模拟对照组的黑暗环境。我们每隔 6 天抽干变量组 3b 容器中的水并换上新鲜的水。而变量组 4b 一直没有换水。14 天后，我们从容器中取出植物，检查它们的情况。

实验 C：土壤酸碱度

为了测试土壤酸碱度对种子发芽速度和整体生长速度的影响，我们将 5 组种子栽种在 5 个种子培养皿中，每组包含 6 种植物种子，每个容器中有 6 块水培海绵作为生长介质。用作实验的 6 种种子是：绿豆、芜菁、矮向日葵、红萝卜、万寿菊和豆瓣菜。根据栽种建议，我们在每块水培生长海绵上种 3 颗种子，而矮向日葵种子则在每块上种了 2 颗。对照组 C 除了在生长介质和水中的营养外，没有额外补充任何营养。变量组 1c 每天灌溉酸性溶液，而变量组 2c 则灌溉浓度为变量组 1c 溶液浓度两倍的酸性溶液。变量组 3c 每天灌溉碱性溶液，而变量组 4c 灌溉的碱性溶液浓度是变量组 3c 的两倍。

实验 C 由于外部因素失败了，因此我们修改后重新进行了实验：所有的培养皿中没有使用厚实的水培海绵，而是用了中性的椰子纤维土代替。

实验 D：光照

为了测试不同光照水平对植物的影响，我们把 5 棵吉诺维斯罗勒培植到成熟后，将其中 4 棵移栽到不同地方，还有 1 棵留在原处作为对照组 D，并根据生产商的建议放置在离光源一定距离的地方。

我们将变量组 1d 放置在一直接触到光源的地方，变量组 2d 放置在离光源 2 英寸的地方，变量组 3d 放置在离光源 5 英尺的地方，变量组 4d 放置在离光源 10 英尺的地方。所有实验小组都使用同样的全光谱 LED 灯源，并放置在封闭环境中确保不接触到其他光源。

实验结果

实验 A：肥料对生长的影响

进行实验 7 天后，所有 5 个小组都没有肉眼可见的变化，我们将绿豆从生长介质中“挖掘”出来检查种子的健康状态，发现种子并不像预期的那样向上生长。

释水聚合物是透明的，阳光从四处穿透进来。虽然绿豆得到的大部分光线来自于容器顶部的全光谱生长灯，但是周围环境中的光线还是从其他方向照射进来。在绿豆种子发芽时，有些芽就朝着水平方向长。

因为发芽发生在释水聚合物表层之下，我们无法确定发芽日期。为了让豆芽向上生长，我们在杯子外层包上铝箔，待豆芽冲破表层后再将铝箔移走，绿豆将继续向上生长。

对照组 A 中的植物叶子生长速度比其他组更快，根系的生长处于平均水平。变量组 1a 植物在所有实验小组中根系发展最早也最深。变量组 2a 和变量组 3a 中植物的生长速度比对照组慢，而且，根端和种子外皮显示出早期腐烂的迹象。我们后来在变量组 3a 中发现了霉菌的存在，在实验结束前植物就腐烂死亡。

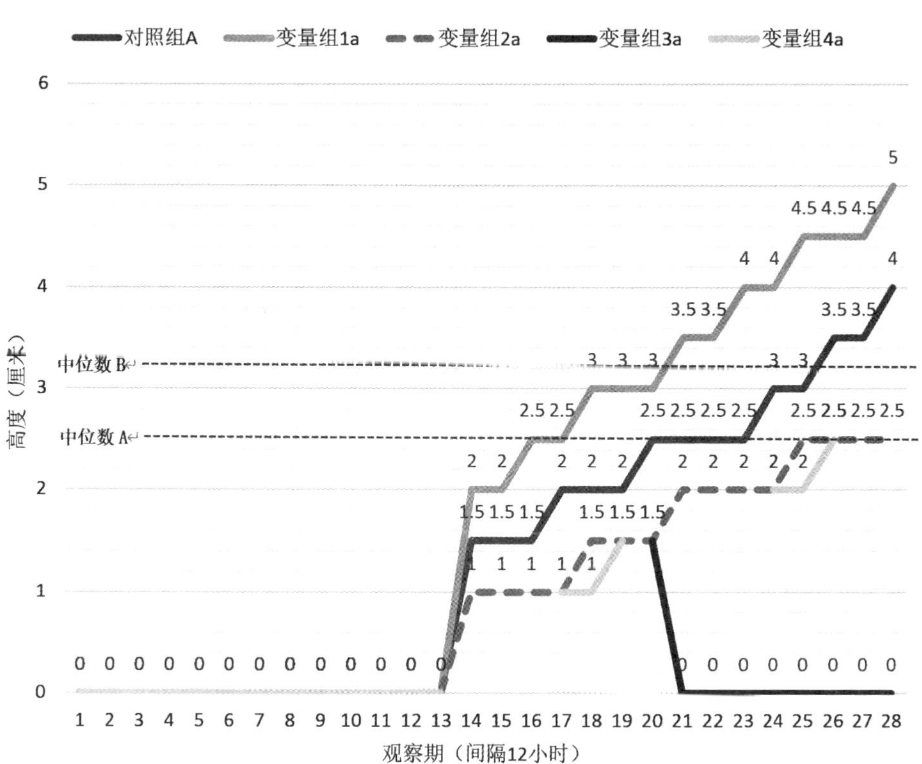

图 1 实验 A 植物长势图。中位数 A 是实验结束时的植物高度的中位数，中位数 B 是去掉植物死亡的变量组 3 的数据后，实验结束时植物高度的中位数

变量组 4a 的杯子边上出现了一个黑色的霉斑。虽然种子发芽了，但是子叶萌芽的时间比其他实验组晚了几天。这组豆芽在实验结束时还活着，但是霉菌还是影响了它的整体生长。

图 2　变量组 1a 植物的根系比其他组发达很多

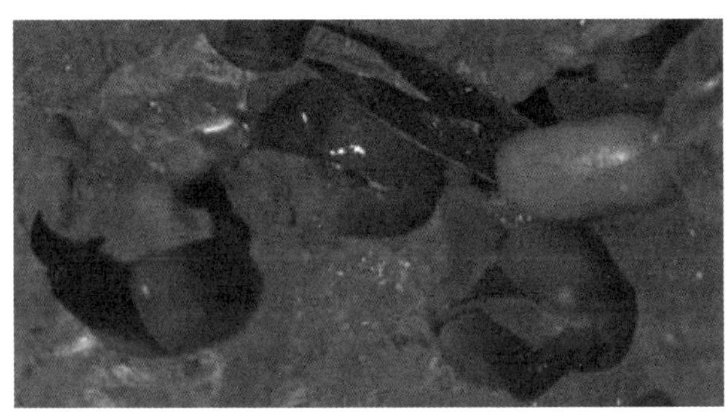

图 3　对照组 A 的植物叶子比其他组生长得更快

实验 B：根的健康

对照组 B 中植物拥有健康的白色根系，从根系最长部分的一端到根部顶端长 35 厘米。变量组 1b 和变量组 2b 植物的根部整体上有点发黑，一簇根系旁边有几根单独的根完全发黑了。这表明有些根已经死亡，整个根系开始腐烂。两组根都测得长 34 厘米，比对照组 B 的根系短一些。

变量组 3b 和变量组 4b 中植物的根部腐烂得更厉害。这两组的整个根部发黑，大部分根是黑色的，只有极少的根是健康的。许多根已经掉落，把植物拿出来时，根还残留在容器中。许多根须看上去好像有粘胶涂料，发出刺鼻的腐烂蔬菜味。整体根系的长度为 27 厘米，比实验前测得的还短。

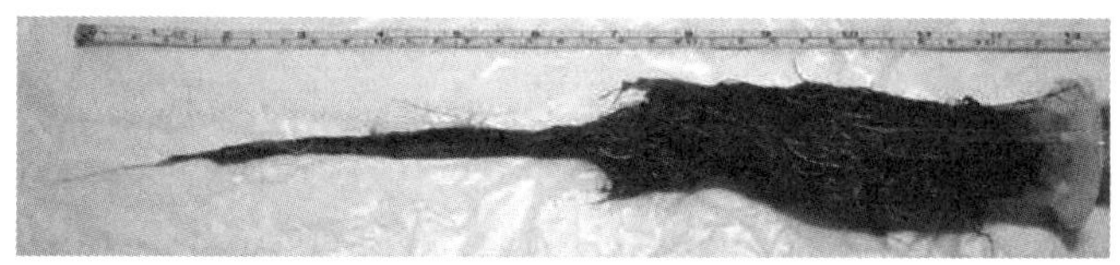

图 4　变量组 4b 中腐烂的根系

实验 C：土壤酸碱度

第一次进行实验 C 时因为停电引发了霉菌生长，所有植物死亡，实验失败。后来我们重新进行了实验。

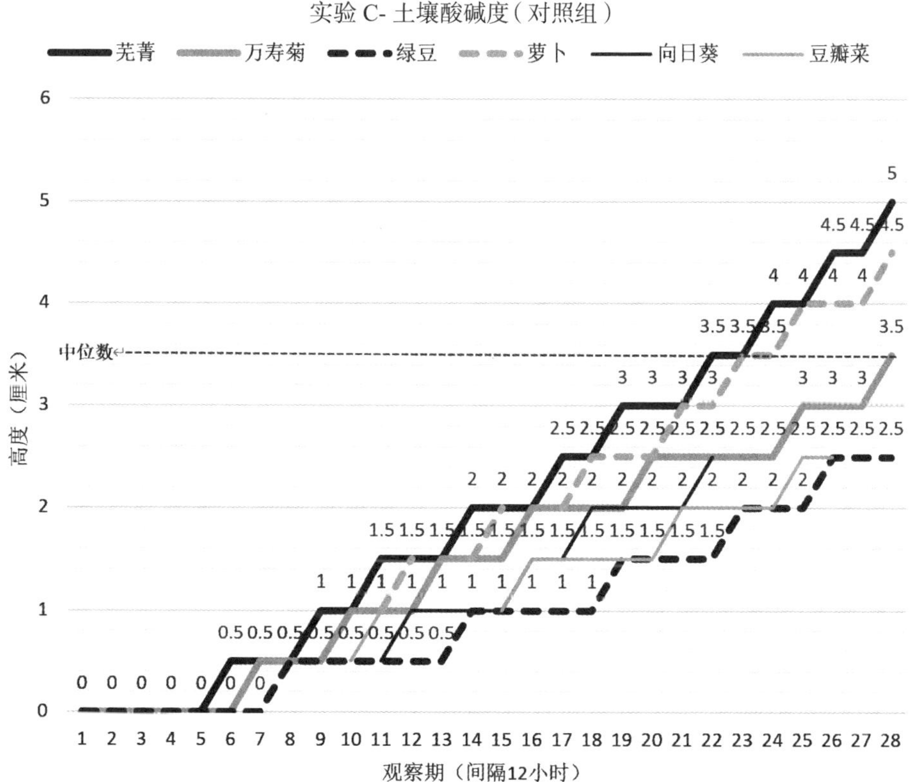

图 5　实验 C 的对照组

对照组 C 在栽种后 72—96 小时内发芽，先后顺序为：芜菁、萝卜、豆瓣菜、万寿菊、矮向日葵和绿豆。被置于增加碱性的土壤中的变量组 3c，种子在第三天中间就按照对照组 C 一样的顺序发芽了。被置于两倍碱性土壤中的变量组 4c，种子也在第三天中间以同样的顺序发芽了，并且整体长得比变量组 3c 中的植物高。在发芽测量中，变量组 3c 和变量组 4c 中的植物都比对照组 C 中的植物长得高，而对照组 C 中的植物叶子长得更大。

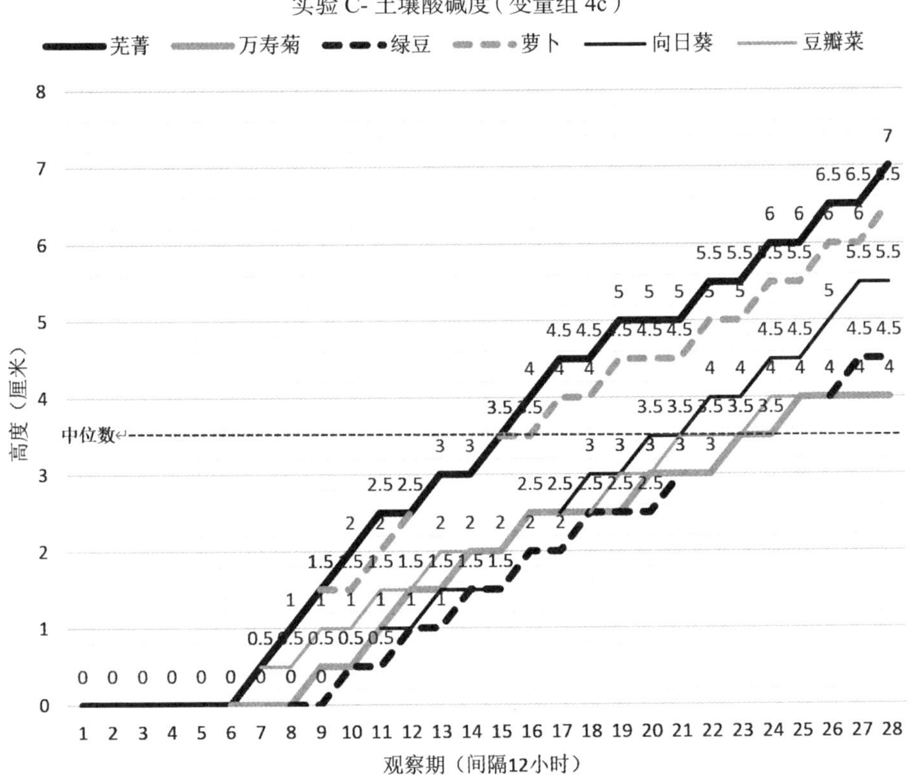

图 6　实验 C 的变量组 4c 中的植物长势比对照组好很多

变量组 1c 和变量组 2c 中的种子栽种后到了 120 小时（5 天）还没有发芽，我们将上面的土小心移开，确定种子的状态。这两组中每种植物至少有 2 颗种子已发芽，但是它们的长势慢于其他三组。变量组 2c 中的芜菁的早期根系比其他组更发达。除此之外两组中的其他植物生长速度一致。在 14 天后，这两组中的植物高度不超过 4 厘米。

植物继续生长，变量组 4c 中的所有植物始终比变量 3c 组中的植物高 1 厘米，比对照组 C 中的植物高 2 厘米。对照组中的所有植物叶子也一直比其他组大。

实验 D：光照

对照组 D 和变量组 2d 中的植物整体健康状态最佳。它们的叶子颜色和形状正常，茎坚硬而柔韧。变量组 2d 中植物顶端的叶子稍微有点发黄。为了保持实验组和光源的距离固定，我们每 36 小时会调整两个实验组的位置。变量组 3d 的位置 4 天调整一次，植物比对照组和变量组 2d 中的植物生长速度慢。变量组 4d 中的植物长得又细又长，大多数叶子都枯萎了。

变量组 1d 中的植物受到的影响最大。因为与光源一直接触，植物顶端的叶子受损，和光源直接接触的叶子呈畸形，有棕色斑点并且脱色。

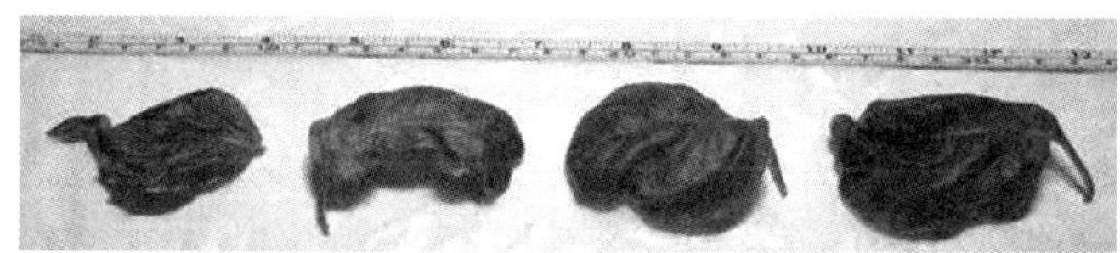

图 7　变量组 1d 中的叶子因为过多暴露于光和热而产生畸形

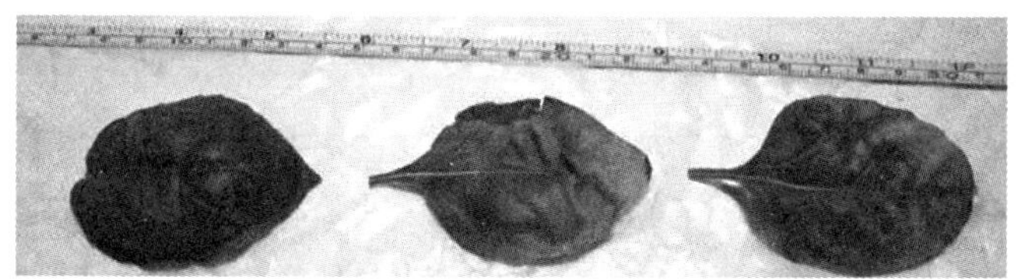

图 8　变量组 1d 中的叶子因为接近光源而脱色、烧坏。左边显示了一张健康的叶子以供比较

讨论

正如实验 B、C 和 D 显示，植物可以在数种不同的不利环境条件下生存，这并不意味着它们在那些条件下长势良好。实验 B 和 D 证实了植物在不利环境条件下比在有利条件下长得差这个假设。然而，因为实验 C 的结果，该假设并不完全成立。

实验 C 显示，与中性和碱性土壤中的植物相比，酸性土壤中的植物整体生长缓慢。出人意料的是，在变量组 3c 和变量组 4c 的碱性环境下的植物，比在酸性环境中长得更好。萝卜和芜菁偏爱中性或略偏酸性的土壤。在碱性小组中的这两种植物本应该比酸性小组或中性对照组生长得慢得多。

变量组 2c 中的芜菁的根须要比对照组和碱性土壤小组中发达得多。这表明有其他影响植物生长的潜在因素，或者以后的研究应该采用其他的测量方法来查明其中的差异。

参考文献

1. Averre, C.W., Banadyga, A.A., & Sorensen, K.A. (2009). Common disorders ofvegetable crops. *North Carolina Agricultural Extension Service*, 3(9).
2. Barber, J. & Andersson, B. (1992). *Photosynthesis and Plants*. New York, NY:EduTree Publishers.
3. Lines-Kelly, R. (1992). Plant nutrients in the soil. *Soil Science*, leaflet, pp 8. Retrieved from: https://www.dpi.nsw.gov.au/agriculture/soils/improvement/plant-nutrients .

附录 1. 其他图表

实验 C- 土壤酸碱度（变量组 1c）

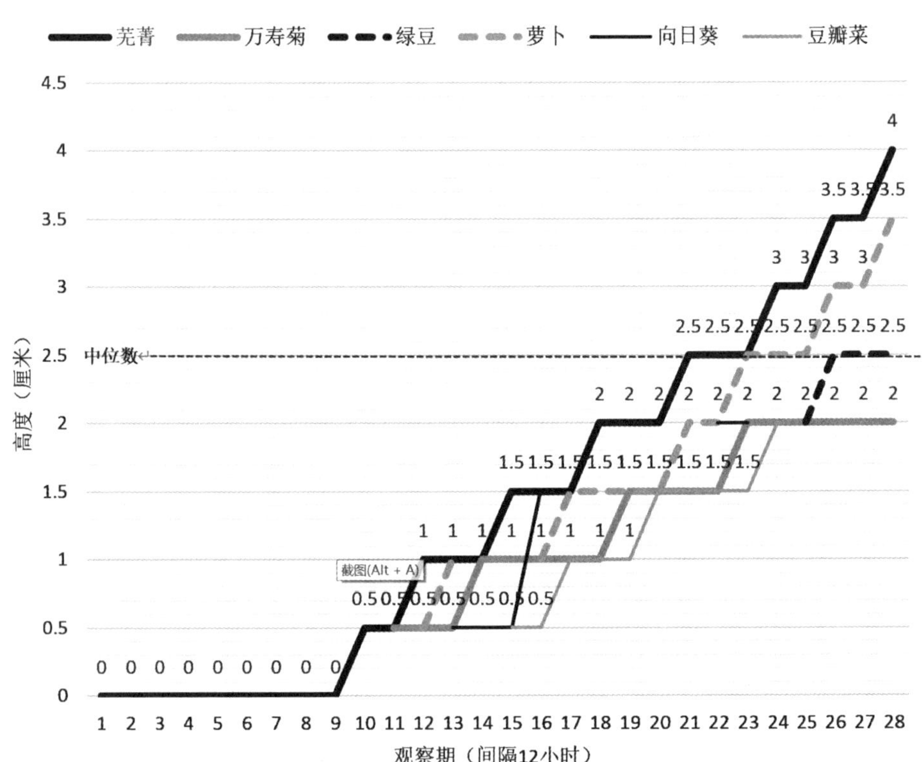

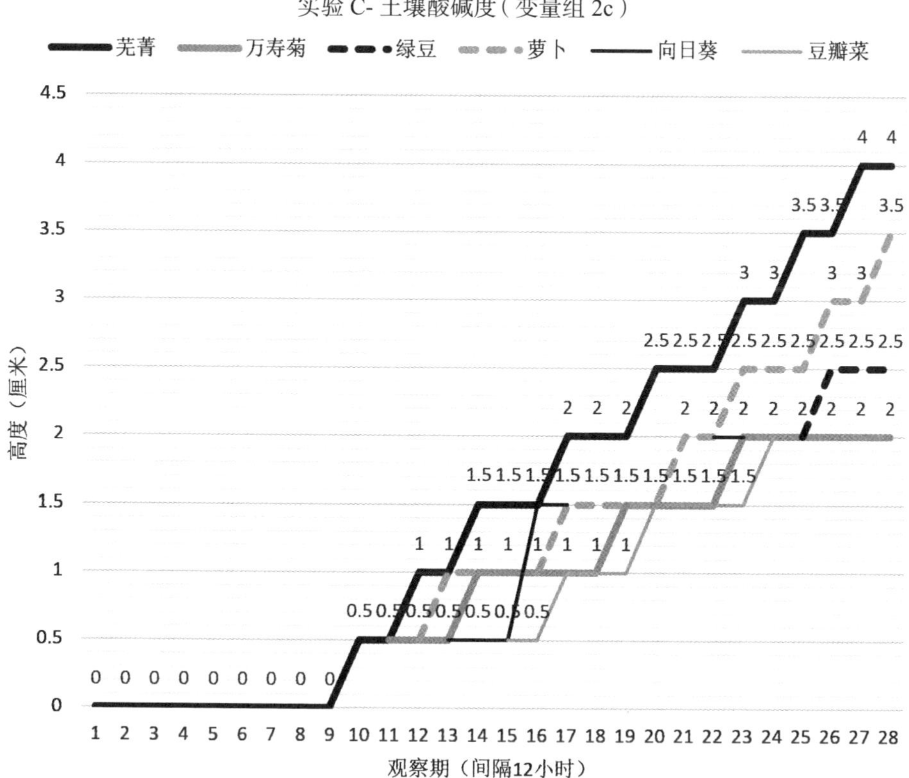

11 设计三折页科学展板

我们已经完成了研究论文撰写，我们要在学校的科学博览会上展示我们的发现。妙趣横生科学博览会是一个绝佳机会，可以将我们的植物实验有创意地展示出来。

展示应该引人入胜，信息丰富，并让参观者理解我们的实验内容、实验方法及实验结果。如果信息太少，别人无法理解我们的实验；如果信息太多，展示就显得凌乱或无趣。科学博览会的展示没有一个简单的“正确标准”。展示可采用不同的形式，只要符合科学博览会的准则即可。

11.1 三折页展板

我们首先需要一个三折页展板。这是一大张硬纸板，两边朝中间折叠。两边打开时，硬纸板就能立住，构成新月形的展示区域。三折页展板在办公用品商店经常可以看到，和其他学习用品归在一起。

即使我们在店里没买到，在家里也容易制作。理想的三折页展板约为 100 厘米宽、70 厘米高。中间部分应该约占整个宽度的 50%，即 50 厘米。两边应该各占整个宽度的 25%，即 25 厘米。板的表面应该没有记号，通常是纯白色或纯黑色，也会有如蓝色、红色和绿色之类的其他颜色。

我们准备采用白色的三折页展板展示一些植物，它们在浅色背景下比较突出。我们的绿豆植物会特别引人瞩目，因为我们在释水聚合物中加了食用色素。

11.2 选择材料

既然我们有了三折页展板，我们需要设计展示的整体呈现样式。我们已经明确了想展示一些绿豆植物，因为它们很引人注目。我们还要想个醒目的标题，让人一进房间就能看到。最重要的是，我们需要展示我们的数据！

我们要把实验的标题写在中间醒目的地方。在标题下，我们要陈述目的，它和科学论文的引言相似，说明我们做实验的理由。接着我们还会提出假设。我们会把实验材料列在三折页展板的左边部分。这将是个短小的描述性段落，描述实验对象和控制变量的方法。在材料下面，我们将列出实验步骤。

在展示板的右上方我们将呈现建立数据模型过程中绘制的图表。在图表后面，我们将列出结论。这一段是对实验和结果的概括，我们将以叙述的形式阐述实验结果，类似于科学论文的讨论部分。

我们需要平衡展板上的文字和留白空间。如果没有足够的信息，展板看上去就显得空荡荡的；如果信息过多，就显得凌乱，读起来费劲。我们的目标是向读者传达我们的实验信息，而不是用大量数据使他们厌烦。

11.3 谈话记录

三折页展板上面的信息应该足够明晰，无需我们站在边上解释。然而，如果有人询问我们的实验情况，我们也要准备好更详细的解释。我们需要列出可能会问的问题，并练习回答它们。

我们可以请老师、家人和朋友们来帮助我们。如果他们在读完之后有什么疑问，我们可以把它们当作可能会问的问题。如果老师和朋友的问题太多，这表明我们的展示漏了信息，我们需要补充信息或更换内容。

因此我们在听取大家的反馈意见之前先不要把信息都粘贴到展板上。否则，如果我们需要拆解或增加信息时会带来大量额外的工作，并有可能损坏展板，或是无法做成预期的样式。我们可以使用遮蔽胶带或另一种很容易去除的临时胶制作展板，进行模拟展示，然后再进行完善并形成最终版本。

图 10.8　我们在科学博览会上的三折页展板

图书在版编目（CIP）数据

科学研究原理 / 狄邦教育集团著. — 上海:上海教育出版社, 2020.8
ISBN 978-7-5720-0011-9

Ⅰ. ①科… Ⅱ. ①狄… Ⅲ. ①科学研究 – 理论
Ⅳ. ①G30

中国版本图书馆CIP数据核字(2020)第126905号

责任编辑　隋淑光
封面设计　陆　弦

科学研究原理
狄邦教育集团　著

出版发行　上海教育出版社有限公司
官　　网　www.seph.com.cn
地　　址　上海市永福路123号
邮　　编　200031
印　　刷　上海商务联西印刷有限公司
开　　本　700 × 1000　1/16　印张 20.75　插页 1
字　　数　302 千字
版　　次　2020年9月第1版
印　　次　2020年9月第1次印刷
书　　号　ISBN 978-7-5720-0011-9/N·0001
定　　价　49.80 元

如发现质量问题，读者可向本社调换　电话：021-64377165